黄土丘陵沟壑区水土流失治理与生态产业一体化研究

HUANGTU QIULING GOUHE QU SHUITULIUSHI ZHILI YU SHENGTAI CHANYE YITIHUA YANJIU

蔡国军　莫保儒　柴春山 / 著

甘肃科学技术出版社

图书在版编目（CIP）数据

黄土丘陵沟壑区水土流失治理与生态产业一体化研究 / 蔡国军，莫保儒，柴春山著. -- 兰州 ：甘肃科学技术出版社，2019.12

ISBN 978-7-5424-2730-4

Ⅰ. ①黄… Ⅱ. ①蔡… ②莫… ③柴… Ⅲ. ①黄土高原－丘陵地－沟壑－水土流失－综合治理－研究－中国②黄土高原－丘陵地－沟壑－绿色产业－产业发展－研究－中国 Ⅳ. ①S157.2②F124.5

中国版本图书馆 CIP 数据核字(2020)第 013543 号

黄土丘陵沟壑区水土流失治理与生态产业一体化研究

蔡国军　莫保儒　柴春山　著

责任编辑　刘　钊
编　　辑　贺彦龙
封面设计　陈　珂

出　版　甘肃科学技术出版社
社　址　兰州市城关区曹家巷 1 号　730030
电　话　0931-2131570(编辑部)　0931-8773237(发行部)

发　行　甘肃科学技术出版社　　印　刷　兰州人民印刷厂
开　本　787 毫米×1194 毫米　1/16　印　张　14.5　插　页　15　字　数　250 千
版　次　2020 年 12 月第 1 版
印　次　2020 年 12 月第 1 次印刷
印　数　1~1 000
书　号　ISBN 978-7-5424-2730-4　　定　价　68.00　元

草畜产业:牧草种植

草畜产业:牧草收割

草畜产业:生产企业

草畜产业:饲草加工

草畜产业:养鸡

草畜产业:养牛

草畜产业:养兔

草畜产业:养羊

流域治理:侵蚀沟甘蒙柽柳栽植

流域治理:侵蚀沟灌木柠条栽植

流域治理:侵蚀沟乔木栽植

流域治理:侵蚀沟生物+工程治理

流域治理:侵蚀沟土谷坊

流域治理:淤地坝造田育苗

旱农产业:扁豆种植

旱农产业:蚕豆种植

旱农产业:大棚蔬菜种植

旱农产业:谷子种植

旱农产业:胡麻种植

旱农产业:苦荞种植

旱农产业:马铃薯种植

旱农产业:玉米种植

林果产业:花椒栽培园

林果产业:欧李栽培园

林果产业:文冠果栽培园

林果产业:云杉育苗

灌木农田地埂保育

农田安全与地埂保育

配置模式:侧柏+甘蒙柽柳+紫花苜蓿

配置模式:侧柏+柠条+紫花苜蓿

配置模式:侧柏+柠条+自然草地

配置模式:侧柏+山桃+紫花苜蓿

配置模式:侧柏+山杏+柠条+自然草地

配置模式:侧柏+紫花苜蓿

配置模式:青杨+沙棘+自然草地

配置模式:山桃+甘蒙柽柳+紫花苜蓿

配置模式:山桃+柠条+紫花苜蓿

配置模式:山桃+紫花苜蓿

配置模式:山杏+甘蒙柽柳+紫花苜蓿

配置模式:山杏+柠条+自然草地

配置模式:油松+柠条+自然草地

配置模式:油松+沙棘+自然草地

配置模式:云杉+沙棘+自然草地

配置模式:云杉+紫花苜蓿

药材产业:柴胡种植

药材产业:合作社

药材产业:黄芪种植

药材产业:款冬种植

坡面治理:灌木纯林

坡面治理:乔灌混交

坡面治理:乔木纯林

坡面治理:针阔混交

前　言

黄河中上游的半干旱黄土丘陵沟壑区是中国典型的生态环境脆弱地区之一，自然条件恶劣，水土流失严重，植被恢复困难，人口压力大，经济基础薄弱。针对上述现状和问题，自中华人民共和国成立以来，国家在该地区投入了大量的人力、物力和财力，开展了长期的试验研究与综合治理。特别是自国家"十五"发展计划以来，科学技术部组织国家级和地方科研单位进行了联合科技攻关，主要围绕水土流失治理问题，在这里进行了长期的生态治理科研攻关。由甘肃省林业科学研究院牵头，会同中国科学院生态环境研究中心及定西市水土保持研究所等单位共同完成的国家"十五"科技攻关课题"半干旱黄土丘陵沟壑区水土流失防治技术与示范"(2001BA606A-03)，国家"十一五"科技支撑课题"黄土丘陵沟壑区生态综合整治技术开发"(2006BAC01A06)和国家"十二五"科技支撑课题"陇中丘陵区生态恢复与经济能力提升技术与示范"(2015BC01B0002)，针对这一地区的脆弱生态环境问题，通过土壤水分、土壤养分、植被生理生态、植被对土壤水分的适应性等因子的长期观测分析，从植物优良品种筛选、坡面乔灌草空间优化配置、农林复合经营和小流域水土流失综合治理等方面，分别研究了提高植被覆盖率、控制水土流失、优化生态系统结构的技术和模式，探索实现生态、社会和经济三大效益统一，实现区域经济社会的可持续发展途径，为建立人与自然和谐的生态环境提供科技支撑。经过多年的研发已取得了创新性科技成果。

多年的研究，将半干旱黄土脆弱生境区生态综合整治技术与产业开发途径紧密结合，以甘肃定西安定区龙滩流域为重点研究区域，从流域尺度上将生态治理、产业开发与经济循环有机耦合，开展了乔灌草干旱适应性试验研究与物种筛选、技术研发及其空间适宜性评价和乔灌草植被空间优化配置模式与示范，开展了乔灌草干旱适应与恢复技术试验与示范；通过农户产业结构调整与生态环境效应分析、种植业养殖业清洁能源开发技术集成和生态产业模式的建立，开展了水土流失治理与生态产业一体化技术试验与示范；通过流域生态系统完整性与稳定性评价、流域土地利用空间优化配置与技术集成和流域生态综合整治模式示范与推广，开展了流域生态综合整治技术试验与示范。从流域系统论的角度出发，关注流域综合管理，统揽生态与经济全局，将基础研究、试验示范、技术集成、技术创新有机耦合，实现理论研究与产业示范循序渐进，有力带动生态建设及区域产业协调发展。

本研究凝炼出了一整套适合于半干旱黄土丘陵沟壑区的水土流失治理与生态产业一体化模式体系，即"龙滩模式"，该模式体系包括水土流失综合治理体系、流域农林产业发展体系和农户清洁能源-循环经济发展体系三大体系。每个体系具有各自具体的组成模式及适宜的功能区。其中"水土流失综合治理体系"包括五种生态治理模式：退耕地人工林草植被可持续经营模式、荒坡水土保持乔灌草配置模式、梁峁顶植被生态功能修复模式、侵蚀沟道生物+工程治理模式、农田安全与地埂保育模式；"流域农林产业发展体系"包括三种产业发展模式：草畜产业发展模式、旱农产业发展模式、林果产业发展模式；"农户清洁能源-循环经济发展体系"包括三种经济发展模式：清洁能源开发利用模式、土地劳资优化配置模式、水肥高效循环利用模式。

在半干旱黄土丘陵沟壑区的流域尺度综合治理，适宜的产业发展是保障和动力。旱农产业是流域经济发展的基础，其产业的发展能够使农业综合生产力大幅度提高；草畜产业是流域经济发展的主体，其产业的发展可以大大提高流域土地的利用效率和农民的经济收入，进而可以更好地巩固生态治理的成果；在流域景观格局调整以多种生态系统和多产业并举，生物多样性和产业多样性同步增加，构建具有良好的弹性，健康稳定的流域生态经济系统。因此，水土流失治理与生态产业一体化模式体系作为区域发展的一种新思路，将有力地推动半干旱黄土丘陵沟壑区退化生态系统的修复和产业发展，使生态效益、社会效益和经济效益得到协调发展，为西部开发中生态建设和经济建设并举提供理论与实践依据。

核心成果"龙滩模式"作为当地流域生态治理和农业产业可持续发展的成功范式，是统揽流域全局，集生态、产业、经济于一体的全新的技术体系的应用，是农、林、水、牧、工程、能源多学科相互交融及创新的样板成果，是对甘肃黄土高原生态治理与产业发展各种模式、技术的高度集成与总结，是经过十多年时间探索，该成果已在半干旱黄土丘陵沟壑区广泛推广和应用，取得显著的生态效益、社会效益和经济效益。生态环境得到了良好的改善，产业结构及种植结构得到了进一步优化，草畜产业成为当地的重要支柱产业之一，现代农业得到了长足的发展，水肥资源得到了高效循环利用，农民生产生活方式得到了显著改善，农村清洁能源得到了较大程度的开发利用。

本书由项目负责人蔡国军研究员牵头，组织甘肃省林业科学研究院和中国生态环境研究中心长期参与项目研究的骨干成员，凝练国家"十五"科技攻关课题"半干旱黄土丘陵沟壑区水土流失防治技术与示范"，国家"十一五"科技支撑课题"黄土丘陵沟壑区生态综合整治技术"和国家"十二五"科技支撑课题"陇中丘陵区生态恢复与经济能力提升技术与示范"研究成果，从流域生态治理的理论探索、技术及模式研发、适应性及效益分析等方面编写而成。本书共分十一章：第一章"甘肃黄土高原自然概况"(蔡国军)，第二章"黄土丘陵沟壑区功能区划分"(蔡国军、柴春山)，第三章"不同植被恢复方式下的土壤养分研究”(蔡国军、柴春山、薛睿、杨磊),第四章“不同恢复模式下土壤化学性质和微生物特性研究”(莫保儒、卫伟、薛睿),第五章“植被生理生态的空间适应性研究”(蔡国军、莫保儒、李振峰),第六章“生态产业一体化技术研究”(蔡国军、柴春山、李振峰),第七章“流域植被特征及生物多样性分析”(蔡国军、柴春山、杨磊),第八章“流域土壤水分时空演化及异质性研究”(莫保儒、李振峰、薛睿),第九章“土壤干化效应研究”(莫保儒、李振峰、薛睿),第十章“人工植被对土壤水分的适宜性分析”(蔡国军、莫保儒、柴春山),第十一章“黄土丘陵沟壑区水土流失治理与生态产业一体化模式”(蔡国军、卫伟)。

在此,谨向为本书成果做出过贡献的科技人员致以衷心感谢!并请广大读者提出修改意见。

编　者

2020 年 10月

目　录

第一章　甘肃黄土高原自然概况

一、地理位置

甘肃黄土高原位于中国黄土高原西部，甘肃中部地区，东起陕、甘省界，西至甘、青省界，北由乌鞘岭向东与甘、宁省（自治区）界相连，南以积石山、西秦岭分水岭为界。其地理坐标为东经 102°36′~108°42′，北纬 34°08′~37°37′，土地总面积 11.3×10^4 km^2，占甘肃省总面积的 22%。行政区划包括庆阳、平凉、定西、兰州、白银、临夏等市（州）的全部，天水市的武山、甘谷、秦安、清水、张家川等五县的全部及秦州区、麦积区的秦岭以北部分，武威市的天祝、古浪两县的乌鞘岭以南至毛毛山以东地区。

二、自然地理概况

甘肃黄土高原处于中国东部湿润区向西北干旱区过渡地带，同时又与青藏高原高寒区交汇，气候、土壤等既随纬度变化而呈水平地带性分布，又受到山系分布的深刻影响，随中、高山地海拔的差异而表现出垂直带谱的变化。

（一）地貌

甘肃黄土高原在构造上属鄂尔多斯地带、祁连山褶皱系与西秦岭褶皱系的交接地段，中、新生代陷落为内陆盆地，沉积了厚逾千米的甘肃系红层，经喜马拉雅造山运动而隆起。第四纪中晚期，风成黄土堆积于红层之上。第三纪喜马拉雅期造山运动中隆起的接近南北走向的陇山（六盘山），把高原分为陇东黄土高原与陇中黄土高原（古称陇西黄土高原）两部分，并形成了明显不同的地貌，对气候、水文、土壤、植被均有深刻影响。

1. 陇东黄土高原

陇东黄土高原位于六盘山（陇山）以东，地势大致由东、北、西三面向中南部缓慢倾斜,呈向南开口的簸箕状盆地。黄土沉积深厚,多在几十米至百米以上,绝大部分地区海拔在1 000~1 700 m,主要河流为泾河及其支流马莲河、蒲河等。该区有以下四个地貌单元:

(1) 东部子午岭黄土丘陵区。该区为子午岭西坡,主要地貌为黄土丘陵沟壑,其西部分布有残塬沟壑。沟道分布密,多为小川道。海拔1 117~1 756 m,相对高差200 m左右。该区为次生林区。

(2) 南部泾河中游高原沟壑区。该区因泾河水系的长期侵蚀,形成黄土塬、梁、峁与川、滩、沟壑等多级阶状地貌,黄土塬保存比较完整。该区为重要的农业耕作区。

(3) 北部泾河支流上游残塬与丘陵沟壑区。该区主要地形为残塬丘陵与山地丘陵、掌地和嵝崄。残塬主要分布在环江两侧,数量较多,但面积较小。山地丘陵分布于东北部,西北部主要由长梁和梁间平坦宽阔的掌地等组成,掌地是该区主要农业用地。

(4) 陇山(六盘山)中山区。陇山为石质山区。甘肃境内的陇山南延余脉,海拔多在2 600 m左右,其东侧的太统山、崆峒山海拔为2 200 m左右。山区普遍有次生林分布,基本属于森林景观。

2. 陇中黄土高原

陇中黄土高原位于陇山以西,地势西南高,东北低,呈北开口的菱形盆地,黄土分布的广度与厚度超过陇东黄土高原,一般厚200 m左右,局部超过300 m,兰州九州台厚达330 m,黄河南岸晏家坪后缘西津村四级河谷阶地,黄土厚达413 m。本区是中国黄土高原最西部分,如老虎山、哈思山、屈吴山、马啣山等,被红层与黄土分割包围,犹如"黄土海"上的"岩石岛"。南部的西秦岭、太子山等为石质山地。河流有黄河及其支流渭河、洮河、祖厉河、大通河等。该区大致有以下三个地貌单元:

(1) 陇中中部、南部黄土梁状丘陵沟壑区。该区为陇中主要地貌单元,而华家岭又将其分成南北两部分。该区梁岭起伏连绵,沟壑纵横交错。渭河谷地横贯本区南部。全区海拔大多在1 200~2 000 m,相对高差可达600 m。本区西南部海拔较高,河谷海拔多在1 900 m以上。

(2) 黄河中游黄土梁峁与河谷盆地地区。黄河由西南至东北横贯本区，受其干流及支流的影响，地形主要为半山梁峁和河谷相间分布，河流地形较为突出，形成峡谷、盆地相间的葫芦状地貌。较大的冲积盆地有兰州、靖远盆地，是重要的农业和工业区。

(3) 陇中北部黄土丘陵与丘间盆地地区。该区为祁连山东延余脉与黄土丘陵穿插地貌，主要为低矮的黄土梁峁状丘陵、河谷、丘间盆地及滩地，较大的丘间盆地有秦王川、景泰川等，地势平坦，而山地多为荒漠景观。

(二)气候

甘肃黄土高原属温带季风气候，具有明显的向大陆性气候过渡的特征。各气候要素呈现从东南向西北递减或递增的规律性变化，同时兼有垂直带气候变化的特点。由于南有东西走向的秦岭山脉、中有南北走向的六盘山山系，对于夏季风的北上和西移、冬季风的南下均有明显的屏障作用，并由此引起陇东与陇中在气候上的明显差异，陇东的水、热条件优于陇中。

1. 气候条件

(1) 光照。甘肃黄土高原日照充足，太阳年总辐射460.5~586.2 kJ/cm^2，≥0 ℃的有效生理辐射188.4~221.9 kJ/cm^2，年日照时数1 600~2 700 h，作物生长期日照时数1 300~2 100 h，分布特征由东南向西北递增，高山林区日照时数偏少，但均能充分满足林木生长发育的需要。

(2) 温度。受高原地形的影响，年平均气温大多在4.0℃ ~11.0 ℃，随海拔升高而降低，递减率为每百米下降0.4℃ ~0.6 ℃，海拔1 600 m以下的地方年平均气温在8.0 ℃以上，海拔2 500 m以上的地方年平均气温在4.0℃以下。年≥10 ℃活动积温为1 300 ℃~3 000 ℃，分布特征由河谷、川道地区向中、高山高海拔地区递减，垂直递减率每百米下降120 ℃~170 ℃。一般递减率干旱区较半干旱区、半湿润区大，阳坡较阴坡大。大部分地区年≥10 ℃活动积温在3 000 ℃以下，仅部分河谷地带(如泾河、渭河、黄河河谷地带)可达3 200 ℃~3 400 ℃。从纬度上看，甘肃黄土高原应属暖温带，但由于海拔高，大部分地区实际上为中温带，地形破坏了等温线的纬向分布规律。

(3) 降水。甘肃黄土高原年降水量为184.0~637.0 mm(南部局部山地可达900 mm)，变动幅度较大，其空间分布的变化规律为由东南向西北递减，沿河谷、川道向山地随海拔升高而递增。年均相对湿度为46%~71%，其变化规律与年降水量的变化规律基本一致，而干燥度则由东南向西北递增，变动在0.7~3.0。

根据以上地带性气候变化规律，可将甘肃黄土高原由南向北、由东向西划分为半湿润、半干旱和干旱三个气候分区。

2. 气候特点

(1)大部分地区气候干燥，旱灾出现频率较高(表1–1)。特别是陇中地区，由于特殊地形条件的影响，形成了一条较中国北方其他同纬度地区(如晋北、陕北、祁连山东段)更为严重的干旱少雨带。

表1–1 甘肃中部各地不同时期干旱出现频率

干旱类型 \ 地区	靖远	兰州	定西	通渭	静宁	天水	环县	西峰	灵台	崇信
春旱	52	50	48	57	43	21	63	16	41	38
春末夏初旱	67	70	52	52	48	36	38	42	27	56
伏旱	50	43	42	35	48	64	58	37	41	14

(2)降水变化率大，有效利用率低。甘肃黄土高原降水在时间分布上有两个特点：一是年内降水分布不均，冬季降水量很少，仅占年降水量的1%~3%，而7月—9月降水量占到51%~68%；二是年际之间降水变化率大，历年最大降水量为最小降水量的2.1~3.7 倍(即降水变化商为2.1~3.7)。本区降水过程也有两个特点：一是小雨多，累计降水量不少，但很快被蒸发，成为无效降水；二是历时短强度大的暴雨频率虽小，但所占降水量比重较大(如庆阳单日最大降水量达190 mm，占当年降水量的34.5%；华池143.5 mm，占28.6%；临洮143.8 mm，占25.4%；兰州96.6 mm，占29.5%；景泰57.1 mm，占30.9%)。这种暴雨超过黄土渗透率，在裸露地表形成径流，很快流走。因此，自然降水利用率很低。

(3)垂直气候差异显著。尤其是陇中山地，由于海拔高差悬殊(马啣山海拔3 670 m，与海拔1 100 m左右的渭河河谷相差2 500 m)，因此热量的纬向分布不明显,主要随海拔增高而降低。河谷浅山层热量丰富,光照充足,日照差大,但干旱缺水。高山降水较多,但阴冷湿凉。

(三)植被

甘肃黄土高原的植被主要为草原。由南向北、由东向西随气候条件的变化而呈现为森林草原带、典型草原带和荒漠草原带。

1. 森林草原带

主要分布在临夏、渭源、秦安及平凉、庆城一线以南,属暖温带落叶阔叶林向温带草原过渡地带。落叶阔叶林主要分布于湿润的梁峁阴坡和石质山地,如陇东东部的子午岭、中部的关山,陇中南部的西秦岭、太子山等。其中主要森林类型有蒙古栎(*Quercus monglica*)林、山杨(*Populus davidiana*)林、白桦(*Betula platyphylla*)林和油松(*Pinus tabuliformis*)林、侧柏(*Platycladus orientalis*)林等,杜梨(*Pyrus betulifolia*)、山杏(*Armeniaca sibirica*)、华椴(*Tilia chinensis*)、华山松(*Pinus armandii*)、栓皮栎(*Quercus variabilis*)、黄蔷薇(*Rosa hugonis*)、珍珠梅(*Sorbaria sorbifolia*)、水栒子(*Cotoneaster multiflorus*)、多花胡枝子(*Lespedeza floribunda*)、中国沙棘(*Hippophae rhamnoides subsp. sinensis*)、虎榛子(*Ostryopsis davidiana*)及多种绣线菊(*Spiraea* spp.)、灌木柳(*Salix* spp.)等为主要建群种。其森林类型属于原始林被破坏后演替而成的天然次生林。在干暖的梁峁阳坡、半阳坡或梁峁脊部的缓坡上,主要是中国沙棘、白刺花(*Sophora davidii*)、酸枣(*Ziziphus jujuba* var. *spinosa*)、扁核木(*Prinsepia utilis*)、阿拉伯黄背草(*Themeda triandra*)、白羊草(*Bothriochloa ischaemum*)为主的灌丛草原或阿拉伯黄背草、长芒草(*bungeana*)、大油芒(*Spodiopogon sibiricus*)为主的典型草原。森林与草原多呈复合分布,在一些人为利用和干扰影响严重的地方,已呈现荒山秃岭的景象。

2. 典型草原(干草原)带

主要分布在森林草原地带以北,兰州、环县以南。代表性植被,陇东北部黄土区以大针茅(*Stipa grandis*)、短花针茅(*Stipa breviflora*)、长芒草、白草(*Pennisetum centrasiaticum*)等为主的群落;陇中黄土区则以长芒草、百里香(*Thymus mongolicus*)以及蒿类(*Artemisia* spp.)植物等为主组成的群落,残存灌木有中国沙棘、枸杞(*Lycium chinense*)等;华家岭、车道岭以北,则以长芒草、短花针茅、灌木亚菊(*Ajania fruticulosa*)、阿尔泰狗娃花(*Aster altaicus*)等为主,零星分布有枸杞、白刺(*Nitraria tangutorum*)、红砂(*Reaumuria songarica*)等;石质山地如马啣山、兴隆山等,由于海拔较高,气候湿润,分布有以山杨、辽东栎为主的落叶阔叶林以及由青扦(*Picea wilsonii*)等组成的针叶林,灌木树种种类较多。

3. 荒漠草原地带

分布于典型草原地带以北,古浪、景泰一条山一线以南,境内属中温带干旱性气候,植被稀疏,覆盖率在10%以下。大体以狄家台为界,其南部为半荒漠化草原,代表性植被以红砂、短花针茅、灌木亚菊、米蒿(*Artemisia dalailamae*)、阿尔泰狗娃花等为主;其北部为荒漠化草原,代表性植被为红砂、珍珠猪毛菜(*Salsola passerina*)、盐爪爪(*Kalidium foliatum*)、合头草(*Sympegma regelii*)、戈壁针茅(*Stipa tianschanica* var. *gobica*)、沙生针茅(*S. glareosa*)等。甘肃黄土高原的石质山地(如屈吴山、哈思山等),分布有小面积天然林,并形成一定的垂直分布带。基带为荒漠草原,其上为山地典型草原。在海拔2 200 m以上分布有油松林,局部地段有山杨、白桦等为主的次生林,海拔2 500 m以上则分布有青海云杉(*P. crassifolia*)。

(四)土壤

由于受气候、植被和复杂多变的地形地貌的综合影响,甘肃黄土高原的土壤分布也呈复杂变化。但土壤水平地带性分布和垂直分布都比较明显。由南向北地带性土壤主要有黑垆土、黄绵土、灰钙土和棕钙土等。

1. 黑垆土

黑垆土既是古老的耕作土类,又是黄土高原一种地带性土壤,处于南部褐土和北部灰钙土之间。在陇东黄土高原,土壤侵蚀较弱,在人为培肥条件下,土体上层形成厚30~50 cm的耕作覆盖层。陇中黄土丘陵区,土壤侵蚀比较严重,表层不能形成耕作覆盖层,仅在丘陵缓坡保留有较为完整的剖面。腐殖质层厚0.8~2.0 m,有机质含量1.0%~2.0%,C/N为7~12,通体呈弱碱性至碱性反应。黑垆土有以下四个亚类:①黏黑垆土。分布在正宁、泾川、秦安、武山一线以南,为黑垆土与褐土间的过渡土壤,既具有黑垆土厚腐殖质层的特征,又具有褐土的黏化特征。②黑垆土。分布在陇东黄土高原塬面上，土体上层有厚40~50 cm近代黄土沉积与人类增施有机肥形成的覆盖层，肥力较高。有机质含量1.0%~1.5%，全氮含量0.03%~0.10%，全磷含量0.15%~0.17%，但多为难溶的磷酸钙，含钾丰富。③黑麻土。分布在六盘山以西黄土丘陵上部，地势较陇东黄土塬面高700~1 000 m，腐殖质层厚1 m左右，有机质含量一般在1.5%左右。④淡黑垆土。分布在环县、静宁、会宁等县北部，为黑垆土向灰钙土过渡的土壤。母质较粗，多为黄沙土，质地疏松，耕作层薄，肥力偏低。

2. 黄绵土

为黄土性幼年土类，在水土流失严重的黄土丘陵地区分布最广，所占面积达40%~60%。常与黑垆土交错出现，是在大面积侵蚀和局部堆积的黄土母质上，经人为耕作和土壤熟化过程共同作用下发育起来的。土壤熟化程度低，没有明显的剖面发育层次，仅有耕作层与母质之分。耕作层厚约16~30 cm，有机质含量0.6%~0.7%，全氮0.039%~0.056%，全磷0.125%~0.134%，pH为8.0~8.4，呈碱性反应。母质层厚70~80 cm，有机质含量 < 0.5%。

3. 灰钙土

为草原带到荒漠带的过渡性土壤，分布在华家岭以北，永登、白银、靖远一线以南。灰钙土是由黄土母质或黄土状沉积物在弱腐殖化的共同作用下形成的。腐殖质层薄，有机质少，并与钙积层有明显的分异，而钙积层多较坚实。兰州南山丘陵坡地腐殖质层厚30~40 cm，有机质含量在1.5%左右，*C/N*为6.5~8.8，碳酸钙含量14.5%，全氮量0.07%，pH为8.7，钙积层在40 cm以下。黄河以北，腐殖质层减薄到20~30 cm，有机质含量减少到0.6%~1.2%，碳酸盐、硫酸盐含量增高。灰钙土有三个亚类：①暗灰钙土。分布在黄河以南海拔2 100 m以下的山地阴坡，腐殖质层厚50~70 cm，有机质含量在1.5%左右。②灰钙土。分布于兰州、会宁、皋兰一带，腐殖质层厚40~50 cm，有机质含量在1.0%左右。③淡灰钙土。分布于皋兰石洞寺、永登秦王川一带，荒漠植物占优势，腐殖质层厚度20~30 cm，有机质含量 < 1.0%。

4. 棕钙土

形成于温带荒漠草原环境，主导成土过程仍为弱腐殖化过程和强石灰聚积过程。而荒漠环境土壤的积盐过程和石膏化过程也表现的比较突出，土壤剖面分化比较明显。腐殖质层厚15~25 cm,有机质含量0.5%~1.0%,*C/N*为7~12,棕钙土机械组成较粗,砂粒含量68%~90%,因而土壤质地以沙土、沙壤土为主。棕钙土有两个亚类:①棕钙土。分布在景泰县中部、南部,靖远、白银一带的北部。腐殖质层厚20~25 cm,地表无盐化现象。②淡棕钙土。分布在景泰县北部,土壤沙砾化程度高,腐殖质层仅10~20 cm,有机质含量在0.5%左右。钙积层距地表10~15 cm,硫酸盐层位升高,地表普遍累积白色盐霜。

5. 灰褐土

在垂直带谱中灰褐土也是甘肃黄土高原一个重要土类。灰褐土是半干旱、干旱地区山地森林及山地灌丛下发育的土壤。成土母质为伟晶花岗岩、砂岩、板岩风化的堆积残积物,平缓的坡地有黄土状沉积物,是在中性和微碱性森林灌丛环境下由腐殖质累积过程、弱黏化过程、石灰淋溶和淀积过程共同作用下形成的,剖面分化明显。林地下腐殖质层有机质含量高达5.5%~7.5%,全氮量0.22%~0.38%,*C/N*为10~13。灰褐土有四个亚类:①淋溶山地灰褐土。②山地灰褐土。③碳酸盐灰褐土。④草甸山地灰褐土。

此外,甘肃黄土高原分布的较为重要的土类还有栗钙土。

中国地学界明确肯定了黄土的风成性质。即在冰期干燥寒冷气候条件下,在荒漠和草原环境,由强大的发源于西伯利亚的冬季风,从沙漠中带出以沙粉为主的土状堆积物堆积而成。其土壤质地有明显的地带性,如在黄土高原西北边沿沉积颗粒较粗的"沙黄土",其中粗粉沙占30%以上,黄土中富含碳酸钙和硫酸钙。由此往南大部分地区为典型黄土带,黄土颗粒变细,粗粉沙降到30%以下,黏粒增多,无硫酸钙聚集而多碳酸钙。黄土高原东南部(陕西关中平原南部)则为"黏黄土"分布区。据此,按由北向南顺序可划分为沙壤带、轻壤带、中壤带和重壤带。甘肃黄土高原兰州、环县一线以北属轻壤带;定西、庆阳一带以北属中壤Ⅰ带(<0.01 mm的颗粒<40%),陇西、通渭、秦安、天水、泾川、宁县一带属中壤Ⅱ带(<0.01 mm的颗粒>40%)。但另一方面,黄土高原的土壤质地在颗粒组成上又有明显的一致性,表现在:①整个黄土高原属壤质土类型,轻中壤质土占全部面积的90%。②粉粒(0.001~0.05 mm)含量高,大部分土壤占60%~75%,并且在广大面积上变幅小。其中0.01~0.05 mm粉粒占50%左右。③除南部塿土(陕西境内)有下伏黏化层外,区内土壤剖面质地没有明显差异。

此外,甘肃黄土高原由于受降水制约,土壤大多水分不足,常呈干旱状态。在年降水量300~400 mm的地方,降水年渗深多为120~250 cm,很少超过蒸发蒸腾作用层,导致土壤水分渗入层(活动层)之下形成一个永久干层。土壤有机质含量低,致使基础肥力差,土壤结构性差。地力瘠薄又限制了土壤保水供水能力。黄土母质富含碳酸钙,且淀积在不深处形成钙积层,这是草原土壤特征之一,也是影响植物生长的障碍性因素。

三、黄土丘陵沟壑区

黄土丘陵沟壑区是黄土高原的重要组成部分。本区域位于长城沿线以南、高原沟壑区以北,主要分布在中国黄河中游和黄土高原的北部地区,遍及河南、山西、内蒙古、陕西、宁夏、甘肃、青海七省(自治区),成为黄土高原地貌的主体,总土地面积为21.18×10^4 km^2。该区域年均气温5 ℃~11.3 ℃,≥10 ℃年有效积温2 800 ℃~3 800 ℃,无霜期140~186 d,年均降水量300~550 mm,年太阳总辐射为50×10^8 s/m^2,西北部可增加为63×10^8 s/m^2。地形由梁、峁、沟、川组成,地表支离破碎,沟壑纵横。土壤侵蚀模数为3 000~30 000 t/km^2,是黄河中游水土流失最严重的地区。受水土流失影响,地带性土壤黑垆土已基本流失殆尽。目前,土壤类型为黄土母质上发育的幼年土壤黄绵土,土壤相当贫瘠。在此条件下,所形成的植被主要有大针茅、铁杆蒿、长芒草、白羊草、艾蒿、兴安胡枝子、黄刺玫、沙棘、虎榛子、连翘、柠条、白刺花、荆条、辽东栎、白桦、山杨等天然植被,以及侧柏、刺槐、小叶杨、油松、臭椿、杜梨、山杏等人工植被。在植被区划上,属于暖温性森林草原带以及暖温性典型草原带。

四、半干旱地区

指年平均降水量在250~500 mm、干燥度在1.50~3.99的地区。半干旱地区降水量较少,蒸发量远大于同期降雨量,二者差值很大。天然植被为暖温性森林草原以及暖温性典型草原,耕地以旱地为主。中国整个半干旱地区从东北向西南分布,分布范围包括内蒙古中、东部地区及河北张北、山西西北、陕西北部、宁夏南部的西海固、甘肃的定西和榆中、青海的玉树和果洛、西藏的拉萨等地区在内的雨养农业区,该地区也是中国最重要的牧业区(表1-2)。

表 1-2 甘肃省干旱半干旱地区类型小区区划表

一级区划	二级区划	三级区划(类型小区)	涉及的县(市、区)	区域面积(km²)
半干旱区	暖温带半干旱区	陇中黄土丘陵沟壑区	定西市的安定区、临洮县;兰州市的皋兰县、永登县、榆中县、城关区、七里河区、安宁区、西固区、红古区;白银市的白银区、平川区、景泰县、靖远县、会宁县;临夏回族自治州的临夏县、永靖县、积石山保安族东乡族撒拉族自治县、东乡族自治县;武威市的古浪县、天祝藏族自治县	35 287
		陇东黄土丘陵沟壑区	庆阳市的华池县、环县、镇原县	7 725
	高原温带半干旱区	青藏高原东北边缘区	张掖市的高台县、民乐县、肃南裕固族自治县;武威市的凉州区、古浪县、天祝藏族自治县、民勤县;兰州市的红古区、永登县;临夏回族自治州的积石山保安族东乡族撒拉族自治县;甘南藏族自治州的夏河县以及甘肃省属太子山国家级自然保护区、中牧集团山丹马场	15 336
	半干旱区面积合计			58 348
干旱区	中温带干旱区	河西走廊北部荒漠化区	酒泉市的瓜州县、金塔县、玉门市、肃北蒙古族自治县;张掖市的甘州区、高台县、临泽县、山丹县;武威市的凉州区、古浪县、民勤县;金昌市的金川区;白银市的景泰县、靖远县	74 236
		河西走廊绿洲区	嘉峪关市、酒泉市的肃州区、瓜州县、玉门市、敦煌市、肃北蒙古族自治县、阿克塞哈萨克族自治县;张掖市的甘州区、临泽县、高台县、山丹县、民乐县、肃南裕固族自治县;武威市的凉州区、古浪县、天祝藏族自治县;金昌市的永昌县以及甘肃省属中牧集团山丹马场	55 466
	高原温带干旱区	祁连山西端荒漠区	酒泉市的肃州区、玉门市、瓜州县、阿克塞哈萨克族自治县、肃北蒙古族自治县;张掖市的高台县、肃南裕固族自治县	47 483
	干旱区面积合计			177 185
极干旱区	暖温带极干旱区	河西走廊北山荒漠区	酒泉市的瓜州县和肃北蒙古族自治县	18 503
		黑河下游荒漠区	酒泉市的金塔县	2 176
		疏勒河下游荒漠区	酒泉市的瓜州县、敦煌市、阿克塞哈萨克族自治县	30 948
	高原温带极干旱区	阿克塞西部荒漠区	酒泉市阿克塞哈萨克族自治县	6 461
极干旱区面积合计				58 088
甘肃省干旱半干旱地区面积总计				293 621

五、半干旱黄土丘陵沟壑区

指年降水量在300~500 mm，年均温度在5.3 ℃~11.0 ℃，≥10 ℃积温在2 050 ℃~3 191 ℃，*K*（干燥度）在1.50~3.99，地形地貌以梁峁状丘陵为主，坡陡沟深，地表切割破碎、沟壑纵横且密度较大、植被覆盖度较小、水土流失严重的黄土低山区。其主要分布在中国黄河中上游地区，遍及山西、陕西、甘肃、宁夏、青海等省（自治区）。根据区域资源环境特征、生态条件、社会经济条件和水土保持状况的差异性，现将半干旱黄土丘陵沟壑区又可进一步划分为晋陕黄土丘陵沟壑区、陕甘宁黄土丘陵沟壑区、甘宁梁状黄土丘陵沟壑区三大类型（表1-3）。

表1-3　半干旱黄土丘陵沟壑区类型划分

<table>
<tr><th rowspan="2"></th><th rowspan="2">森林植被地带</th><th rowspan="2">地貌类型</th><th colspan="5">类型区特征</th><th rowspan="2">省份</th><th rowspan="2">范围</th></tr>
<tr><th>年均温（℃）</th><th>≥10℃积温（℃）</th><th>年降水量（mm）</th><th>干燥度</th><th>地带性土壤</th></tr>
<tr><td rowspan="7">半干旱黄土丘陵沟壑区</td><td rowspan="2">暖温带半干旱区黑垆土森林草原</td><td rowspan="2">晋陕黄土丘陵沟壑区</td><td rowspan="2">8.5~11.0</td><td rowspan="2">2 800~3 191</td><td rowspan="2">395~500</td><td rowspan="2">1.5~1.8</td><td rowspan="2">黑垆土</td><td>山西</td><td>偏关、河曲、保德、宁武、神池、五寨、岢岚、兴县、方山、中阳、柳林</td></tr>
<tr><td>陕西</td><td>府谷、佳县、米脂、绥德、吴堡、子洲、子长、延川、延长</td></tr>
<tr><td rowspan="5">中温带半干旱区黑垆土、灰钙土草原地带</td><td rowspan="3">陕甘宁黄土丘陵沟壑区</td><td rowspan="3">7.0~8.6</td><td rowspan="3">2 800~3 085</td><td rowspan="3">407~500</td><td rowspan="3">1.5~1.8</td><td rowspan="3">黑垆土
灰钙土</td><td>陕西</td><td>延安、安塞、志丹、吴起、甘泉</td></tr>
<tr><td>甘肃</td><td>环县、华池</td></tr>
<tr><td>宁夏</td><td>固原、彭阳、海原</td></tr>
<tr><td rowspan="2">甘宁梁状黄土丘陵沟壑区</td><td rowspan="2">6.0~9.0</td><td rowspan="2">2 052~2 371</td><td rowspan="2">315~500</td><td rowspan="2">1.5~2.2</td><td rowspan="2">灰钙土
栗钙土</td><td>甘肃</td><td>静宁、通渭、定西、庄浪、陇西、秦安、兰州、榆中、永靖</td></tr>
<tr><td>宁夏</td><td>隆德、泾源、西吉</td></tr>
</table>

第二章　黄土丘陵沟壑区功能区划分

生态功能区划是指根据区域生态环境要素、生态环境敏感性与生态服务功能空间分异规律，将区域划分成不同生态功能区的过程。是实施区域生态环境分区管理的基础和前提，是以正确认识区域生态环境特征、生态问题性质及产生的根源为基础，以保护和改善区域生态环境为目的，依据区域生态系统服务功能的不同、生态敏感性的差异和人类活动影响程度，分别采取不同的对策，它是研究和编制区域环境保护规划的重要内容。

随着人口的增长和经济的发展，很多地区由于片面追求经济效益，忽略对生态系统的保护，造成生态环境的严重破坏，不仅严重地阻碍本地经济的发展，而且危及整个区域的持续发展。如何协调日益突出的发展与生态环境保护的矛盾，维护区域经济和资源的可持续发展是目前亟待解决的问题。这就要求对区域内各生态因子之间的相互关系，生态系统对人类生存发展的支持服务功能，尤其是对人类活动在资源开发利用与保护中的地位和作用，以及区域环境问题的形成机制和规律进行充分的分析研究，提出区域生态环境保护和整治的方法与途径。

人类与生态环境是密不可分的。一方面，生态环境是人类赖以生存和发展的基础，它不仅可为人类提供各种所需的自然资源，而且还可通过对气候等的调节为人类提供适宜的居住环境；另一方面，人类为发展经济的各种生产活动又或多或少地对生态环境带来一些负面影响，而环境的恶化则会阻碍经济的进一步发展。因此，稳定而适宜的生态环境是人类生存和社会经济发展的保障。

一、全国生态功能区划状况

2000年11月，国务院颁布了《全国生态环境保护纲要》，明确指出要按生态功能特点进行全面规划，分类指导，分区推进生态环境保护战略。明确了生态保护的指导思想、目标和任务，要求全国开展生态区划工作，为经济社会持续、健康发展和环境保护提供科学依据。生态功能分区是依据区域生态环境敏感性、生态服务功能重要性以及生态环境特征的相似性和差异性而进行的地理空间分区。

为了更好地落实《环境保护法》《中共中央关于全面深化改革若干重大问题的决定》和《中共中央国务院关于加快推进生态文明建设的意见》等关于加强重要区域自然生态保护、优化国土空间开发格局、增加生态用地、保护和扩大生态空间的要求，生态环境部和中国科学院在2008年印发的《全国生态功能区划》基础上，联合开展了修编工作，形成《全国生态功能区划(修编版)》。于2015年11月正式完成并颁布。

(一)生态功能区区划

新修编的《全国生态功能区划(修编版)》根据生态系统服务功能类型及其空间分布特征，开展全国生态功能区划，区划分为三个层次，即生态功能大类、生态功能类型、生态功能区。

(1)生态功能大类。按照生态系统的自然属性和所具有的主导服务功能类型，将生态系统服务功能分为生态调节、产品提供与人居保障三大类。

(2)生态功能类型。在生态功能大类的基础上，依据生态系统服务功能重要性划分为九个生态功能类型。

①生态调节功能区。即水源涵养、生物多样性保护、土壤保持、防风固沙、洪水调蓄五个类型。

②产品提供功能区。即农产品提供和林产品提供两个类型。

③人居保障功能区。即人口和经济密集的大都市群和重点城镇群两个类型。

(3)生态功能区。根据生态功能类型及其空间分布特征，以及生态系统类型的空间分异特征、地形差异、土地利用的组合，划分生态功能区。全国共区划了242个生态功能区。其中，生态调节功能的五个类型共区划了148个生态调节功能区，产品提供功能的两个类型共区划了63个产品提供功能区，人居保障功能的两个类型共区划了31个人居保障功能区。

(二)生态功能区类型及概述

将全国生态功能区按主导生态系统服务功能归类，分析各类生态功能区的空间分布特征、面临的问题和保护方向，形成全国陆域生态功能区。

1. 水源涵养生态功能区

全国共划分水源涵养生态功能区47个，面积共计256.9×10^4 km^2，占全国国土面积的26.9%。其中，对国家和区域生态安全具有重要作用的水源涵养生态功能区主要包括大兴安岭、秦岭–大巴山区、大别山区、南岭山地、闽南山地、海南中部山区、川西北、三江源地区、甘南山地、祁连山、天山等。

2. 生物多样性保护生态功能区

全国共划分生物多样性保护生态功能区43个，面积共计220.8×10^4 km^2，占全国国土面积的23.1%。其中，对国家和区域生态安全具有重要作用的生物多样性保护生态功能区主要包括秦岭–大巴山地、浙闽山地、武陵山地、南岭地区、海南中部、滇南山地、藏东南、岷山–邛崃山区、滇西北、羌塘高原、三江平原湿地、黄河三角洲湿地、苏北滨海湿地、长江中下游湖泊湿地、东南沿海红树林等。

3. 土壤保持生态功能区

全国共划分土壤保持生态功能区20个，面积共计61.4×10^4 km^2，占全国国土面积的6.4%。其中，对国家和区域生态安全具有重要作用的土壤保持生态功能区主要包括黄土高原、太行山地、三峡库区、南方红壤丘陵区、西南喀斯特地区、川滇干热河谷等。

4. 防风固沙生态功能区

全国划分防风固沙生态功能区30个，面积共计199×10^4 km^2，占全国国土面积的20.8%。其中，对国家和区域生态安全具有重要作用的防风固沙生态功能区主要包括呼伦贝尔草原、科尔沁沙地、阴山北部、鄂尔多斯高原、黑河中下游、塔里木河流域，以及环京津风沙源区等。

5. 洪水调蓄生态功能区

全国共划分洪水调蓄生态功能区8个，面积共计4.9×10^4 km^2，占全国国土面积的0.5%。其中，对国家和区域生态安全具有重要作用的洪水调蓄生态功能区主要包括淮河中下游湖泊湿地、江汉平原湖泊湿地、长江中下游洞庭湖、鄱阳湖、皖江湖泊湿地等。这些区域同时也是中国重要的水产品提供区。

6. 农产品提供功能区

农产品提供功能区主要是指以提供粮食、肉类、蛋、奶、水产品和棉、油等农产品为主的长期从事农业生产的地区，包括全国商品粮基地和集中联片的农业用地，以及畜产品和水产品提供的区域。全国共划分农产品提供功能区58个，面积共计

180.6×10^4 km^2，占全国国土面积的18.9%，集中分布在东北平原、华北平原、长江中下游平原、四川盆地、东南沿海平原地区、汾渭谷地、河套灌区、宁夏灌区、新疆绿洲等商品粮集中生产区，以及内蒙古东部草甸草原、青藏高原高寒草甸、新疆天山北部草原等重要畜牧业区。

7. 林产品提供功能区

林产品提供功能区主要是指以提供林产品为主的林区。全国共划分林产品提供功能区5个，面积10.9×10^4 km^2，占全国国土面积的1.1%，集中分布在小兴安岭、长江中下游丘陵、四川东部丘陵等人工林集中区。

8. 大都市群

大都市群主要指中国人口高度集中的城市群，主要包括京津冀大都市群、珠三角大都市群和长三角大都市群生态功能区3个，面积共计10.8×10^4 km^2，占全国国土面积的1.1%。

9. 重点城镇群

重点城镇群指中国主要城镇、工矿集中分布区域，主要包括哈尔滨城镇群、长吉城镇群、辽中南城镇群、太原城镇群、鲁中城镇群、青岛城镇群、中原城镇群、武汉城镇群、昌九城镇群、长株潭城镇群、海峡西岸城镇群、海南北部城镇群、重庆城镇群、成都城镇群、北部湾城镇群、滇中城镇群、关中城镇群、兰州城镇群、乌昌石城镇群。全国共有重点城镇群生态功能区28个，面积共计11×10^4 km^2，占全国国土面积的1.2%。

（三）土壤保持生态功能区

上述九类生态功能区中，与甘肃黄土高原关系密切相关的是土壤保持生态功能区。

1. 该类型区的主要生态问题

不合理的土地利用，特别是陡坡开垦、森林破坏、草原过度放牧，以及交通建设、矿产开发等人为活动，导致地表植被退化、水土流失加剧和石漠化危害严重。

2. 该类型区生态保护的主要方向

（1）调整产业结构，加速城镇化和新农村建设的进程，加快农业人口的转移，降低人口对生态系统的压力。

(2)全面实施保护天然林、退耕还林、退牧还草工程,严禁陡坡垦殖和过度放牧。

(3)开展石漠化区域和小流域综合治理,协调农村经济发展与生态保护的关系,恢复和重建退化植被。

(4)在水土流失严重并可能对当地或下游造成严重危害的区域实施水土保持工程,进行重点治理。

(5)严格资源开发和建设项目的生态监管,控制新的人为水土流失。

(6)发展农村新能源,保护自然植被。

(四)全国重要生态功能区

根据各生态功能区对保障国家与区域生态安全的重要性,以水源涵养、生物多样性保护、土壤保持、防风固沙和洪水调蓄五类主导生态调节功能为基础,确定63个重要生态系统服务功能区(简称重要生态功能区)。

1. 水源涵养重要区

大兴安岭水源涵养与生物多样性保护重要区、长白山区水源涵养与生物多样性保护重要区、辽河源水源涵养重要区、京津冀北部水源涵养重要区、太行山区水源涵养与土壤保持重要区、大别山水源涵养与生物多样性保护重要区、天目山-怀玉山区水源涵养与生物多样性保护重要区、罗霄山脉水源涵养与生物多样性保护重要区、闽南山地水源涵养重要区、南岭山地水源涵养与生物多样性保护重要区、云开大山水源涵养重要区、西江上游水源涵养与土壤保持重要区、大娄山区水源涵养与生物多样性保护重要区、川西北水源涵养与生物多样性保护重要区、甘南山地水源涵养重要区、三江源水源涵养与生物多样性保护重要区、祁连山水源涵养重要区、天山水源涵养与生物多样性保护重要区、阿尔泰山地水源涵养与生物多样性保护重要区、帕米尔-喀喇昆仑山地水源涵养与生物多样性保护重要区。

2. 生物多样性保护重要区

小兴安岭生物多样性保护重要区、三江平原湿地生物多样性保护重要区、松嫩平原生物多样性保护与洪水调蓄重要区、辽河三角洲湿地生物多样性保护重要区、黄河三角洲湿地生物多样性保护重要区、苏北滨海湿地生物多样性保护重要区、浙闽山地生物多样性保护与水源涵养重要区、武夷山-戴云山生物多样性保护重要区、秦岭–大巴山生物多样性保护与水源涵养重要区、武陵山区生物多样性保护与水源涵养重要区、大瑶山地生物多样性保护重要区、海南中部生物多样性保护与水源涵养重要区、滇南生物多样性保护重要区、无量山–哀牢山生物多样性保护重要区、滇西山地生物多样性保护重要区、滇西北高原生物多样性保护与水源涵养重要区、岷山–邛崃山–凉山生物多样性保护与水源涵养重要区、藏东南生物多样性保护重要区、珠穆朗玛峰生物多样性保护与水源涵养重要区、藏西北羌塘高原生物多样性保护重要区、阿尔金山南麓生物多样性保护重要区、西鄂尔多斯–贺兰山–阴山生物多样性保护与防风固沙重要区、准噶尔盆地东部生物多样性保护与防风固沙重要区、准噶尔盆地西部生物多样性保护与防风固沙重要区、东南沿海红树林保护重要区。

3. 土壤保持重要区

黄土高原土壤保持重要区、鲁中山区土壤保持重要区、三峡库区土壤保持重要区、西南喀斯特土壤保持重要区、川滇干热河谷土壤保持重要区。

4. 防风固沙重要区

科尔沁沙地防风固沙重要区、呼伦贝尔草原防风固沙重要区、浑善达克沙地防风固沙重要区、阴山北部防风固沙重要区、鄂尔多斯高原防风固沙重要区、黑河中下游防风固沙重要区、塔里木河流域防风固沙重要区。

5. 洪水调蓄重要区

江汉平原湖泊湿地洪水调蓄重要区、洞庭湖洪水调蓄与生物多样性保护重要区、鄱阳湖洪水调蓄与生物多样性保护重要区、皖江湿地洪水调蓄重要区、淮河中游湿地洪水调蓄重要区、洪泽湖洪水调蓄重要区。

(五)黄土高原土壤保持重要区

在各类型区中，与黄土高原水土流失、生态治理和产业发展密切相关的是黄土高原土壤保持重要区。该区位于黄土高原地区，包含4个功能区：吕梁山山地土壤保持功能区、陕北黄土丘陵沟壑土壤保持功能区、陇中黄土丘陵土壤保持功能区、陇东–宁南土壤保持功能区。行政区主要涉及甘肃省的庆阳、平凉，山西省的吕梁、忻州、太原、临汾，宁夏回族自治区的固原、吴忠和陕西省的延安、榆林、宝鸡、咸阳、铜川、渭南，面积为140 724 km^2。该区地处半湿润–半干旱季风气候区，主要植被类型有落叶阔叶林、针叶林、典型草原与荒漠草原等。水土流失和土地沙漠化敏感性高,是中国水土流失最严重的地区,土壤保持极重要区域。

1. 主要的生态问题

生态脆弱以及过度开垦和油、气、煤资源开发导致生态系统质量低、水土保持功能低等生态问题,表现为坡面水土流失和沟蚀严重,河道与水库淤积严重,影响黄河中下游生态安全。

2. 生态保护的主要措施

在黄土高原丘陵沟壑区继续实施退耕还灌还草还林;实施小流域综合治理;推行节水灌溉新技术,发展林果业;对退化严重草场实施禁牧轮牧,提高饲料种植比例和单位产量,实行舍饲养殖;加大资源开发的监管,控制地下水过度利用,防止地下水污染;在油、气、煤资源开发的收益中确定一定比例,用于促进城镇化和生态保护。

二、甘肃省生态功能区划状况

甘肃位于黄土高原、青藏高原、内蒙古高原三大高原和西北干旱区、青藏高寒区、东部季风区三大自然区域的交汇处,地域狭长,地质地貌、气候类型复杂多样,除海洋生态系统外的森林、草原、荒漠、湿地、农田、城市等六大陆地生态系统均有发育,自然因素影响大、干旱范围广、水土资源不匹配、植被少而不均、承载力低、修复能力弱是甘肃生态的基本特征。

(一)甘肃省生态功能区划

《全国生态环境保护纲要》颁布后,甘肃率先在全国开展生态功能区划试点,与中国科学院生态环境研究中心合作编制完成了《甘肃省生态功能区划报告》,将甘肃省42.58×10^4 km^2划分为3个生态大区,8个生态区,22个生态亚区,72个生态功能区。

(二)甘肃省生态保护与建设规划

甘肃省人民政府办公厅发布的《甘肃省生态保护与建设规划(2014—2020)》,其中分别阐释了“三屏四区”的概况、保护与建设措施。依据“甘肃主体功能区”确定了“三屏四区”,进行生态保护与建设重点。

“三屏四区”。即黄河上游生态屏障、长江上游生态屏障和河西内陆河上游生态屏障以及陇东黄土高原丘陵沟壑水土保持生态功能区、石羊河下游生态保护治理区、敦煌生态环境和文化遗产保护区、肃北北部荒漠生态保护区。是甘肃省生态保护与建设重点区域，共涉及42个县（市、区），总面积27.48×10^4 km^2，约占全省总面积的64.5%。

“黄河上游生态屏障”区域内草场、林地比较集中，形成了大面积沼泽湿地，是黄河重要的水源补给区。甘肃提出“封育保护、中幼林抚育”，培育森林资源，提高森林质量；全面推行禁牧休牧轮牧、以草定畜等制度；生态补水、面源污染防控，恢复与保护高原湿地；治理黑土滩等举措。

“陇东黄土高原丘陵沟壑水土保持生态功能区”是中国黄土高原丘陵沟壑水土保持生态功能区极具代表性的地区之一。主要包括甘肃东部庆阳市的庆城县、镇原县、环县和华池县，平凉市的庄浪县和静宁县，白银市的会宁县，定西市的通渭县，天水市的张家川回族自治县。这里属温带半湿润半干旱气候，降雨偏少，植被稀疏，加之降雨集中，土质疏松，长期侵蚀形成了丘陵沟壑密布的地貌形态，水土流失现象极为严重，环县北部还受到较强风沙危害，生态非常脆弱。甘肃提出，加快以治沟骨干工程为主体的小流域沟道坝系建设，加强坡耕地水土流失治理，开展退耕还林还草；充分利用生态系统的自我修复能力，采取封山育林、封坡禁牧等措施，加快林草植被恢复和生态系统功能恢复；实施坡改梯工程；通过机制和技术创新，实现由传统水土保持向现代水土保持转变，调整产业结构、节约保护、优化配置、合理开发利用水土资源。

三、研究区生态功能区划

在全国生态功能区划三级区划的基础上，进一步向下细分，到最末级的划分是以小流域为区划单元，按照生态系统适宜性、脆弱性和敏感性分析及其生态服务功能，在流域尺度上将研究区划分为三种功能区，即生态治理功能区、产业发展功能区和居民生活功能区，这是最具体、最适用的功能区划。

由甘肃省林业科学研究院主持完成的国家“十一五”科技支撑课题“黄土丘陵沟壑区生态综合整治技术与模式”和“十二五”科技支撑课题“陇中丘陵区生态恢复与经济能力提升技术与示范”的研究区域，就处在全国功能区规划中的“黄土高原丘陵沟壑区土壤保持重要区”。该区位于黄土高原地区，行政区涉及甘肃省的庆阳、平凉、天水、陇南、定西、白银，宁夏回族自治区的固原和陕西省的延安、榆林，面积为137 044 km^2。该区地处半湿润–半干旱季风气候区，地带性植被类型为森林草原和草原，具有土壤侵蚀和土壤沙漠化敏感性高的特点，是土壤保持极为重要区。主要生态问题是：过度开垦和油、气、煤资源开发带来植被覆盖低和生态系统保持水土功能弱等生态问题，表现为坡面土壤侵蚀和沟道侵蚀严重，侵蚀产沙淤积河道与水库，严重影响黄河中下游生态安全。该区域的生态保护措施主要有：实施退耕还林还草；推行节水灌溉新技术，发展林果业；提高饲料种植比例和单位产量，对退化严重草场实施禁牧轮牧，实行舍饲养殖；停止导致生态功能继续恶化的开发活动和其他人为破坏活动，加大资源开发的监管，控制地下水过度利用，防止地下水污染；在油、气、煤资源开发的收益中确定一定比例，用于促进城镇化和生态保护。

根据生态功能的不同，将研究区划分为三类功能区，即生态治理功能区、产业发展功能区和居民生活功能区。

(一)生态治理功能区

本区主要包括流域内的梁峁顶、梁峁坡、荒坡、沟坡、沟道等区域，是黄土高原丘陵沟壑区的典型地貌。黄土丘陵沟壑区地形破碎、千沟万壑，为水土流失最严重的区域之一。其地形地貌特点是：以梁峁状丘陵为主，地形破碎，坡陡沟深。水土流失特点是：面蚀、沟蚀都很严重，面蚀主要发生在坡耕地上，沟蚀主要发生在坡面切沟和幼年冲沟。因此，生态功能区的治理关系到整个流域生态环境的改善。但由于地形差异大，治理工程应因地制宜，采取不同的措施进行治理。

(1)梁峁顶防护体系。主要是以灌草为主，防风固土，保护梁峁及其附近地域。

(2)梁峁坡防护体系。以灌草为主，采用水平阶、鱼鳞坑等小型水保工程，拦蓄降水，保持水土。

(3)荒坡防护体系。以灌草为主，采取防护工程措施，拦截峁坡防护体系的剩余径流，分割水势，防止溯源侵蚀。

(4)沟坡防护体系。主要是进行工程造林种草，发展径流林业，遏制产流，进一步拦截荒坡防护体系的剩余径流，固土护坡。

(5)沟底防护体系。主要是修建以治沟骨干坝为主的工程体系，拦截坡面防护系统没有拦截住的产流、产沙,抬高侵蚀基准面,变荒沟为坝地。

(二)产业发展功能区

产业发展区主要包括陡坡地退耕还林区、缓坡地及梯田农业。该区域地势相对平缓,是流域内农作物的主产区。黄土高原经过几十年的治理,大部分的缓坡地都改造成了梯田,少部分坡地近年来进行了退耕还林还草。但农田主要为坡耕地,土壤贫瘠,干旱缺水,农作物产量低且品质逐年下降,加之管理粗放造成土壤进一步恶化。具体治理措施是:

(1)利用退耕还林种植牧草,在改善生态环境的同时发展草畜产业,优化产业结构,进一步扩大林草业种植面积。

(2)提高农业生产技术,大面积推广旱作农业。利用全膜双垄沟播技术将地面蒸发降到最低,最大限度地保蓄自然降水。特别微小甚至无效降雨能够有效拦截,使其就地入渗于作物根部,改善土壤耕层水分状况;开发、利用抗旱新品种,提高土壤水分利用率。

(3)减少农药化肥的使用量,推广生物农药和农家肥,提高土壤有机质的保有量,并推广生态农业技术,提高农作物产量。

(三)居民生活功能区

该区主要包括庭院及房屋周边的闲散地。本区人口密集,空闲地较多且地势平坦,水资源利用相对方便。发展庭院经济、开展舍饲养殖及利用清洁能源是本区的主要功能。庭院经济包括庭院内外种植、养殖及加工活动。作为农村发展经济方式之一,庭院经济的作用日益显著,不仅可以充分利用农村闲散土地及劳动力资源,而且更是增加农民收入的重要途径。庭院经济开展灵活,既可单户进行也可多户联合发展;发展规模可大可小,易调动农民积极性。

具体利用方式:

(1)利用雨水截留技术,发展庭院果、蔬种植。流域内因为灌溉条件受限,大面积种植农作物主要以马铃薯、玉米为主,果蔬种植很少。发展庭院经济,通过收集雨水进行灌溉,不仅丰富了经济作物种类、提高农民收入,也可改善当地农民饮食单一的现状。

(2)发展养殖业及饲草料加工业。流域内大面积实施退耕还林还草工程,农民利用丰富的牧草资源开展草产业和养殖业。

(3)开发利用清洁能源,改善居住环境。利用秸秆、人畜粪便发展沼气池。沼气工程的建设不但能够促进生态环境的转变,减少环境污染造成的危害,而且节约了常规能源和生物质资源。通过沼气池厌氧发酵,将人畜粪便及农业废弃物分解,减少空气、环境和地表水的污染,有效改善农村生活环境。沼气发酵所产生的沼渣、沼液是优质的有机肥料,可改良土壤,提高农业综合生产能力。畜禽粪便通过沼气池厌氧发酵可杀死大多数有害病菌和虫卵, 施用沼肥可使农作物病虫害发生率大幅度降低,将人畜粪便分解转化,还可减少人畜粪便造成的农村面源污染。农户使用沼气作替代燃料,可大大降低炊事劳动强度,减少火灾隐患,提高农民生活质量。

生态产业的发展要充分利用当地的自然资源,做到保护环境,增加生态效益。

合理利用自然资源。分析环境、资源、交通、产业、技术、人口、管理、市场、效益等因素,确定资源的最大利用方式和产业空间布局(如养殖业的分散化及规模化)。

要求最佳的土地利用与管理措施。种草较种植农作物对土地扰动少,投入少,投劳少,产出高,管理简便等。

产业调整的主要原则之一是降水资源的科学合理利用(包括人工聚集和植物吸收利用),生态系统的承载力主要表现在水资源的承载力上。乔灌草配置、树种选择、产业调整、种植结构调整等都是以水资源的合理利用为原则。

该区域的生态安全主要体现在土地资源的安全上。水土流失、因人为因素造成的土地荒漠化、耕地退化盐渍化及酸雨危害、非农业用地增加耕地减少。

研究区脆弱性、适宜性、敏感性分析–生态功能区划–生态治理、产业发展、经济循环–水土流失治理与生态产业一体化模式(龙滩模式)–生态经济协调发展。

以严重(极度)退化的生态环境为背景,通过适宜性、脆弱性、敏感性分析,充分赋予各生态功能区的重要地位。人工促进与自然恢复相结合,尽量减少人为扰动,让自然休养生息,让人们的关注点转向产业发展。这样,减少了对环境的进一步破坏,产业建设、经济发展改变了群众的生活方式,特别是能源结构的改变缓解了人们对植被的压力和破坏。站在流域管理的角度(场面)统揽、谋划流域生态与经济的问题,二者有机协调,均衡发展,不能偏其一。

第三章　不同植被恢复方式下的土壤养分研究

一、不同植被类型下的土壤养分特征

(一)研究方法

1. 样地选择

在研究区龙滩流域通过实地调查,选取了本区分布范围广、对生态环境影响大的柠条林、山杏林、油松林、侧柏林、青杨林、山杏+柠条+侧柏混交林、退耕紫花苜蓿、撂荒草地八种典型植被类型,每种植被类型选取坡面较宽阔的中上坡位作为取样样地。不同植被类型样地基本状况见表3-1。

表3-1　典型植被样地基本情况

样地名称	林分密度(株/hm²)	林龄(a)	海拔(m)	坡位	坡度(°)	坡向	株高(m)	冠幅(m×m)	草本层盖度(%)
柠条林	2 373	35	2 052	上	32	S	1.33	1.67×1.35	40
侧柏林	2 000	39	2 060	上	25	E31°S	3.15	1.72×1.32	20
油松林	1 770	47	2 038	上	7	W20°N	4.67	2.65×2.39	5
山杏林	990	47	2 182	上	26	E15°S	3.31	3.09×2.59	15
青杨林	1 600	59	2 144	上	14	E80°S	3.59	2.75×2.47	15
混交林	1 860	47	2 189	梁峁	10	W	1.88	2.78×2.53	60
退耕苜蓿	—	15	2 123	中	11	E	—	—	95
撂荒草地	—	17	2 179	上	2	E65°N	—	—	100

2. 土样采集

2017年9月，在选取的八种典型植被中选取中上坡位进行分层取样。取样土层为0~20 cm、20~40 cm、40~60 cm，每种植被类型和每个土层各取3个重复。取样后委托甘肃省农业科学院测试中心进行土壤养分含量测定，测定指标为pH、有机质、全氮(N)、全磷(P)、全钾(K)、碱解氮、速效磷、速效钾，共8个养分指标。

3. 养分测定方法

pH采用电位计法测定(水土比2.5∶1)；有机质采用重铬酸钾氧化-油浴加热法测定；全氮、碱解氮采用半微量开氏法和碱解扩散法测定；全磷和速效磷采用NaOH 熔融-钼锑抗比色法和$NaHCO_3$碱溶-钼锑抗比色法测定；全钾和速效钾采用NaOH熔融-火焰光度法和乙酸铵浸提-火焰光度法测定。

(二)结果与分析

1. 土壤养分分布特征

(1) 不同植被间土壤养分分布特征。表3-2中的数据反映了不同植被类型的土壤养分含量及分布特征。从养分总体分布来看，所有植被下土壤养分含量均较低，平均有机质含量仅为7.21 g/kg，最高也只有14.30 g/kg，全氮、全磷和全钾平均含量分别为0.44 g/kg、0.58 g/kg和22.22 g/kg，碱解氮、速效磷和速效钾分别为26.60 mg/kg、2.16 mg/kg和89.27 mg/kg，土壤养分整体表现为缺氮、少磷、富钾的现状。但土壤pH较高，平均为8.63，土壤呈弱碱性。

从不同植被类型的养分分布来看，各养分在不同植被类型间的分布各异。其中，山杏林地土壤养分含量相对较高，其有机质、全氮、全钾和碱解氮在八种植被类型中均最高，但pH和全磷却最低；侧柏林地的养分含量相对较低，其土壤有机质、全氮、碱解氮在八种植被类型中均最低，但pH最高；混交林、退耕苜蓿和撂荒草地的总体养分含量也较低，其他植被土壤的各养分分布没有明显的规律。从方差分析也可看出，各养分含量在不同植被间差异显著性不一，其中全磷、全钾和速效钾在不同植被间差异极显著($P < 0.01$)，全氮在不同植被间差异显著($P < 0.05$)，其余养分指标差异均没有达到显著水平。说明植被类型对土壤养分分布有一定的影响，主要对氮、磷和钾总量和速效钾含量的分布影响明显。

表3-2　不同植被类型的土壤养分含量特征

测定指标	统计值	植被类型								均值
		柠条	侧柏	油松	山杏	青杨	混交林	退耕苜蓿	撂荒地	
pH	平均值	8.57aA	8.69aA	8.68aA	8.52aA	8.68aA	8.67aA	8.61aA	8.62aA	8.63
	最小值	8.07	8.50	8.40	8.40	8.46	8.37	8.53	8.51	
	最大值	8.83	9.00	8.94	8.62	8.86	8.85	8.68	8.72	
有机质(g/kg)	平均值	6.63aA	5.92aA	8.15aA	9.57aA	7.15aA	6.35aA	6.83aA	7.07aA	7.21
	最小值	3.60	4.00	4.20	4.90	4.40	3.40	5.30	4.90	
	最大值	10.50	9.30	14.30	14.10	11.20	12.00	9.10	10.00	
全氮(g/kg)	平均值	0.449abA	0.318bA	0.515abA	0.623aA	0.392abA	0.380abA	0.410abA	0.397abA	0.44
	最小值	0.22	0.23	0.33	0.36	0.24	0.23	0.30	0.26	
	最大值	0.78	0.41	0.89	0.93	0.67	0.65	0.58	0.55	
全磷(g/kg)	平均值	0.587abAB	0.585abAB	0.575abAB	0.557cB	0.573abAB	0.562bcAB	0.593aA	0.580abAB	0.58
	最小值	0.54	0.56	0.57	0.53	0.55	0.54	0.58	0.57	
	最大值	0.61	0.60	0.59	0.59	0.59	0.59	0.61	0.59	
全钾(g/kg)	平均值	21.56cB	22.93abAB	22.27abAB	23.27aA	21.93bcAB	21.60cB	22.27abcAB	21.93bcAB	22.22
	最小值	20.60	21.60	21.60	22.60	21.60	20.60	21.60	21.60	
	最大值	22.60	23.60	23.60	23.60	22.60	22.60	22.60	22.60	
碱解氮(mg/kg)	平均值	29.28aA	20.12aA	27.03aA	34.23aA	26.73aA	23.12aA	27.63aA	24.63aA	26.60
	最小值	7.20	14.40	14.40	19.80	10.80	14.40	18.00	16.20	
	最大值	54.10	36.10	50.50	54.10	43.30	36.10	43.30	32.50	
速效磷(mg/kg)	平均值	3.01aA	2.00aA	1.78aA	1.97aA	1.77aA	1.98aA	1.57aA	3.23aA	2.16
	最小值	0.70	1.20	0.80	1.60	0.60	0.80	0.90	1.60	
	最大值	5.00	3.30	2.70	2.70	2.70	3.40	2.30	5.00	
速效钾(mg/kg)	平均值	76.50cB	97.83bAB	86.17abAB	86.67abAB	103.33aA	77.00cB	91.67abAB	95.00abAB	89.27
	最小值	65.0	80.0	75.0	65.0	80.0	60.0	80.0	90.0	
	最大值	85.0	112.0	100.0	120.0	135.0	92.0	110.0	100.0	

注：同行而不同小写字母表示在0.05的水平上差异显著，不同大写字母表示0.01的水平上差异显著；下同。

(2) 不同土层间土壤养分分布特征。从表3-3可以看出，各养分含量在不同土层间变化较大且变化不一。其中，土壤有机质、全氮、碱解氮随土层深度的增加而迅速下降，pH和全钾随土层深度的增加而增加，全磷、速效磷和速效钾随土层深度的增加先下降后增加，养分总体上呈现出一定的表聚集效应。从方差分析来看，土壤有机质、全氮、碱解氮和速效钾在不同土层间差异显著。其中，有机质、全氮、碱解氮达到极显著水平($P < 0.01$)，速效钾达到显著水平($P < 0.05$)。说明有机质

表3-3　不同土层间土壤养分含量特征

测定指标	统计值	土层深度			均值
		20~40 cm	20~40 cm	40~60 cm	
pH	平均值Mean	8.53aA	8.68aA	8.64aA	8.62
	最小值Min	8.40	8.37	8.07	
	最大值Max	8.85	8.83	9.00	
有机质(g/kg)	平均值Mean	9.75aA	6.42bB	4.71cB	6.96
	最小值Min	4.20	3.60	3.40	
	最大值Max	14.30	9.70	7.00	
全氮(g/kg)	平均值Mean	0.62aA	0.39bB	0.28bB	0.43
	最小值Min	0.23	0.23	0.24	
	最大值Max	0.93	0.65	0.36	
全磷(g/kg)	平均值Mean	0.582aA	0.575aA	0.580aA	0.58
	最小值Min	0.54	0.53	0.54	
	最大值Max	0.61	0.61	0.61	
全钾(g/kg)	平均值Mean	21.98aA	22.22aA	22.22aA	22.14
	最小值Min	20.60	20.60	20.60	
	最大值Max	23.60	23.60	23.60	
碱解氮(mg/kg)	平均值Mean	39.26aA	23.41bB	16.48cB	26.38
	最小值Min	16.20	14.40	10.80	
	最大值Max	54.10	36.10	21.60	
速效磷(mg/kg)	平均值Mean	2.63aA	1.98aA	2.12aA	2.24
	最小值Min	1.30	1.10	0.70	
	最大值Max	3.90	5.00	5.00	
速效钾(mg/kg)	平均值Mean	96.31aA	80.85bA	85.69abA	87.62
	最小值Min	80.00	70.00	60.00	
	最大值Max	135.00	105.00	112.00	

全氮、碱解氮和速效钾在土层间分布的差异较大，土层深度对其影响显著。

2. 土壤养分变异特征

(1) 不同植被间土壤养分变异特征。表3-4中的数据反映了不同植被条件下的土壤养分变异特征。从不同养分的变异来看，各养分间变异差异明显。其中，pH变异最小，平均变异系数仅为1.90%；其次是全磷和全钾，变异系数约3%；再次是速效钾(约15%)；有机质、全氮、碱解氮、速效磷变异较大，平均变异系数均超过40%。从各植被间的养分总变异来看，不同植被间养分总变异有差异。其中，侧柏林中的土壤养分变异相对较小(19.40%)，退耕苜蓿地(22.96%)和荒草地(21.34%)仅次于侧柏林，而山杏林中养分变异相对较大(27.69%)，柠条林(26.22%)和油松林(26.36%)也仅次于山杏林。可见，各养分在不同植被间的变异程度不一，在土壤中分布的稳定性各异，且各养分在不同植被间的变异不显著，说明植被类型对土壤养分分布影响小。

表3-4　不同植被间土壤养分含量变异系数*CV*(%)

指标	植被类型								平均值
	柠条	侧柏	油松	山杏	青杨	混交林	退耕苜蓿	荒草地	
pH	2.93	2.21	2.50	1.30	1.83	2.29	0.87	1.23	1.90
有机质	41.34	32.85	50.39	48.10	34.03	52.15	29.32	37.29	40.68
全氮	46.65	23.37	50.06	46.12	42.34	49.54	36.42	36.74	41.40
全磷	3.20	2.36	1.46	5.49	3.43	3.46	2.57	1.72	2.96
全钾	3.76	3.56	3.67	2.48	2.35	2.93	2.59	2.63	3.00
碱解氮	55.26	41.16	53.95	51.95	52.06	35.11	49.53	33.15	46.52
速效磷	48.82	37.68	37.60	32.29	44.09	46.26	44.83	52.70	43.03
速效钾	7.81	12.01	11.26	33.80	17.22	14.69	17.53	5.26	14.95
平均值	26.22	19.40	26.36	27.69	24.67	25.80	22.96	21.34	

(2) 不同土层间土壤养分变异特征。表3-5中的数据反映了不同土层间的土壤养分变异特征。从三种土层深度间各养分的变异系数来看，也是pH变异最小，平均变异系数只有2.04%；其次是全磷和全钾，约4%；速效钾变异最大，平均变异系数高达52.17%；其余指标居中，平均变异系数为16%~26%。说明pH在土层间变化小，全磷、全钾在土壤中有一定的变化，但变化幅度也很小；而有机质、全氮、

碱解氮、速效磷和速效钾，尤其速效磷，在土壤中变化活跃，含量很不稳定。

从各土层的养分总变异来看，中、上层的养分变异相对较大，平均变异系数均在20%左右，底层的养分变异相对较小，且养分总体平均变异系数呈现出：随着土层深度的增加而减小的趋势（表3–5），其系数由高到低依次是中层（20.27%）> 表层（19.49%）> 底层（17.97%）。说明各养分在土壤中上层变化较大，随土层深度增加，养分分布的差异减小。

表3–5　不同土层间土壤养分含量变异系数CV(%)

指标	土层深度			平均值
	0~20 cm	20~40 cm	40~60 cm	
pH	1.37	1.54	3.20	2.04
有机质	30.71	28.52	18.99	26.07
全氮	33.19	31.08	12.96	25.74
全磷	3.28	3.73	3.30	3.44
全钾	4.37	3.91	3.91	4.07
碱解氮	30.63	23.99	17.18	23.93
速效磷	34.68	54.76	67.09	52.17
速效钾	17.70	14.60	17.10	16.47
平均值	19.49	20.27	17.97	

不管是不同植被还是不同土层条件下，各土壤养分间的变异差异均很大，二者平均变异系数总体上表现为有效磷（> 45%）> 有机质、全氮、有效氮（> 30%）> 有效钾（> 15%）> 全磷、全钾（< 4%）> pH（< 2%）。

3. 土壤养分相关性特征

(1) 不同植被间土壤养分相关性特征。表3–6中的数据反映了不同养分间和养分与植被间的相关性特征。从表3–6可以看出，各养分与植被间均没有显著的相关性（$P > 0.05$），但不同养分间具有显著的相关性（$P < 0.05$）。从各养分指标相关性的强弱来看，在所测定的八种养分中，pH、有机质、全氮、碱解氮和速效钾相关性强，与多个指标呈显著或极显著相关；全磷、全钾和速效磷相关性弱，仅与一个指标呈显著相关。从不同养分间的相关性来看，pH、有机质、全氮、碱解氮相

互间呈极显著相关关系($P<0.01$),其中pH与有机质、全氮、碱解氮呈极显著负相关($P<0.01$),有机质、全氮与碱解氮之间呈极显著正相关($P<0.01$)。全磷、全钾仅与速效钾呈显著正相关($P<0.05$),而速效磷仅与碱解氮呈显著正相关($P<0.05$)。说明植被与土壤养分间的关联性弱,植被类型对土壤养分分布影响小;但养分与养分间的关联性强,养分对养分分布的影响大,尤其pH、有机质、全氮、碱解氮间的关联性强且影响大。

表3-6　不同植被间土壤养分相关系数

指标	植被	pH	有机质	全氮	全磷	全钾	碱解氮	速效磷	速效钾
植被	1	0.085	0.040	−0.064	−0.223	0.008	−0.059	−0.185	0.235
pH	0.085	1	−0.479**	−0.483**	0.035	0.058	−0.474**	−0.237	−0.161
有机质	0.040	−0.479**	1	0.885**	−0.143	0.014	0.819**	0.03	0.369*
全氮	−0.064	−0.483*	0.885**	1	−0.101	−0.091	0.910**	0.272	0.214
全磷	−0.223	0.035	−0.14	−0.101	1	0.173	−0.037	0.207	0.327*
全钾	0.008	0.058	0.014	−0.091	0.1731	1	−0.080	−0.165	0.345*
碱解氮	−0.059	−0.474**	0.819**	0.910**	−0.037	−0.080	1	0.351*	0.259
速效磷	−0.185	−0.237	0.038	0.272	0.207	−0.165	0.351*	1	−0.100
速效钾	0.235	−0.161	0.369*	0.214	0.327*	0.345*	0.259	−0.100	1

注:*表示在0.05水平上显著相关,**表示在0.01水平上显著相关。下同。

(2) 不同土层间土壤养分相关性特征

表3-7中的数据反映了不同养分间和养分与土层间的相关性特征。从表3-7可以看出,不仅不同养分间具有显著的相关性($P<0.05$),而且不同养分与土层间也具有显著的相关性($P<0.05$)。从土壤养分与土层间的相关性来看,pH和全钾与土层呈正相关关系,而其他养分指标与土层均呈负相关关系,其中有机质、全氮、碱解氮与土层间达到了极显著相关水平($P<0.01$)。从不同养分间的相关性来看,pH和全钾与其他养分间基本呈负相关关系,其余养分间基本呈正相关关系。pH、有机质、全氮、碱解氮和速效钾相关性强,不仅相互间呈显著($P<0.05$)或极显著相关关系($P<0.01$),还与其他多个养分呈显著($P<0.05$)或极显著($P<0.01$)相关;全磷、全钾和速效磷相关性弱,其中全磷和全钾仅与一个养分指标达到显著相关($P<0.05$),而速效磷与所有指标均达不到显著相关水平($P>0.05$)。说明养分与养分间及养分与土层间均具有很强的关联性,土层深度对土壤养分分布具有很大的

影响,但不同养分指标的关联性强弱不一。

表3-7 不同土层间土壤养分相关系数

指标	土层	pH	有机质	全氮	全磷	全钾	碱解氮	速效磷	速效钾
土层	1	0.241	−0.710**	−0.705**	−0.032	0.108	−0.766**	−0.180	−0.280
pH	0.241	1	−0.450**	−0.425**	0.005	0.104	0.418**	−0.213	−0.135
有机质	−0.710**	−0.450**	1	0.882**	−0.106	−0.028	0.830**	0.011	0.351*
全氮	−0.705**	−0.425**	0.882**	1	−0.060	−0.138	0.911**	0.237	0.200
全磷	−0.032	0.005	−0.106	−0.060	1	0.193	0.011	0.223	0.435**
全钾	0.108	0.104	−0.028	−0.138	0.1931	1	−0.129	−0.174	0.342*
碱解氮	−0.766**	−0.418**	0.830**	0.911**	0.011	−0.129	1	0.277	0.309
速效磷	−0.180	−0.213	0.011	0.237	0.223	−0.174	0.2771	1	−0.028
速效钾	−0.280	−0.135	0.351*	0.200	0.435**	0.342*	0.309	−0.028	1

(三)讨论与结论

1. 讨论

黄土高原半干旱地区是一个农、林、牧综合发展的自然地带和区域,代表半干旱气候特征的植被类型丰富多样,加强对这些耐旱植被的生态适应性研究,对该地区植被恢复和重建具有重要的理论与实践指导意义。土壤是林木生长发育的基质,能够提供给植物大部分生命的必需元素。同时,林下植被以及凋落物的种类、数量都会影响土壤的理化性质和养分循环。就本研究而言,植被类型对土壤养分含量和分布有一定影响,主要对氮、磷、钾总含量和速效钾含量影响较大。土壤有机质是植物生长发育提供养分的仓库,其含量与土壤肥力水平密切相关,是评价土壤养分的重要指标之一,土壤中的全氮和碱解氮大部分来源于有机质。在所研究的八种不同植被类型中,山杏林的土壤有机质、全氮、碱解氮均最高,但pH和全磷最低;而侧柏的有机质、全氮和碱解氮均最低,这可能主要与林分密度有关。有研究表明,低密度有利于人工林有机质的积累和土壤肥力的长期维持,合理的群落密度有利于半干旱黄土区植物蒸腾耗水和土壤水分补偿之间水分平衡的保持和群落生产力稳产、高产的持续维持。本研究中的山杏林密度比较小,林木分布比较稀疏,平均每公顷不到1 000株;而侧柏是高密度带状栽植,密度是山杏林的2倍,造成山杏林和侧柏林的土壤养分差异明显。油松和青杨密度也较小,所以有机质、全氮、碱解氮含量也较高;而混交林密度相对较高,所以含量较低。柠条也是高密度带状栽植,且林分密度高于侧柏,但因为是灌木,加之豆科植物的固氮作用,使其土壤有机质、全氮、碱解氮、全磷、速效磷养分含量均明显高于侧柏。苜蓿草地和撂荒草地的土壤有机质、全氮、碱解氮含量也较低。虽然苜蓿有固氮作用,但每年生长量相对较大,需要大量养分的支持,但退耕苜蓿缺乏相应的施肥管护,加之每年1~2 次的刈割要带走大量养分,所以即便能固氮、也并没有提高土壤氮素养分含量,相反长期种植苜蓿导致了土壤养分的下降和土壤干层的形成。

土层对土壤养分分布的影响比较大,尤其对有机质、全氮和碱解氮。随着土层深度的增加,pH和全钾呈上升趋势,全磷、速效磷、速效钾呈下降趋势,有机质、全氮和碱解氮迅速下降,土壤养分表现出一定的表聚效应,这与前人所研究的结果相一致。黄土高原土壤养分具有明显的垂直分布特性——表层含量明显高于深层。黄土高原土壤养分随土层深度的增加而下降,与这里土壤水分、土壤微生物、植物根系等垂直分布有关。土壤水分是干旱和半干旱地区植被唯一可利用的有效水资源,是该区农业生产和生态恢复的核心制约因子。众多研究表明,半干旱黄土区土壤水分含量主要分布在土壤表层(0~30 cm),在60 cm的土层深度内随土层深度的增加而迅速下降,此后下降缓慢,到100~120 cm的深度趋于稳定。土壤含水量的这种垂直变化,强烈影响着土壤动物、土壤微生物和植物根系的分布和各种生物活动,进而影响着土壤养分的垂直分布。植被通过凋落物和根系分泌物影响土壤有机质的积累和分布。土壤表层是凋落物分布最多的一层,也是土壤水分含量最高的一层,同时又是土壤根系、土壤动物和微生物的重要分布层和活动层,多种因素的共同作用致使土壤养分呈现出明显的表聚集效应。

从土壤养分总体分布来看,本研究区所有植被下土壤养分含量较低,土壤养分整体表现为缺氮、少磷、富钾的现状,平均有机质含量仅为7.21 g/kg,全氮、全磷和全钾平均含量分别为0.44 g/kg、0.58 g/kg和22.22 g/kg,碱解氮、速效磷和速效钾分别为26.60 mg/kg、2.16 mg/kg和89.27 mg/kg。这与北方地区土壤养分研究的部分结果相一致,但也与部分结果有出入,但养分含量差别不是很大,这主要与中国南北方的植被类型和土壤类型差别较大有关。即便在北方的黄土区,因研究地点、立地条件和植被类型不同,土壤养分含量还是有一定差异。但总体来说,北方黄土区土壤有机质含量低，土壤养分中比较缺氮、磷，而钾相对丰富，且土壤pH比较高，土壤呈弱碱性。因此，在农业生产和林草植被建设中注重氮肥和磷肥的补充。

从土壤养分在不同植被和不同土层间的变异来看，测定的八种养分中，pH、全磷、全钾变异很小（ < 4%），在植被和土层间含量相对稳定；速效钾居中（约15%）；而有机质、全氮、碱解氮、速效磷变异较大（20%~50%），在植被和土层间含量变化较大。从相关性的研究来看，本研究中植被类型与土壤养分间没有显著的相关关系，但土层深度与土壤养分间具有显著甚至极显著的相关关系。不同养分间，不论是植被还是土层条件下，均具有pH、有机质、全氮、碱解氮相互间呈极显著相关关系。pH和全钾与土层及其他养分间基本呈负相关关系，而其他养分间呈正相关关系。土壤全氮、土壤碱解氮和土壤有机质之间呈高度的正相关，尤其土壤碱解氮和土壤全氮之间相关性更高。说明土壤有机质的累积和分解对土壤全氮和碱解氮含量有重要影响。

本文所研究的不同植被和不同土层间的土壤养分分布特征，除植被类型和土层深度的影响，实际中还受坡向、坡位、地形、林分密度等众多因素的影响。因自然条件的限制，在一个气候条件相对一致的流域内，很难找到坡向、坡位、地形等完全一致的多种植被类型。本研究选取的八种典型植被，除柠条在各个坡向均有大面积分布外，其余植被分布坡向相对少或单一，所以坡向选择不一。加之多种植被不在同一坡面分布，虽尽量选取各植被分布坡面的中上部，但坡位也不尽一致，且取样坡位少、研究时间短。所以，植被类型和土层深度对土壤养分分布影响的研究结果有一定的局限性，今后有待在更长时间内的多个坡位上和更大流域尺度上进一步观测研究。

2. 结论

半干旱黄土区土壤养分含量相对较低，土壤较贫瘠，总体呈现出缺氮、少磷、富钾的现状，且土壤呈弱碱性。在此区域，植被类型对土壤养分含量和分布有一定影响，植被恢复能促进土壤养分的恢复。相对于草地植被来说，乔灌木植被更有利于恢复半干旱黄土区的土壤养分，但适宜的林分密度是维持土壤养分的前提。土层深度对该区域土壤养分含量和分布的影响比较大，土壤养分主要分布在表层0~30 cm的土层里，养分表层富集效应明显。此外，在半干旱黄土区大面积种植苜蓿，在短期内可以提高植被覆盖并对土壤起到一定的培肥作用，但长期种植对恢复土壤养分作用不大,相反长期种植会导致土壤肥力的下降,更会造成土壤干层的形成。因此,在今后的植被恢复和生态建设中,可充分考虑采用人工草灌林建植的方式,并适当补充氮磷肥,使植被在相对较短时间内得到恢复,使黄土丘陵区复杂多样的土壤生态系统得到健康、持久的发展。

二、柠条不同平茬方式下的土壤养分特征

土壤作为植物生产的基地、动物生产的基础、农业的基本生产资料、人类耕作的劳动对象,与社会经济紧密联系。而土壤养分状况是影响植被生长和生产力的重要因素,也是植被生长的基础,更是干旱和半干旱地区影响植被生长的重要因素和制约植被生长的重要影响因子。而柠条以其极强的适应能力,能够在黄土高原各个生境都有广泛的分布,但由于黄土高原生态环境脆弱,土壤养分的不足或养分间不平衡导致柠条林生长退化乃至衰败现象突出。因此,为了促进该区域的柠条植被恢复和更新,深入探讨柠条群落平茬更新措施与土壤养分、柠条植被与不同土层深度土壤养分之间的关系,可以探析不同更新措施对土壤养分的影响,揭示植被对干旱环境的响应关系,反映植物或生态系统水平的健康状况,对于黄土高原水土保持和生态修复具有积极意义。

(一)研究方法

2017年,在柠条平茬处理样地内选择五种不同平茬方式(即全部平茬、隔株平茬、隔行平茬、隔行隔株平茬、未平茬)进行分层取样,取样分层为0~20 cm、20~40 cm、40~60 cm,每种平茬措施和每个土层各取3个重复,取样后委托甘肃省农业科学院测试中心进行土壤养分含量测定,测定指标为pH、有机质、全氮(N)、全磷(P)、全钾(K)、碱解氮、速效磷、速效钾,共8个养分指标。

(二)结果与分析

1. 不同平茬方式的土壤养分特征

表3-8中的数据反映了不同平茬方式的土壤养分特征。从不同平茬方式的养分变化来看,各养分在不同平茬措施下的变化各异。其中,有机质、全氮、全磷、全钾、碱解氮均是平茬的小于未平茬的;pH、速效磷是平茬的大于未平茬的;速效钾变化无规律,但总体变化不大。从不同养分间的变化来看,碱解氮的养分含量变

化最大，尤其在全部平茬方式下的变化最大，其均值为29.13 mg/kg，变化幅度为7.2~52.3 mg/kg，最大值是最小值的7.3倍；其次是速效磷和有机质，其最大值与最小值间的倍数分别为5.6和4.0；变化最小的是全磷。从方差分析也可看出，不同平茬方式间各养分含量差异不显著，不同平茬方式间养分变化不大，说明平茬方式对土壤养分的影响不明显。从五种平茬方式不同指标的变异情况来看，各指标的变异情况存在很大差异。其中，pH变异最小，其次是全磷和全钾，再次是速效

表3-8　柠条不同平茬方式的土壤养分特征

方式	科目	测定指标							
		pH	有机质(g/kg)	全氮(g/kg)	全磷(g/kg)	全钾(g/kg)	碱解氮(mg/kg)	速效磷(mg/kg)	速效钾(mg/kg)
隔株平茬	平均值	8.57	7.22	0.43	0.59	21.71	28.83	3.07	89.56
	标准差	0.25	3.59	0.19	0.02	0.60	14.33	1.46	20.72
	最大值	8.82	14.60	0.72	0.62	22.60	54.10	5.00	135.00
	最小值	8.07	3.60	0.25	0.54	20.60	14.40	1.10	70.00
	变异系数/%	2.94	49.76	43.60	4.04	2.77	49.71	47.65	23.14
隔行平茬	平均值	8.69	6.30	0.46	0.58	15.27	27.63	4.90	94.00
	标准差	0.18	1.25	0.25	0.03	11.85	7.55	1.82	6.56
	最大值	8.87	7.60	0.74	0.61	22.60	36.10	6.00	100.00
	最小值	8.52	5.10	0.30	0.55	1.60	21.60	2.80	87.00
	变异系数/%	2.02	19.89	53.83	5.24	77.60	27.32	37.13	6.98
隔行隔株平茬	平均值	8.64	8.83	0.42	0.59	21.93	30.03	3.00	103.33
	标准差	0.19	3.04	0.16	0.01	0.58	16.29	2.36	7.64
	最大值	8.83	12.20	0.58	0.60	22.60	46.90	5.60	110.00
	最小值	8.46	6.30	0.27	0.58	21.60	14.40	1.00	95.00
	变异系数/%	2.14	34.38	37.36	1.97	2.63	54.22	78.60	7.39
未平茬	平均值	8.58	8.70	0.62	0.59	22.27	34.27	2.13	90.00
	标准差	0.15	3.25	0.30	0.03	0.58	13.64	0.25	17.32
	最大值	8.74	12.00	0.92	0.63	22.60	46.90	2.40	110.00
	最小值	8.44	5.50	0.32	0.57	21.60	19.80	1.90	80.00
	变异系数/%	1.76	37.37	48.66	5.42	2.59	39.81	11.80	19.25
	F	0.197	0.416	0.465	0.271	1.828	0.089	1.616	1.933

钾,而有机质、全氮、碱解氮和速效磷的变异较大。说明pH在土壤中变化小,高低相对稳定;全磷、全钾和速效钾在土壤中有一定的变化,但变化幅度较小;而有机质、全氮、碱解氮和速效磷在土壤中变化活跃,含量很不稳定。

2. 不同土层深度的土壤养分特征

表3–9中的数据反映了不同土层间的土壤养分特征。从表3–9可以看出,不同养分在不同土层间的变化不一,总体上是全磷在各土层间没有明显变化,pH和全钾随土层深度的增加而增加,其余养分指标随土层深度的增加而降低,养分呈现出一定的表聚集效应。从不同养分指标来看,速效钾在不同土层的变化很大。其中0~20 cm的变化最大,其均值为96.50 mg/kg,变化幅度为77.00~135.00 mg/kg;其次是碱解氮和速效磷,其最大值与最小值间的倍数分别为3和6;变化最小的是pH。从不同指标的变异系数来看,速效磷变异最大,有机质、全氮、全钾、碱解氮、速效钾居中,pH和全磷变异很小。说明pH和全磷在土壤中变化相对稳定,而速效磷变化敏感。从方差分析来看,土壤养分有机质在不同土层间达到显著水平($P<0.05$),全氮和碱解氮达到极显著水平($P<0.01$),其余养分指标均未达到显著水平。说明有机质、全氮、碱解氮这三个养分在土层间变化较大,其余养分在土层间相对稳定。

(三)结论与讨论

由于林木种类及结构等方面的差异和地形破碎等客观原因,使得林地土壤存在着大尺度或小尺度上的变异性。就本研究而言,研究区域内通过柠条平茬和土壤深度对土壤养分的影响研究,发现柠条平茬对土壤养分的影响不明显,估计这可能是柠条平茬时间短、平茬对土壤养分影响的效应还尚未表现出来,也有可能平茬并不能影响土壤养分。而土层深度对土壤养分的影响还是比较明显,尤其是有机质、全氮和碱解氮。随着土层深度的增加,养分含量总体上呈下降的趋势,土壤养分表现出一定的表聚集效应,这与前人所研究的结果也相一致。土壤养分随土层深度的增加而下降与土壤微生物分布和土壤蒸发及植物根系从土壤中吸收养分,然后通过枯枝落叶等将部分养分归还于土壤有关。

表3-9 平茬柠条不同土层间的养分组成含量特征

方式	科目	测定指标							
		pH	有机质(g/kg)	全氮(g/kg)	全磷(g/kg)	全钾(g/kg)	碱解氮(mg/kg)	速效磷(mg/kg)	速效钾(mg/kg)
0~20 cm	平均值	8.50	10.33	0.71	0.59	19.04	46.68	3.66	96.50
	标准差	0.03	2.24	0.11	0.03	7.08	6.12	0.96	20.02
	最大值	8.53	14.60	0.92	0.63	22.60	54.10	5.60	135.00
	最小值	8.44	7.60	0.58	0.54	1.60	36.10	2.40	77.00
	变异系数/%	0.38	21.66	15.52	4.58	37.18	13.11	26.31	20.75
20~40 cm	平均值	8.74	5.99	0.38	0.59	22.10	25.66	2.63	79.75
	标准差	0.10	1.50	0.12	0.02	0.53	6.24	1.92	12.98
	最大值	8.83	8.60	0.61	0.61	22.60	36.10	6.00	100.00
	最小值	8.56	3.60	0.25	0.55	21.60	14.40	1.00	65.00
	变异系数/%	1.12	25.11	31.67	2.89	2.42	24.32	73.13	16.28
40~60 cm	平均值	8.60	5.94	0.28	0.59	21.60	16.43	2.73	88.75
	标准差	0.32	2.75	0.04	0.02	0.76	5.22	1.80	12.75
	最大值	8.87	12.20	0.33	0.62	22.60	21.60	5.90	110.00
	最小值	8.07	4.00	0.22	0.57	20.60	7.20	0.70	80.00
	变异系数/%	3.67	46.40	13.33	3.06	3.50	31.78	66.05	14.36
	F	3.098	10.254*	43.530**	0.287	1.271	55.657**	1.001	2.304

注：*表示在0.05显著水平上差异显著，**表示在0.01显著水平上差异显著。

由于柠条平茬时间短，土壤养分取样、测定时间也较短，观测的结果不稳定，有待在以后的试验研究中继续进行土壤养分的观测研究。

三、青杨林不同更新措施下的土壤养分特征

（一）研究方法

2017年，在青杨人工林样地内选择三种不同恢复措施（即青杨未更新、青杨前更新和青杨后更新）进行土壤分层取样。其中，青杨未更新是没有进行过任何更新措施，青杨前更新是2000年左右在青杨林内行间栽植油松，青杨后更新是2016年在青杨林行间栽植油松。取样分层为0~20 cm、20~40 cm、40~60 cm，每

种恢复方式和每个土层各取3个重复，取样后委托甘肃省农业科学院测试中心进行土壤养分含量测定，测定指标为pH、有机质、全氮(N)、全磷(P)、全钾(K)、碱解氮、速效磷、速效钾，共8个养分指标。

(二) 结果与分析

1. 不同更新方式的土壤养分差异特征

表3-10中的数据反映了青杨不同更新方式的土壤养分特征。从不同更新方式的养分变化来看，各养分在不同更新措施下的变化各异。其中，全磷、全钾、碱解氮、速效钾均是未更新的青杨林大于更新的青杨林，其余测定指标则相反，但总体变化不大。从前更新和后更新的养分对比看，两种更新措施下的不同养分变化没有规律。其中，pH、全磷、速效磷、速效钾是前更新的青杨林大于后更新的青杨林，而有机质、全氮、全钾和碱解氮是后更新的青杨林大于前更新的青杨林。从方差分析可以看出，不同更新方式间各养分含量差异不显著，只有全磷在不同更新方式间差异显著($P < 0.05$)。说明青杨更新恢复方式对土壤养分全磷有一定影响，但对其余养分的影响不明显。

2. 不同更新方式的土壤养分变异特征

从青杨不同更新措施下的不同养分变异情况来看(表3-10)，全磷在不同更新恢复措施下变异最小，变异系数为零；其次是pH和全钾，变异系数不到3%；速效钾变异居中，其变异系数为18.10%；有机质、全氮和速效磷变异较大，变异系数达30%以上；碱解氮变异最大，其变异系数高达54.71%。说明各养分在三种不同更新措施下的变异程度有差异，在土壤中的稳定性不同。其中，全磷、全钾和pH在土壤中变化相对稳定，受植被变化的影响小；而有机质、速效磷、碱解氮在土壤中的稳定性较差，受植被变化的影响大；尤其全氮和碱解氮的含量受植被影响最大，在土壤中分布很不稳定。

表 3-10 青杨不同更新方式的土壤养分特征

测定指标	更新方式	均值	标准差	极小值	极大值	变异系数(%)	*F*
pH	未更新	8.68	0.15	8.53	8.83	1.73	0.005
	前更新	8.69	0.14	8.52	8.78		
	后更新	8.67	0.20	8.46	8.86		
有机质(g/kg)	未更新	6.27	1.90	4.40	8.20	30.33	0.606
	前更新	5.80	2.86	4.10	9.10		
	后更新	8.03	2.97	5.30	11.20		
全氮(g/kg)	未更新	0.34	0.14	0.24	0.50	42.25	0.364
	前更新	0.37	0.14	0.27	0.53		
	后更新	0.45	0.20	0.29	0.67		
全磷(g/kg)	未更新	0.59	0.00	0.59	0.59	0.00	4.826*
	前更新	0.59	0.03	0.57	0.62		
	后更新	0.56	0.01	0.55	0.57		
全钾(g/kg)	未更新	21.93	0.58	21.60	22.60	2.63	0.200
	前更新	21.60	1.00	20.60	22.60		
	后更新	21.93	0.58	21.60	22.60		
碱解氮(mg/kg)	未更新	27.03	14.79	14.40	43.30	54.71	0.263
	前更新	19.23	12.70	7.20	32.50		
	后更新	26.43	16.29	10.80	43.30		
速效磷(mg/kg)	未更新	1.73	0.59	1.30	2.40	33.80	3.263
	前更新	3.07	0.21	2.90	3.30		
	后更新	1.80	1.08	0.60	2.70		
速效钾(mg/kg)	未更新	111.67	20.21	100.00	135.00	18.10	1.012
	前更新	98.33	10.41	90.00	110.00		
	后更新	95.00	13.23	80.00	105.00		

四、不同坡向土壤养分特征

(一)研究方法

2017年,在龙滩流域大沟岭(柠条)、黑人山(侧柏)、剪子岔(山杏)、阴岼山(油松)4个样地内,选择四种不同坡向(东坡、西坡、南坡、北坡)进行土壤养分分层取样,取样分层为0~20 cm、20~40 cm、40~60 cm,每种坡向和每个土层各取3个重复。取样后委托甘肃省农业科学院测试中心进行土壤养分含量测定,测定指标为pH、有机质、全氮(N)、全磷(P)、全钾(K)、碱解氮、速效磷、速效钾,共8个养分指标。

(二)结果与分析

1. 不同坡向的土壤养分含量特征

表3-11中的数据反映了四种不同坡向的土壤养分特征。从不同坡向的养分变化来看,各养分在不同坡向的变化各异但差异不明显。其中,有机质、全氮和碱解氮在不同坡向的分布和变化特征一致,三者均是在西坡含量高、南坡含量低,即含量大小顺序为西坡 > 东坡 > 北坡 > 南坡;pH、全钾和速效钾均是西坡含量低,其次是北坡;全磷和速效磷均是在西坡和北坡的含量高,东坡和南坡的含量低(图3-1)。从方差分析看,不同坡向间各养分含量差异不显著,不同坡向养分变化不大。说明坡向对土壤养分的影响不明显。

2. 不同坡向的土壤养分变异特征

从四种坡向不同养分指标的变异情况来看,各养分的变异情况存在很大差异。其中,pH和全钾变异很小,平均变异系数不到3%;其次是全磷约6%;再次是速效钾为18.77%,而有机质、全氮、碱解氮和速效磷的变异很大,均达到40%以上,尤其碱解氮和速效磷。说明pH、全钾和全磷在土壤中变化小,受坡向的影响小,在不同坡向间含量相对稳定;速效钾含量在不同坡向间有一定的变化,坡向对其分布有一定影响;而有机质、全氮、碱解氮和速效磷在坡向间变化活跃,含量很不稳定,坡向对其分布影响大。

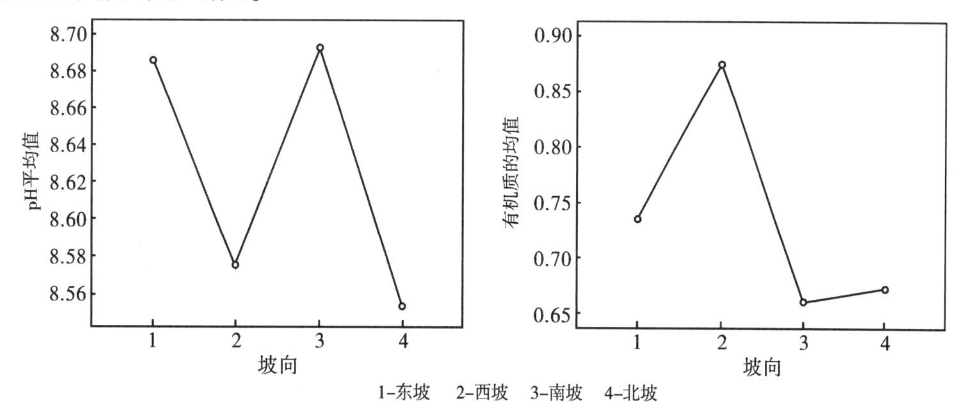

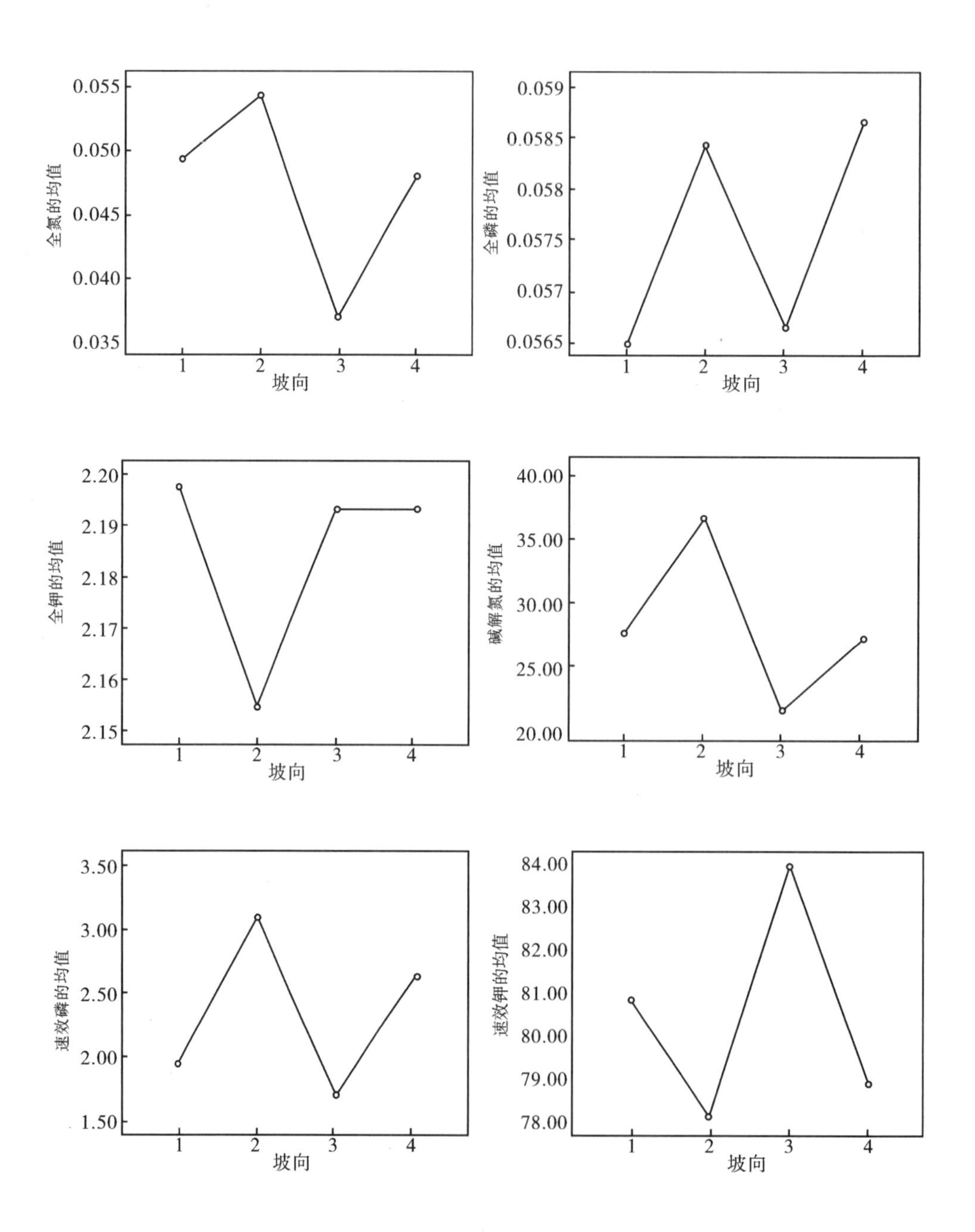

图 3-1　不同坡向土壤养分含量分布特征

表 3-11　不同坡向的土壤养分特征

指标	坡向	均值	标准差	极小值	极大值	变异系数(%)	*F*
pH	东坡	8.69	0.20	8.44	9.00	2.34	0.698
	西坡	8.57	0.21	8.24	8.83		
	南坡	8.69	0.19	8.48	8.85		
	北坡	8.55	0.27	8.07	8.85		
有机质(g/kg)	东坡	0.74	0.31	0.40	1.24	42.45	0.501
	西坡	0.88	0.47	0.40	1.90		
	南坡	0.66	0.47	0.34	1.20		
	北坡	0.67	0.32	0.36	1.22		
全氮(g/kg)	东坡	0.049	0.021	0.027	0.081	43.26	0.358
	西坡	0.054	0.033	0.022	0.124		
	南坡	0.037	0.019	0.024	0.059		
	北坡	0.048	0.021	0.026	0.080		
全磷(g/kg)	东坡	0.057	0.003	0.049	0.059	5.98	1.270
	西坡	0.058	0.003	0.054	0.065		
	南坡	0.057	0.002	0.055	0.059		
	北坡	0.059	0.002	0.057	0.061		
全钾(g/kg)	东坡	2.20	0.05	2.16	2.26	2.36	0.544
	西坡	2.15	0.08	2.06	2.26		
	南坡	2.19	0.06	2.16	2.26		
	北坡	2.19	0.10	2.06	2.36		
碱解氮(mg/kg)	东坡	27.71	15.65	14.40	54.10	56.47	0.864
	西坡	36.64	21.31	7.20	72.10		
	南坡	21.60	7.20	14.40	28.80		
	北坡	27.23	13.53	10.80	50.50		
速效磷(mg/kg)	东坡	1.95	1.19	0.50	4.10	61.17	1.542
	西坡	3.10	1.41	1.10	5.10		
	南坡	1.70	0.30	1.40	2.00		
	北坡	2.63	1.41	0.70	5.00		
速效钾(mg/kg)	东坡	80.88	15.18	60.00	105.00	18.77	0.280
	西坡	78.11	8.89	65.00	95.00		
	南坡	84.00	8.54	75.00	92.00		
	北坡	78.89	7.41	70.00	95.00		

第四章　不同恢复模式下土壤化学性质和微生物特性研究

一、土壤微生物动态

植被恢复措施能够有效地减轻耕作对土壤微生物资源的消耗，在研究区进行退耕还林还草，对土壤微生物资源的恢复有着积极的意义。通过对研究区典型人工乔木林、人工灌木林、农田、撂荒地、天然草地等植被类型下0~20 cm表层土壤微生物的研究，取得以下主要发现。

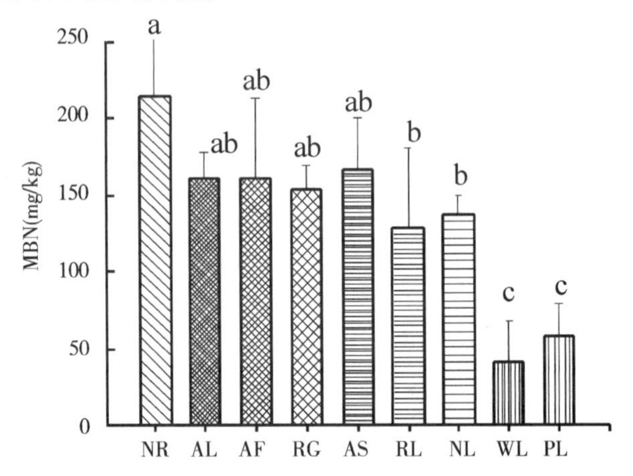

图4-1　不同植被类型下土壤微生物生物量氮S-N-K多重比较

MBN: 微生物量氮　NR: 垄坡荒地　AL: 撂荒地　AF: 油松林
RG: 苜蓿地　AS: 柠条林　RL: 退耕林地　NL: 道沿荒地
WL: 小麦地　PL: 马铃薯地

不同的小写字母代表具有显著性差异($P < 0.01$)，相同的小写字母表示差异不显著。由图4-1可知，MBN较高的植被类型有垄坡荒地、撂荒地、油松林、柠条林和苜蓿地；微生物量最低的是小麦和马铃薯农田；处于中间位置的是侧柏–山杏和道沿荒地

(图4-2)。

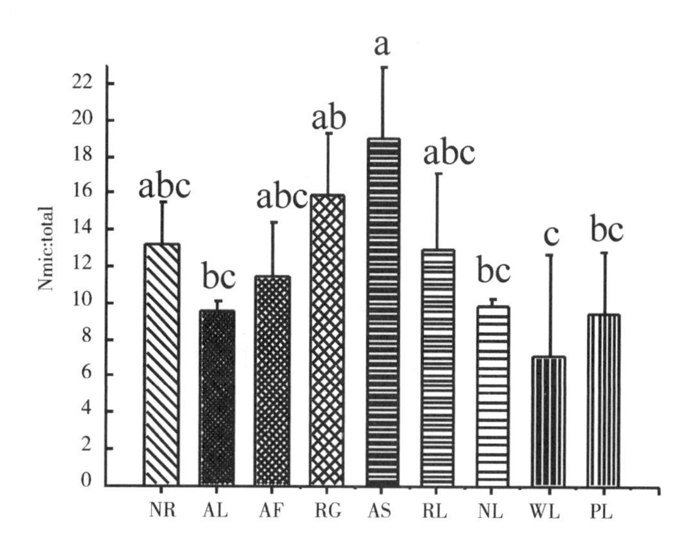

图 4-2 不同植被类型下土壤微生物生物量氮熵S-N-K多重比较

Nmic:org: 微生物氮熵 NR: 垄坡荒地 AL: 撂荒地 AF: 油松林 RG: 苜蓿地
AS: 柠条林 RL: 退耕林地 NL: 道沿荒地 WL: 小麦地 PL: 马铃薯地

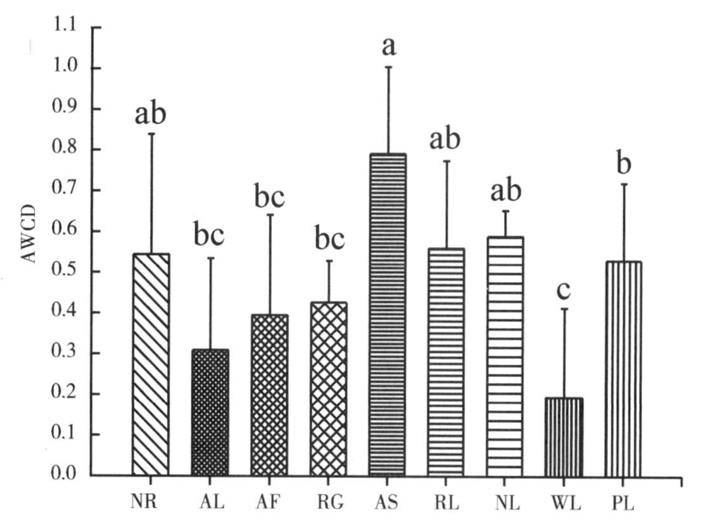

图 4-3 不同植被类型土壤微生物群落代谢活性(AWCD)比较

NR: 垄坡荒地 AL: 撂荒地 AF: 油松林 RG: 苜蓿地 AS: 柠条林
RL: 退耕林地 NL: 道沿荒地 WL: 小麦地 PL: 马铃薯地

不同的小写字母代表具有显著性差异($P < 0.01$),相同的小写字母表示差异不显著。由图4-3可知,与微生物熵的结果类似,柠条林土壤微生物群落的代谢活性(由AWCD表征)是所有植被类型中最高的;其次是垄坡荒地、道沿荒地、侧柏-山杏;再次是马铃薯地、撂荒地、油松林地、苜蓿草地。小麦地的AWCD值最低。

研究表明,农田由于长期向外输出而补充不足,其土壤微生物的储量和活性均很低。通过种植人工乔木林、灌木林或者单纯弃耕撂荒,土壤微生物数量和活性能恢复到天然草地的水平,且恢复年限较长的植被类型恢复效果较好。其中,柠条灌木林仅通过20 a的恢复,地下微生物的数量已接近恢复50 a的油松林,在微生物活性和对土壤养分的利用效率上甚至超过了油松林。综合考虑植被的生态服务功能和土壤微生物的恢复,豆科灌木(如柠条)是恢复植被较好的选择。

二、土壤理化性质变异

表4-1的方差分析表明,不同土地利用类型中土壤容重、全碳含量、0~10 cm速效磷含量、0~10 cm以及10~20 cm有机质含量、10~20 cm速效氮含量存在显著差异,而其他土壤理化性质指标没有通过显著性检验。由此可以看出,土地利用方式不同可造成土壤容重以及速效养分的显著性差异,而不同土地利用方式下全氮含量和全磷含量没有显著性差异。

由表4-2和图4-4不同土地利用方式土壤容重的变异可以看出,山毛桃林地和油松林地土壤容重较小,平均土壤容重分别为0.96 g/cm³和0.98 g/cm³;而柠条林地和苜蓿草地土壤容重较大,平均土壤容重分别为1.17 g/cm³和1.15 g/cm³。多年荒草地平均土壤容重为1.07 g/cm³,与马铃薯农地平均土壤容重一致。由此可以看出,多年荒草地土壤结构有所改善,其土壤容重基本与农地保持一致。而人工山杏、侧柏和青杨林地平均土壤容重均高于多年荒草地,其土壤容重分别为1.13 g/cm³、1.11 g/cm³和1.12 g/cm³;人工柠条林地土壤容重最高,达到1.17 g/cm³。由多年荒草地同人工乔灌木林地土壤容重的对比发现,随着植被恢复的进行,不一定能够改善土壤结构,减小土壤容重,撂荒等恢复措施相比人工种植乔木和灌木能更好的改善土壤结构。

通过对不同土地利用方式下土壤容重进行方差分析,F为2.839,显著性为0.005,表明不同土地利用类型容重差异明显。由此可以看出,土地利用是土壤容重空间变异的最主要原因,合理的土地利用是合理进行生态恢复的前提和基础。

表4-1 不同土地利用方式下土壤理化性质的方差分析

项目	*F*	显著性*
容重	2.839	0.005
黏粒	1.174	0.327
粉粒	0.573	0.853
砂粒	0.724	0.721
全磷含量	1.143	0.349
全氮含量	1.647	0.109
全碳含量	2.247	0.023
速效磷 0~10 cm	2.929	0.004
速效磷 10~20 cm	1.696	0.097
速效磷 20~40 cm	0.384	0.963
有机质0~20 cm	3.480	0.001
有机质10~20 cm	2.594	0.009
有机质20~4 cm	1.468	0.169
速效氮0~10 cm	0.350	0.974
速效氮10~20 cm	2.215	0.025
速效氮20~40 cm	1.764	0.082
速效磷20 cm	2.293	0.021
速效磷40 cm	1.759	0.083
有机质20 cm	3.212	0.002
有机质40 cm	2.558	0.010
速效氮20 cm	0.768	0.680
速效氮40 cm	0.900	0.553

注:*表示显著性水平0.05。

各土地利用类型中,农地土壤全碳含量最低。其中,覆膜玉米农地为2.14 g/kg,马铃薯农地为2.37 g/kg;山毛桃和撂荒草地土壤全碳含量相对较高,山毛桃灌木林地全碳含量达到2.86 g/kg,撂荒草地全碳含量平均为2.85 g/kg。多年荒草地全碳含量也相对较高,达到2.74 g/kg,但多年荒草地全碳含量标准差为0.38,相对其他土地利用方式其变异相对较大。而人工乔木林地(侧柏林地、山杏林地、油松林地和青杨林地)和灌木林地(柠条林地)土壤全碳含量居中。由表4-3不同土地利用方式土壤全碳含量的统计可以看出，在固碳作用方面，撂荒草地和多年荒草地固碳作用较好。尤其是撂荒草地在0~80 cm土层内土壤碳含量相对较高。相对农地而言，林地土壤有一定的固碳作用，但侧柏林地固碳作用并不明显。

表4-2　不同土地利用方式下土壤容重的变异

土地利用类型	均值	标准差	极小值	极大值
山毛桃林地	0.96	0.00	0.96	0.96
油松林地	0.98	0.09	0.88	1.05
覆膜农地	1.04	0.11	0.96	1.11
撂荒草地	1.04	0.12	0.84	1.14
多年荒草地	1.07	0.12	0.86	1.20
马铃薯农地	1.07	0.06	0.98	1.12
侧柏林地	1.11	0.05	1.06	1.16
青杨林地	1.12	0.05	1.08	1.15
山杏林地	1.13	0.08	1.04	1.23
苜蓿草地	1.15	0.08	1.06	1.32
柠条林地	1.17	0.08	1.01	1.27

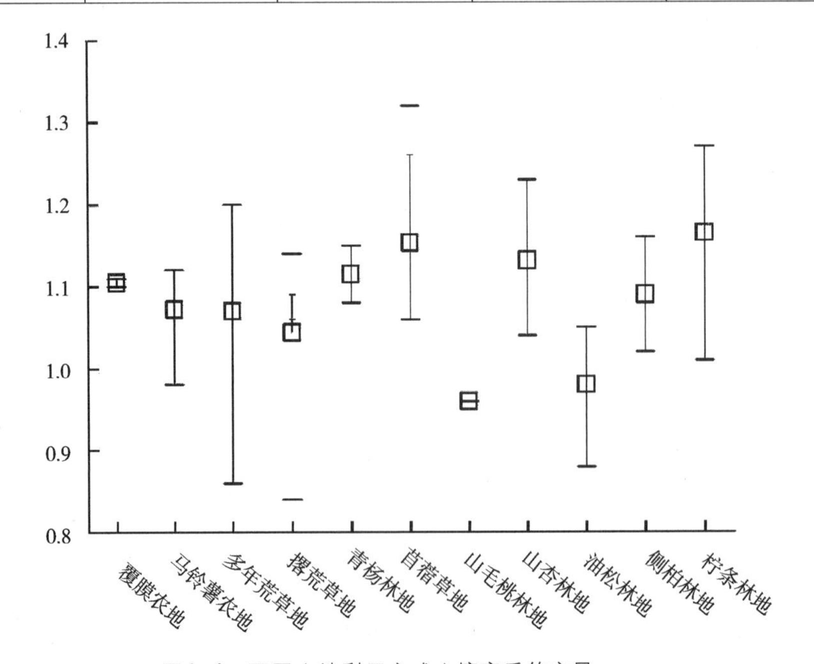

图4-4　不同土地利用方式土壤容重的变异

表4-3　不同土地利用方式土壤全碳含量的变异

土地利用类型	均值	标准差	极小值	极大值
覆膜农地	2.14	0.21	1.99	2.28
马铃薯农地	2.37	0.20	2.07	2.54
侧柏林地	2.38	0.16	2.19	2.59
苜蓿草地	2.50	0.25	2.15	3.08
山杏林地	2.52	0.22	2.32	2.81
柠条林地	2.58	0.23	2.26	2.96
油松林地	2.59	0.16	2.41	2.72
青杨林地	2.60	0.12	2.52	2.69
多年荒草地	2.74	0.38	2.18	3.05
撂荒草地	2.85	0.20	2.59	3.05
山毛桃林地	2.86	0.00	2.86	2.86
平均	2.57	0.28	1.99	3.11

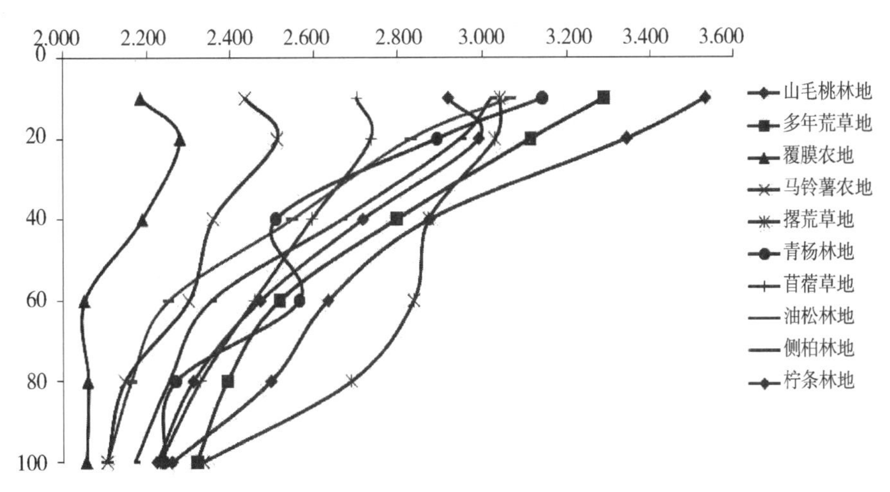

图4-5　不同土地利用类型土壤全碳含量层次变异

由图4-5可以看出，各土地利用类型土壤全碳含量的剖面分布趋势均为表层含量最高,随土壤深度的增加而降低。相比而言,撂荒草地在40~80 cm这一层次全碳含量最高,而覆膜玉米农地在整个0~100 cm土层内全碳含量均为最低,马铃薯农地在这一层次内也相对较低。由此可见,农地固碳能力最低,这是由于农地地上作物基本被收割,很少有地上生物量残留在农地内转化为土壤碳,而其他土地利用类型地上部分均有一部分成为枯枝落叶，最后以土壤有机碳等形式固定在土壤中。

表4-4　土壤全碳与有机碳的相关关系

相关性	全碳	有机质			
		0~10 cm	10~20 cm	20~40 cm	20 cm
有机质0~10 cm	0.816				
有机质10~20 cm	0.801	0.796			
有机质20~40 cm	0.839	0.713	0.771		
有机质20 cm	0.851	0.945	0.930	0.784	
有机质40 cm	0.885	0.916	0.922	0.884	0.983

表4-4列出了土壤全碳含量与不同层次土壤有机质的相关关系。由表4-4可以看出，不同层次土壤有机质含量与土壤全碳含量均呈现出典型的正相关关系。在半干旱黄土丘陵区，土壤全碳多以土壤有机质的形式存在，而土壤有机质多由地上植被的枯枝落叶转化而来。因此，植被恢复可有效提高土壤碳含量，尤其是撂荒的方式，相比其他植被恢复方式在各个土壤层次内均可有效提高土壤碳含量。

表4-5　不同土地利用方式土壤速效磷含量的变异

土地利用类型	0~10 cm			10~20 cm			20~40 cm		
	平均值	极小值	极大值	平均值	极小值	极大值	平均值	极小值	极大值
覆膜农地	11.7	11.0	12.4	10.6	1.6	19.6	14.9	8.5	21.3
马铃薯农地	15.2	12.1	19.6	14.9	12.2	17.3	10.3	2.7	21.5
多年荒草地	13.0	7.4	16.9	12.3	6.5	18.0	10.1	3.3	22.0
撂荒草地	9.4	7.7	11.0	9.4	7.0	10.5	8.0	6.6	9.3
青杨林地	17.2	9.9	24.4	15.3	14.4	16.1	14.9	8.5	21.2
苜蓿草地	12.2	9.0	20.0	9.2	3.4	16.6	9.0	2.5	25.2
山毛桃林地	5.8	5.8	5.8	7.3	7.3	7.3	5.8	5.8	5.8
山杏林地	11.0	8.3	19.9	10.1	7.3	14.1	9.3	4.3	13.9
油松林地	7.3	5.4	9.9	11.4	9.1	13.5	6.2	4.4	7.7
侧柏林地	13.7	8.7	17.3	7.0	4.0	8.9	11.2	7.1	16.5
柠条林地	10.9	4.9	17.5	11.5	5.9	18.9	11.5	3.6	47.0

表4-5列出了不同土地利用方式下土壤速效磷的统计值。由统计结果可以看出，表层土壤速效磷含量中，青杨林地最高，达到了17.2 mg/kg；而山毛桃灌木林地速效磷含量最低，仅有5.8 mg/kg。覆膜玉米农地和马铃薯农地速效磷含量相对较

高,分别达到了11.7 mg/kg和15.2 mg/kg。人工乔木林地中,青杨林地速效磷含量最高;其次为侧柏林地,平均达到了13.7 mg/kg;山杏林地为11.0 mg/kg;油松林地最低,速效磷含量为7.3 mg/kg。由不同土地类型之间的对比可以看出,多年荒草地的速效磷含量要低于青杨林地和侧柏林地,但是高于山杏林地和油松林地。多年荒草地与山毛桃灌木林地和柠条灌木林地速效磷含量的对比也可以发现,多年荒草地在0~10 cm和10~20 cm这两个层次均高于山毛桃和柠条灌木林地,仅在20~40 cm这一层次低于柠条灌木林地,但高于山毛桃灌木林地。

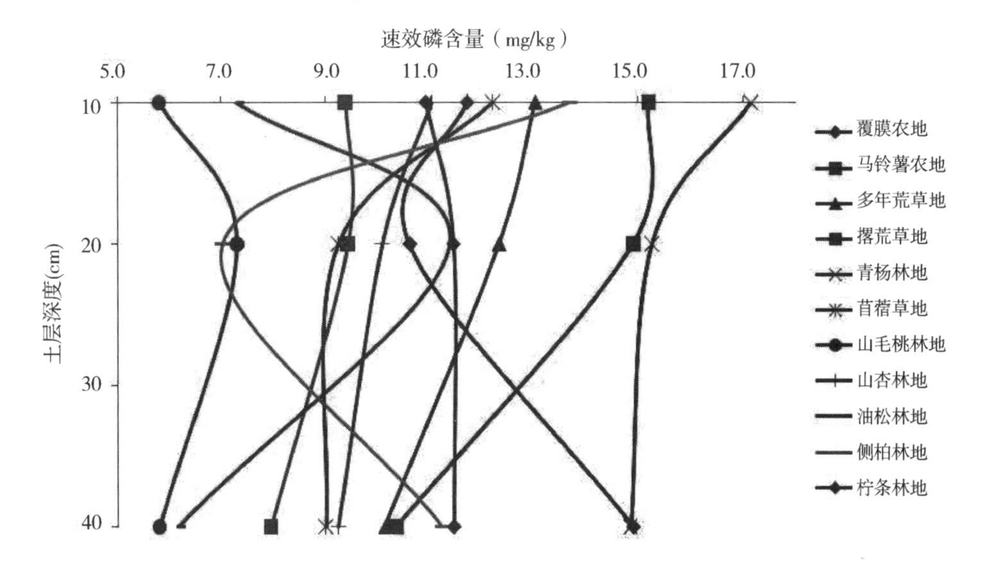

图4-6　不同土地利用类型土壤速效磷含量的层次变异

由图4-6不同土地利用类型土壤速效磷含量的层次变异可以看出,山毛桃林地、油松林地、撂荒草地和马铃薯农地在10~20 cm这一层次含量要高于表层0~10 cm,在这一亚表层有一定的增加。但在20~40 cm一般有所减少。

表4-6列出了不同土地利用方式下土壤速效氮含量的变异。由表中可以看出,在土壤速效氮含量方面,山杏林地土壤速效氮含量最高,平均达到85.4 mg/kg,但在20~40 cm这一层次迅速减小,仅有22.7 mg/kg。覆膜玉米农地土壤速效氮含量最低,仅有40.3 mg/kg,且在20~40 cm这一层次也是最低,仅有16.0 mg/kg。人工乔木林地和灌木林地土壤速效氮含量相对较高,且随土壤深度的增加减少幅度不是很大。

表4-6　不同土地利用方式土壤速效氮含量的变异

土地利用类型	0~10 cm			10~20 cm			20~40 cm		
	平均值	极小值	极大值	平均值	极小值	极大值	平均值	极小值	极大值
覆膜农地	40.3	14.6	66.0	23.4	9.6	37.3	16.0	6.4	25.6
马铃薯农地	41.5	28.4	57.2	36.3	14.9	63.9	23.6	11.0	36.9
多年荒草地	76.2	26.6	131.7	59.6	20.6	111.5	45.4	8.9	82.0
撂荒草地	53.6	33.4	72.1	72.5	40.8	105.5	60.9	28.4	89.8
青杨林地	62.7	41.5	83.8	46.5	31.6	61.4	44.2	24.9	63.6
苜蓿草地	72.1	24.9	374.6	40.7	19.5	73.5	28.7	16.7	55.0
山毛桃林地	79.5	79.5	79.5	99.4	99.4	99.4	37.3	37.3	37.3
山杏林地	85.4	70.3	113.6	75.1	33.7	123.9	22.7	10.7	32.7
油松林地	58.9	48.7	76.3	34.1	26.6	41.2	23.2	20.6	26.6
侧柏林地	65.6	31.3	118.6	53.4	26.6	78.1	40.5	18.9	76.3
柠条林地	69.0	30.9	161.9	70.7	29.1	122.2	45.4	16.0	110.8

多年荒草地表层土壤速效氮含量较高，达到76.2 mg/kg，且在10~20 cm和20~40 cm这两个层次的含量也相对较高。由速效磷、速效氮和全碳含量的对比来看，在该地区，多年荒草地有很好地改善土壤质量的效果。撂荒草地虽然土壤速效氮含量相比乔木林地和灌木林地较低,但要高于农地土壤速效氮含量。自然撂荒地可以很好地改善土壤结构,提高土壤质量。

不同土地利用方式下,土壤速效氮含量的剖面分布基本表现为随土壤深度的增加而减少,但撂荒草地、柠条林地和山毛桃林地在10~20 cm这一层次有所增加。其中山毛桃林地在10~20 cm这一层次速效氮含量最高,但随着深度的增加,速效氮含量迅速减少,在20~40 cm仅有37.3 mg/kg。

由土壤理化性质与地形因子的单因素方差分析可知，不同地形和坡位下,土壤理化性质(容重、全磷、全碳、全氮、速效磷、有机质、速效氮、机械组成)没有显著差异,也即地形因子对土壤理化性质没有显著影响。仅南北坡向表现出与土壤碳含量和容重有显著正相关关系,南北坡向与全碳含量相关系数为0.375,经双侧检验,呈显著正相关。造成这一现象的可能原因是南北坡向影响土壤水分,进而影响植被生长,改变土壤容重和土壤碳含量。由表4-7的方差分析和表4-8的相关分析可知,研究区土壤质量的空间变异中,地形因子并不是主要因子,而土壤水分则是该地区物质循环、能量流动等一系列生态过程最为关键的制约因素。

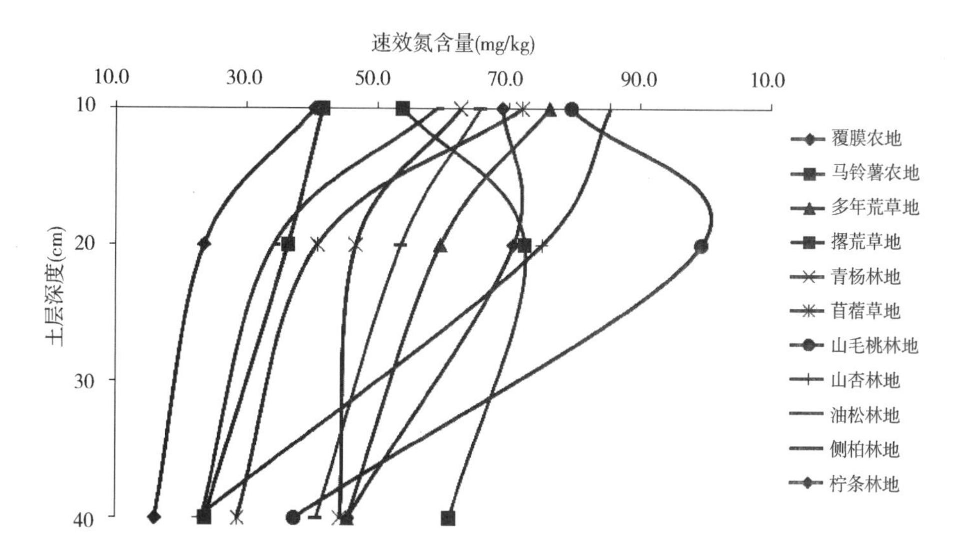

图4-7　不同土地利用类型土壤速效氮含量的层次变异

表4-7　地形对土壤理化性质影响的方差分析

土壤理化性质	坡位		坡形	
	F	显著性	*F*	显著性
容重	0.205	0.815	0.660	0.622
全磷	0.479	0.622	0.772	0.548
全氮	1.136	0.328	0.925	0.456
全碳	0.791	0.458	1.241	0.304
速效磷	1.481	0.236	0.377	0.824
有机质	1.710	0.190	1.330	0.270
速效氮	1.315	0.276	0.318	0.865
黏粒	0.240	0.787	1.465	0.225
粉粒	0.493	0.613	0.237	0.917
砂粒	0.630	0.536	0.335	0.853

表4-8 地形与土壤理化性质的相关分析

土壤理化性质	坡度	海拔	东西坡向	南北坡向
容重	0.180	0.031	0.109	–0.278*
全磷	–0.050	0.123	0.051	–0.146
全氮	–0.070	0.168	–0.213	0.209
全碳	–0.022	0.205	–0.097	0.375**
速效磷	–0.198	–0.105	–0.005	0.013
有机质	0.100	0.190	–0.119	0.309*
速效氮	0.052	0.088	–0.115	–0.088
黏粒	–0.172	–0.040	–0.096	0.178
粉粒	0.003	0.177	0.137	0.036
砂粒	0.038	–0.173	–0.120	–0.076

注：*表示在0.05水平上显著相关，**表示在0.01水平上显著相关。

第五章　植被生理生态的空间适应性研究

一、植物光合作用特性分析

植物光合作用受多种因素的影响,光照是光合作用的能量来源,CO_2和H_2O是光合反应的底物,湿度和温度是生命体维持正常活动的必要条件,其对光合的不同影响已有许多规律性的认识,但是生物间种的差异是显著的。为了比较试验区各主栽树种对干旱脆弱环境的适应情况,2007年8月17日—23日，用Ciras-I对主要树种光合-光响应进行了测定,天气状况以阴天为主;2007年9月21日—25日,对实验区典型坡面树种光合日动态进行了观测。实验室内,在Matlab下用Michaelis-Menten直角双曲线方程(米氏方程)对光合日光响应数据拟合,获得该种植物的表观量子效率(α)和最大光合速率(Pmax),对光合日动态数据整理获得了平均光合速率、平均蒸腾速率、水分利用效率(WUE)等参数。

(一) 光合生理生态指标

利用CIRAS-1光合测定系统,对主要树种的净光合速率、蒸腾速率、气孔导度、蒸腾强度、胞间CO_2浓度等指标的平均值、日、季节及年际变化进行测定,分析光响应曲线,对比分析不同环境条件下各个典型物种的抗旱和抗逆机理;相同或近似立地条件和空间位置下,不同物种之间上述指标的对比分析;相同物种在不同空间位置(在完整流域内的不同坡向、坡位等空间位置)的光合响应规律。

(二) 光合生理生态特性

光响应曲线拟合的结果见表观量子效率,是指植物对光能最大可能的利用效率，是光合机构每吸收1 mol光量子后光合释放O_2摩尔数或同化的CO_2摩尔数,一般8~10个光量子可以同化1分子CO_2释放1分子O_2,10个光量子可以认为是稳定值。因此,理论上其最大值为0.083~0.125 μmol CO_2/μmolPAR。

(1)研究区内各个典型物种的光合特性既有共性,又存在差异。如无论是半阳坡中坡位的甘蒙柽柳、半阴坡上坡位的山杏、阳坡中坡位的柠条，还是半阳坡上坡位的山杏等，都存在明显的午休现象，但其程度又受到立地条件的影响。具体的分析结果见表5–1。

表5–1　光合生理参数表

物种	(月–日)	α ($\mu molCO_2/\mu molphoto$)	Pmax ($\mu molCO_2/m^2\cdot s$)	WUE ($\mu molCO_2/mmol\ H_2O$)
山杏(阴坡中坡位)	08–18	0.14	4.67	1.42
山杏(阴坡中坡位)	08–18	0.03	18.50	8.25
侧柏(阴坡中坡位)	08–18	0.09	15.13	11.91
山杏(半阴坡中坡位)	08–18	0.12	8.70	82.21
甘蒙柽柳(半阴坡中坡位)	08–18	0.01	15 891.19	–9.70
柠条(半阴坡下坡位)	08–19	0.11	16.88	2.13
侧柏(半阴坡上坡位)	08–19	0.09	10.25	5.23
山杏(半阴坡上坡位)	08–19	0.00	21 320.20	–12.51
GYZB柠条(半阴坡中坡位)	08–19	0.03	26.15	28.63
山毛桃(半阴坡中坡位)	08–19	0.03	13.75	3.91
柠条(阳坡上坡位)	08–19	1.14	3.69	25.48
柠条(阳坡中坡位)	08–19	– 0.01	31 246.89	–18.29
山毛桃(阳坡中坡位)	08–20	0.10	9.74	2.74
山毛桃(阳坡下坡位)	08–20	0.02	24.00	1.85
侧柏(半阴坡上坡位)	08–21	0.17	7.59	45.95
山杏(半阴坡上坡位)	08–21	0.02	30.64	1.93
山杏(半阴坡下坡位)	08–21	0.03	13.06	1.34
山杏(半阳坡上坡位)	08–21	0.00	3 878.94	–1.04

(2)研究发现，处于不同林龄阶段的植被类型光合能存在明显差异。如流域内剪子岔阴坡中坡位的山杏和半阴坡下坡位的山杏分别为幼龄和成熟林，其光合能力差异很大。幼龄林对光能的利用效率较高，具有较高的光饱和点和光能利用潜力。

(3)监测表明，坡位和坡向对植被物种及其组合模式的生理特性产生显著影响。同一时间的植被物种在不同立地条件下差异显著。如大沟里的柠条模式，由于坡度较大、且处于半阴坡，对光线的阻挡作用很强，导致其光合作用变异较大。

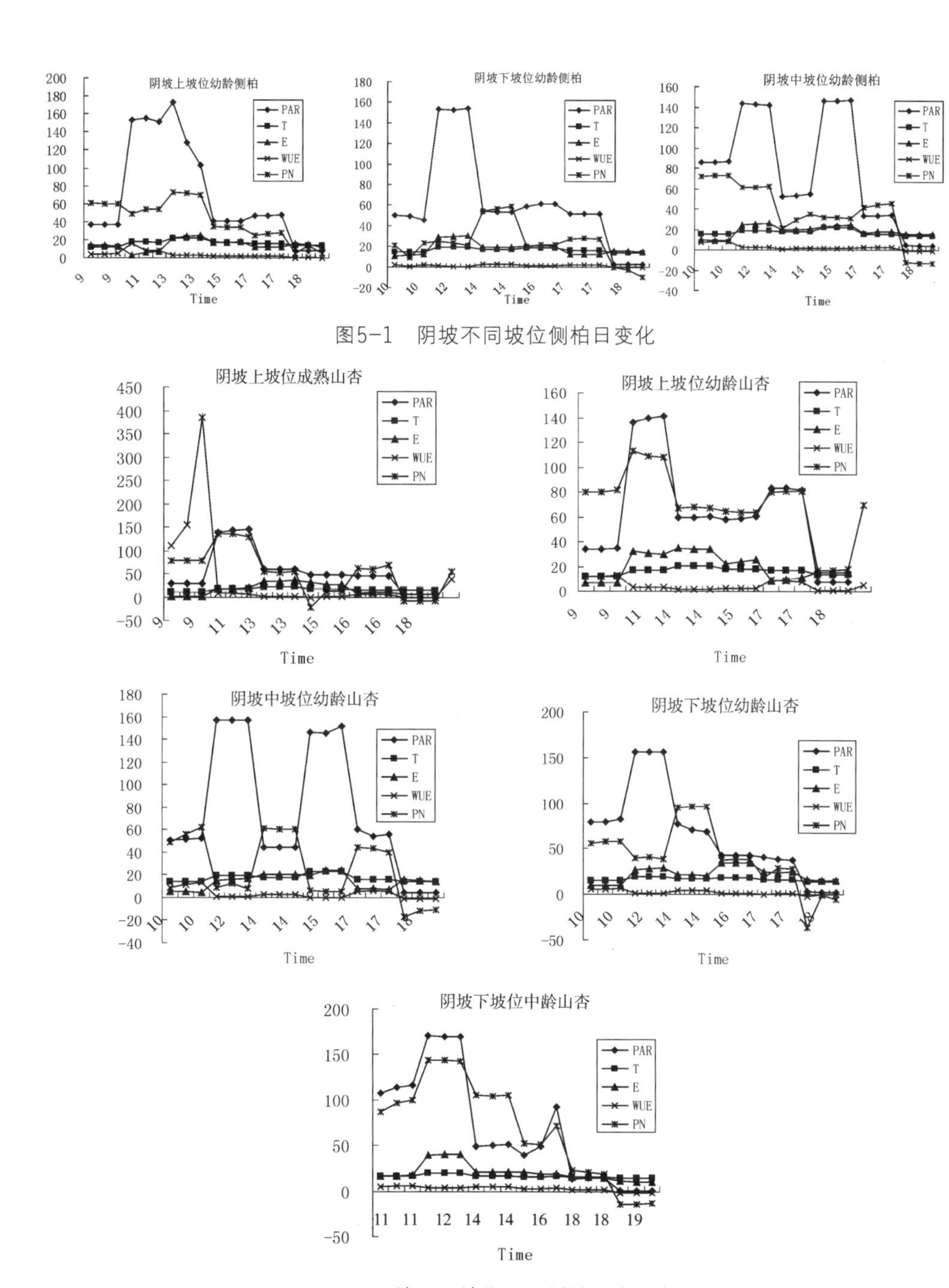

图5-1　阴坡不同坡位侧柏日变化

图5-2　阴坡不同坡位不同树龄山杏日变化

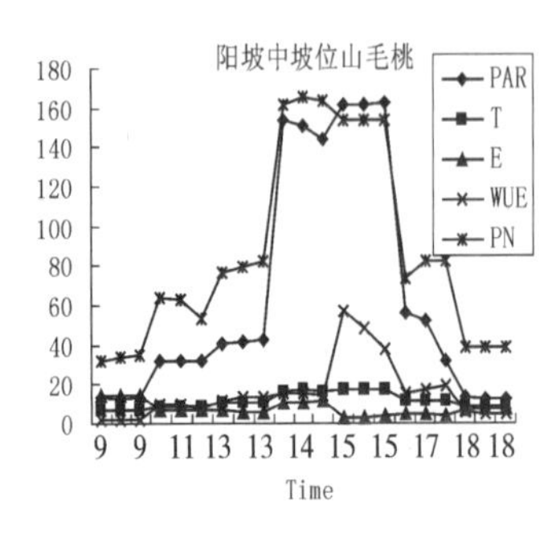

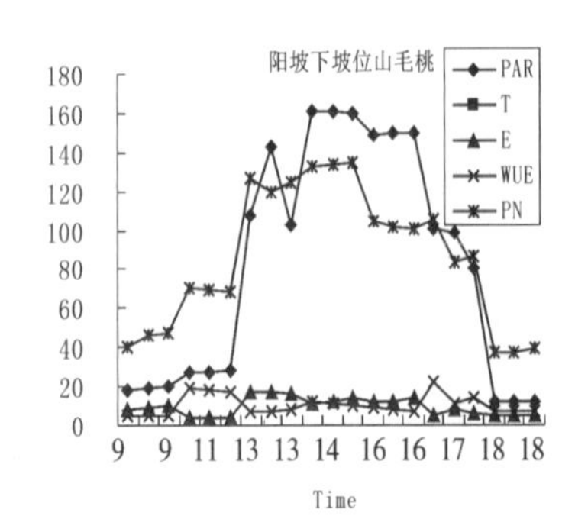

图5-3　阳坡不同坡位山毛桃日变化

(4)不同植被恢复类型之间的光合差异显著。排除时间、地形等因子的影响,可以粗略看出,侧柏在低光下光能利用效率较高,但是最大光合速率低;山毛桃和山杏的光能利用效率波动较大,最大光能利用率变化也很大;最大值为幼龄山杏;柠条与山毛桃较为相似,也有较高最大光合速率值和较大的表观量子效率波动。

(5)不同坡位、坡度和坡向条件下,不同物种的光合日变化的峰值及其波动曲线存在差异。如不同立地条件的柠条,光合午休不一定出现在正午,也可能出现在干燥高温的下午。这对于下一步开展植被恢复,筛选适宜不同时空尺度的植被物种及其组合模式有很大启示。

二、水分生理生态特性分析

(一)水分生理生态指标

植物叶片的水分状况变化灵敏易于观测,与植物的生理代谢过程密切联系,是研究干旱地区植物对环境适应性的良好指标。植物组织中自由水和束缚水的含量及比值,与植物的生长和抗性有密切关系。自由水与束缚水的比值较高时,原生质处于溶胶状态,代谢活动旺盛,生长速度较快,但抗性往往降低;自由水与束缚水的比值较低时,原生质为凝胶状态,代谢活动减弱,生长速度变缓,但抗性较强。自由水和束缚水的相对含量,可以作为植物代谢活动及抗性生理的一个重要生理指标。鉴于此,主要筛选各个典型植被物种叶片(采集树龄与长势接近、健康、光照充足的功能叶片10~15株),重点测定叶片内相对含水量RWC、临界饱和亏、束缚水(bound water)、自由水(free water)、束缚水与自由水的比值等指标。

叶片自由水等相应指标的测定采用马林契可法,分别在每年重要的生长季节(5月、7月和9月)采样观测,在定西巉口试验林场内进行现场测定。研究发现,植物叶片内的含水率随植物种类、地形、时间的不同而发生变化。

(二)不同物种间水分生理的差异性

1. 典型流域内各主要物种之间的水分生理特性季节差异性明显

表5-2、表5-3和表5-4分别为5月、7月和9月份各物种的水分生理特征指标分析。

表5-2　5月份各个典型物种的水分生理特征对比

物种	饱和含水率(%)	总含水量(%)	相对含水量(%)	临界饱和亏(%)	自由水(%)	束缚水(%)	自由水与束缚水的比值
侧柏	63.89	57.17	75.36	24.64	29.18	28.13	1.48
甘蒙柽柳	78.06	76.07	89.48	10.52	52.19	23.88	2.19
柠条	69.81	64.69	79.45	20.55	34.59	30.10	1.27
山毛桃	70.62	65.53	79.27	20.73	36.54	28.99	1.52
山杏(7a)	79.20	76.59	86.81	13.19	48.80	28.17	2.48
山杏(30a)	80.81	78.81	88.52	11.48	54.90	23.92	2.44
青杨	70.36	68.24	89.90	10.10	40.23	28.01	4.37

从表5-2可以看出,5月份的自由水与束缚水的比值大小依次为:青杨 > 山杏(7 a) > 山杏(30 a) > 甘蒙柽柳 > 山毛桃 > 侧柏 > 柠条。表明这个时期柠条具有非常好的抗旱适宜性,其次为侧柏,山毛桃和甘蒙柽柳稍微逊色,而阔叶落叶乔木树种(如青杨和山杏等)的抗旱适宜性相对较差。对于山杏而言,又以成熟山杏(30 a)的抗性大于幼树(7 a),说明林龄对于植物的抗旱能力是有影响的。

7月份增加了对紫花苜蓿和油松的监测分析,结果显示该时期自由水与束缚水的比值为:紫花苜蓿 > 山杏(7 a) > 青杨 > 山杏(30 a) > 油松 > 甘蒙柽柳 > 山毛桃 > 侧柏 > 柠条。柠条在7月份的这一比值极低,仅有0.16。从理论上讲,该数值反映了该物种在这一地区具有极高的抗旱性和适应性。而紫花苜蓿的自由水与束缚水的比值高达7.92,可以认为在特定的季节,特别是最佳生长季节,紫花苜蓿是一个高耗水型的植物种,对土壤水分消耗较大。

表5-3 7月份各个典型物种的水分生理特征对比

物种	总含水量(%)	饱和含水率(%)	相对含水量(%)	临界饱和亏(%)	自由水(%)	束缚水(%)	自由水与/束缚水的比值
侧柏	53.68	61.79	73.19	26.73	19.67	34.01	0.78
甘蒙柽柳	61.87	67.29	79.32	20.68	30.28	31.59	1.08
紫花苜蓿	74.90	80.64	71.74	28.26	65.93	8.97	7.92
柠条	59.26	67.59	69.88	30.12	17.12	42.14	0.16
山毛桃	57.25	64.48	79.53	20.47	35.85	21.40	0.84
山杏(7 a)	59.80	71.32	60.77	39.19	40.07	19.72	2.72
山杏(30 a)	60.65	71.59	61.12	38.88	41.97	18.68	1.35
青杨	59.34	62.14	89.02	10.98	48.19	11.14	1.49
油松	55.60	59.17	86.58	13.42	27.79	27.81	1.11

表5-4 9月份各个典型物种的水分生理特征对比

物种	饱和含水率(%)	自然含水率(%)	相对含水量(%)	临界饱和亏(%)	自由水(%)	束缚水(%)	自由水与束缚水的比值
侧柏	63.85	59.14	82.25	17.75	13.34	45.81	0.32
甘蒙柽柳	71.02	67.62	85.18	14.82	20.72	46.91	0.46
紫花苜蓿	79.82	77.38	86.64	13.36	27.19	50.20	0.58
柠条	68.29	62.93	79.04	20.96	22.62	40.31	0.64
山毛桃	65.90	59.43	75.85	24.15	25.09	34.34	0.84
山杏(7 a)	68.70	63.48	79.36	20.64	34.93	28.55	1.11
山杏(30 a)	64.36	59.94	85.81	14.19	21.25	38.70	0.70
青杨	62.77	59.06	85.59	14.41	31.69	27.37	1.22
油松	59.15	56.10	88.41	11.59	18.90	37.20	0.59

9月份的结果表明,自由水与束缚水的比值依次为:青杨 > 山杏(7 a) > 山毛桃 > 山杏(30 a) > 柠条 > 油松 > 紫花苜蓿 > 甘蒙柽柳 > 侧柏。结果再次印证青杨、山杏等落叶阔叶乔木种从理论上不适合在干旱半干旱地区生长,因为其本身不属于高耐旱品种,这也是黄土高原大面积造林难以成功的一个理论支撑。需要因地制宜、适地适种,而侧柏、甘蒙柽柳相对较好。紫花苜蓿在生长末期由于自身代谢的减缓,蒸发蒸腾降低,有利于水分的积累,因此其值有所降低。

总体上讲,侧柏的自然含水率是最低的,而自由水与束缚水的比值则以柠条最低,侧柏、山杏次之。这几个物种也是当地退耕还林中筛选出来的主要代表种,其抗旱性也能从这一比值中反映出来。

2. 不同季节水分生理动态

自由水与束缚水的比值总体上则表现为从春季到秋季逐渐减小的趋势，这一现象与植物春夏生长旺盛、蒸腾加速,秋季生长活动减弱的客观事实相符。除侧柏外,各物种的叶片含水率大多随着季节延续而减小。水分饱和亏则表现出夏季最大,因为此时最为干旱,水胁迫性最强(表5–5)。

表5–5　不同季节各物种的水分生理特征比较

树种	月份	饱和含水率(%)	自然含水率(%)	相对含水量(%)	临界饱和亏(%)	自由水含量(%)	束缚水含量(%)	自由水与束缚水的比值
侧柏	5	63.89	57.17	75.36	24.64	29.18	28.13	1.48
	7	53.68	61.79	73.19	26.73	19.67	34.01	0.78
	9	63.85	59.14	82.25	17.75	13.34	45.81	0.32
甘蒙柽柳	5	78.06	76.07	89.48	10.52	52.19	23.88	2.19
	7	61.87	67.29	79.32	20.68	30.28	31.59	1.08
	9	71.02	67.62	85.18	14.82	20.72	46.91	0.46
柠条	5	69.81	64.69	79.45	20.55	34.59	30.10	1.27
	7	59.26	67.59	69.88	30.12	17.12	42.14	0.16
	9	68.29	62.93	79.04	20.96	22.62	40.31	0.64
山毛桃	5	70.62	65.53	79.27	20.73	36.54	28.99	1.52
	7	57.25	64.48	79.53	20.47	35.85	21.40	0.84
	9	65.90	59.43	75.85	24.15	25.09	34.34	0.84
山杏幼龄	5	79.20	76.59	86.81	13.19	48.80	28.17	2.48
	7	59.80	71.32	60.77	39.19	40.07	19.72	2.72
	9	68.70	63.48	79.36	20.64	34.93	28.55	1.11
成熟山杏	5	80.81	78.81	88.52	11.48	54.90	23.92	2.44
	7	60.65	71.59	61.12	38.88	41.97	18.68	1.35
	9	64.36	59.94	85.81	14.19	21.25	38.70	0.70
青杨	5	70.36	68.24	89.90	10.10	40.23	28.01	4.37
	7	59.34	62.14	89.02	10.98	48.19	11.14	1.49
	9	62.77	59.06	85.59	14.41	31.69	27.37	1.22

3. 不同坡向物种间水分生理差异性

地形因子(如坡位、坡向等)会对植物的生长和生理特性产生较大影响,但由于研究区内涉及到的坡长较小,上下坡位差异较小。因此,这里主要考虑了阴、阳坡条件下,各个典型物种的水分生理特征的差异性,具体结果见表5-6。

表5-6 不同坡向典型植被种的水分生理差异比较

物种	坡向	饱和含水量(%)	总含水量(%)	相对含水量(%)	临界饱和亏(%)	自由水(%)	束缚水(%)	自由水与束缚水的比值
侧柏	阳坡	64.36	58.46	77.62	22.38	27.37	31.60	1.45
	阴坡	63.63	56.46	74.11	25.89	30.12	26.33	1.49
甘蒙柽柳	阳坡	77.70	76.29	92.33	7.67	54.74	21.55	2.54
	阴坡	78.94	75.53	82.36	17.64	45.82	29.71	1.57
柠条	阳坡	68.91	62.56	75.47	24.53	31.72	30.84	1.08
	阴坡	70.48	66.28	82.43	17.57	36.73	29.55	1.41
山毛桃	阳坡	70.04	65.07	79.80	20.20	33.72	31.35	1.29
	阴坡	72.58	67.08	77.47	22.53	46.12	20.95	2.32
山杏	阳坡	77.67	74.53	85.29	14.71	46.06	28.47	2.26
	阴坡	80.11	77.81	87.71	12.29	50.51	27.98	2.63

结果显示,除甘蒙柽柳外,其他物种自由水与束缚水的比值皆以阴坡 > 阳坡,因此从理论上讲,经过长时期与严酷旱情、强紫外线的抗争和适应,同一物种在阳坡比阴坡具有更强的抗旱性和适应干旱胁迫的能力。在这些物种中,又以柠条和侧柏的抗旱适应性更好。而甘蒙柽柳属于耐盐碱性极好的植物种,比较适合生长在水分条件相对稍好、盐渍化程度较高的沟底,所以坡面上种植的甘蒙柽柳更适合在阴坡生长。这一事实,从阳坡自由水与束缚水的比值2.54远大于阴坡的1.57也可以看出。山毛桃阴坡(2.32)与阳坡(1.29)的波动较大,显示出该物种对坡向变化的敏感性较高。

三、渗透调节与抗氧化指标

(一)渗透调节与抗氧化指标

1. 脯氨酸(Pro)

脯氨酸作为一种良好的渗透调节物质, 其作用是保持细胞与环境渗透平衡,防止水分散失。它能与细胞内的一些化合物形成聚合物,具有一定的保水作用,从而抵御水分胁迫。较高的脯氨酸含量对提高植物的耐旱性和促进恢复生长有利，因此脯氨酸累积既是植物对干旱逆境的一种反应，也是植物抵御干旱，维持自身正常生命活动的一种方式。实验室内采用酸性茚三酮显色法进行脯氨酸的提取分析。

2. 可溶性糖

可溶性糖是另一类渗透调节物质，包括蔗糖、葡萄糖、果糖、海藻糖等。干旱胁迫下，植物体内的可溶性糖会大量积累，其积累量越大植物的抗旱性就越强。随着干旱胁迫程度的加深和时间的延长，植物体内可溶性糖含量持续增加。但也有学者研究发现，在干旱胁迫下，植物体内可溶性糖含量呈现先升后降的变化趋势，说明干旱前期可溶性糖参与了渗透调节，但水分胁迫时间延长后可溶性糖含量开始下降，此时水分胁迫已超出了可溶性糖可调节的范围。实验室内采取苯酚法进行可溶性糖的提取分析。

3. 丙二醛

植物组织在受到干旱胁迫时，细胞膜首先受到损伤，干旱导致叶细胞膜脂过氧化增强，造成膜脂肪酸配比发生改变，使生物膜由液晶相转变为凝胶相，膜透性增强。同时，过氧化产物丙二醛的积累使膜中的酶蛋白发生交联、失活，对膜和细胞中的许多生物功能分子均有很强的破坏作用，以致膜透性增加。所以，常以丙二醛作为判断膜脂过氧化作用的一种重要指标。许多研究表明，丙二醛含量与细胞膜相对透性呈良好的正相关。实验室内采取TCA提取法进行丙二醛的分离分析。

4. 谷胱甘肽(GSH)

干旱条件下植物细胞会由于代谢受阻而产生大量的活性氧（如O_2、H_2O_2等），这些活性氧以极强的氧化性对细胞质膜进行过氧化，导致膜系统损伤和细胞伤害。为了适应干旱胁迫环境，植物会主动或被动的调动抗氧化物质来清除这些活性氧，以减缓和抵御细胞伤害。谷胱甘肽可直接与活性氧反应将其还原，可作为酶的底物在活性氧的清除过程中扮演重要角色，是重要的抗氧化物质。实验室内采用偏磷酸提取法进行谷胱甘肽的分离分析。

5. 叶绿素

在一定范围内，叶绿素含量越多，光合作用越强，植物体抵御干旱胁迫的能力进一步增强。而在逆境持续作用下，伴随着叶片的衰老，叶绿素的含量下降。实验室内采用乙醇提取法进行叶绿素的分离分析。

(二)渗透调节与抗氧化特性

干旱对植物引起的主要胁变是细胞脱水,植物要生存下去,必须采取某种措施(结构上或功能上)以避免在干旱威胁下脱水,或者在短时期内恢复膨压并重新生长。其中,非常有效的一个措施就是渗透调节(Osmotic Adjustment,OA)。所谓渗透调节,是指植物在渗透胁迫条件下,通过细胞内主动积累溶质,降低渗透势,从而降低水势,以保持从外界继续吸水,维持细胞膨压等生理过程的正常进行。渗透调节物质的主动积累和由此导致的渗透势的降低是关键，这类物质种类有很多,代表性的指标主要包括脯氨酸、可溶性糖、丙二醛、叶绿素等。另外,抗氧化物质(如各种酶)也能在维持植物体健康方面发挥关键作用。

1. 脯氨酸含量动态

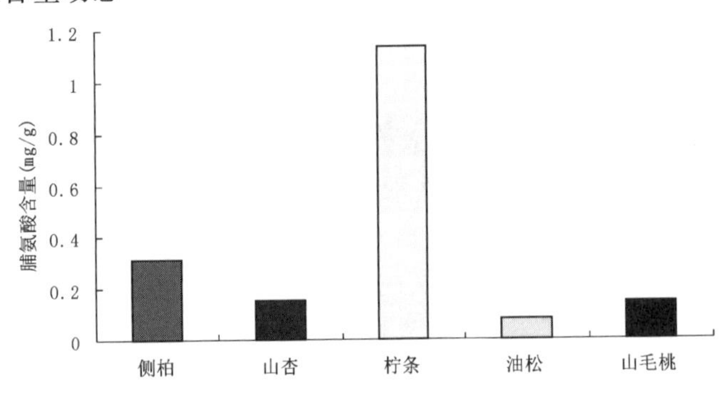

图5-4　典型植物种脯氨酸含量动态比较

从图5-4可以看出，脯氨酸含量的大小为：柠条 > 侧柏 > 山杏 > 山毛桃 > 油松。结果显示,在水分胁迫时,柠条的脯氨酸含量在这五个物种中最高,油松中的脯氨酸含量最低。表明了柠条在这几个物种中,能较好的使脯氨酸作为细胞内的渗透调节物质来保持细胞与环境的渗透平衡,从而维持自身正常的生命活动。侧柏、山杏、山毛桃、油松中的脯氨酸含量逐渐降低,它们运用脯氨酸作为细胞内的渗透调节物质来维持自身正常生命活动的能力也依次降低。

2. 丙二醛含量动态

丙二醛平均含量为:柠条 > 山杏 > 山毛桃 > 油松 > 侧柏。许多研究表明,丙二醛含量与细胞膜相对透性呈良好的正相关。从图5-5得知,在几个物种中,柠条的丙二醛含量最高。说明在水分胁迫时,柠条的膜脂过氧化程度最大,细胞膜受到的伤害也最大;侧柏中丙二醛含量相对较小,反应出柠条的细胞对水分胁迫反应最大;其次为山杏。

3. 谷胱甘肽含量动态

谷胱甘肽含量大小为:柠条 > 油松 > 侧柏 > 山杏 > 山毛桃。因为谷胱甘肽是重要的抗氧化物质,可以直接清除活性氧或者通过产生非酶抗氧化剂使细胞内活性氧水平降低。从图5-6可以看出,这几个物种中柠条的谷胱甘肽含量较高,其次为侧柏和油松。说明在这几个物种中,它们通过谷胱甘肽来清除活性氧的能力较强,对水分胁迫的抗性也较大;而山毛桃通过谷胱甘肽来清除活性氧的能力较弱,对水分胁迫的抗性也较小。

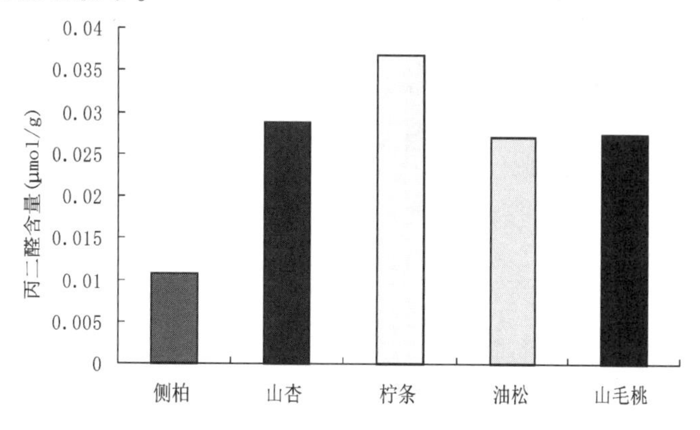

图5-5　典型植物种丙二醛含量动态比较

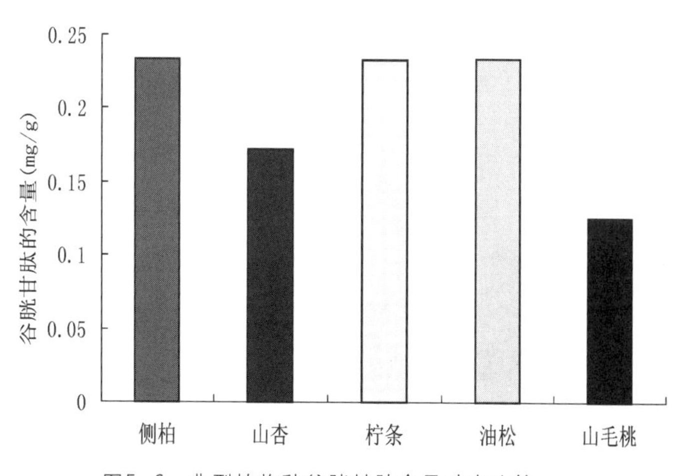

图5-6　典型植物种谷胱甘肽含量动态比较

4. 可溶性糖含量动态

因为在干旱胁迫下,植物体内的可溶性糖会大量积累,其积累量越大植物的抗旱性越强。且随着干旱胁迫程度的加深和时间的延长,植物体内可溶性糖含量持续增加。从图5-7可知,这几个物种的可溶性糖含量在水分胁迫下都有明显积累,可溶性糖含量为:山毛桃 > 山杏 > 柠条 > 侧柏 > 油松,几个物种之间相差不是很明显。说明可溶性糖是一种较好的渗透调节物质,在旱害时能在细胞内主动积累,降低渗透势,降低水势,以保持植物从外界继续吸水来维持正常生命活动。

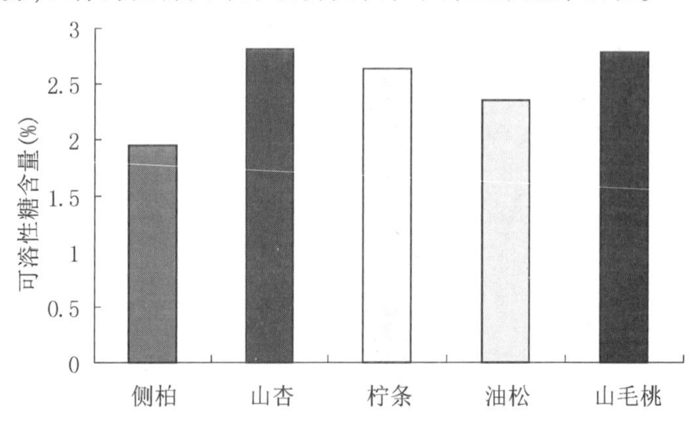

图5-7 典型植物种可溶性糖含量动态比较

5. 叶绿素含量动态

研究结果表明,叶绿素含量为:柠条 > 山杏 > 侧柏 > 山毛桃 > 油松。从图5-8可知,柠条的叶绿素含量最大。说明在水分胁迫下,柠条的光合作用能力最强,能较好的吸收、储藏、转换光能,生长能力较强,能较好的适应干旱环境。可以作为干旱环境下的先锋植物。而油松的叶绿素含量较低,这可能和油松本身的叶片结构有一定的关系。

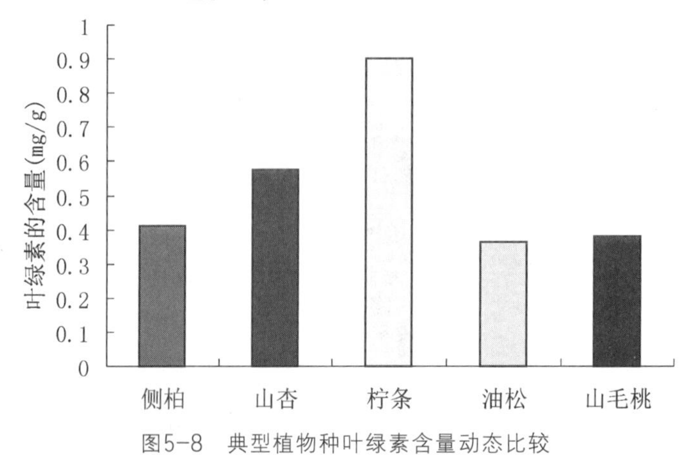

图5-8 典型植物种叶绿素含量动态比较

（三）典型物种抗旱性综合评价分析

在整个小流域内，每种植物生长的微地形条件都有较大差异，如坡位与坡向都不相同。所以，同种植物在不同的微地形条件下土壤含水量也存在相应的差异，同一树种遭受的干旱胁迫强度也不一致。因此，有必要分析因为地形条件不同是否对同种植物的抗旱指标有显著差异。运用常超等人的方法对同种植物的抗旱指标进行变异系数的比较，以此来确定地形条件是否造成同种植物抗旱性的差异。变异系数的大小反映了特性参数的空间变异程度，变异系数的计算公式为：变异系数（CV）=标准差/平均值，计算结果见表5-7。常超等人认为：$CV < 0.1$为弱变异性，$0.1 \leqslant CV \leqslant 1.0$为中等变异性，$CV > 1.0$为强变异性。从表5-7中也可以看出，五种植物的抗旱生理指标都属于中等变异。侧柏的生理指标因为地形条件变异性最大，其次为山毛桃和山杏，柠条的生理指标变异性相对较小。

表5-7　典型植被物种抗旱生理指标统计学特征

树种	叶绿素		丙二醛		可溶性糖		脯氨酸		谷胱甘肽		平均变异系数
	变异系数	均值(mg/g)	变异系数	均值(mg/g)	变异系数	均值(mg/g)	变异系数	均值(mg/g)	变异系数	均值(mg/g)	
侧柏	1.346	0.41	0.520	0.01	0.185	1.95	1.798	0.31	0.293	0.23	0.829
山杏	0.929	0.58	0.348	0.03	0.318	2.82	1.297	0.15	0.570	0.17	0.692
柠条	0.502	0.90	0.369	0.04	0.255	2.64	0.586	1.14	0.265	0.23	0.395
油松	1.200	0.36	0.241	0.02	0.259	2.35	0.553	0.08	0.210	0.23	0.493
山毛桃	1.412	0.38	0.386	0.03	0.380	2.79	1.159	0.15	0.498	0.13	0.767

环境胁迫下植物的抗性反应是一个复杂的生理、生化及生态过程，并且各种生理生化因子之间相互影响。所以，孤立地用某种指标表示这一复杂的抗旱生理过程，不利于揭示植物抗旱性本质。为了全面准确地评价不同植物的抗旱性，故采用主成分分析法综合分析了五种植物的抗旱生理指标(表5-8)。主成分分析是将多个性状指标经正交变换转化为较少个数的综合指标，而这些综合指标彼此又不相关，又能综合反映原来多个性状指标的主要信息(即主成分)并使前几个主成分体现原来变量绝大部分的变异。主成分分析由样本相关矩阵出发，计算性状相关矩阵特征根和特征向量及每个主成分的贡献率和方差贡献率，以累计方差贡献率达85%以上确定主成分个数。结果表明，在干旱环境下，第一主成分贡献率达

55.72% ,与叶绿素、丙二醛密切相关。这是因为,干旱胁迫下叶绿素含量的变化在一定程度上可以反映植物光合作用的强弱变化规律,指示植物对水分胁迫的敏感性;植物体内的丙二醛含量随干旱持续时间延长和胁迫程度逐渐增加。第二主成分贡献率达39.21%,与可溶性糖和谷胱甘肽密切相关。在干旱胁迫下,植物体内可溶性糖含量呈现先升后降的变化趋势,在干旱前期可溶性糖参与了渗透调节,但水分胁迫时间延长后可溶性糖含量开始下降,是因为水分胁迫超出了可溶性糖可以调节的范围。谷胱甘肽可以消除逆境下产生的活性氧,随着水分胁迫加深,活性氧也会增加,抗氧化物质谷胱甘肽也会逐渐积累。

由于第一主成分和第二主成分的累计贡献率达到94.93%,表明前两个主成分已经代表了全部性状94.93%的综合信息,后两个主成分在样本性状分析中所起的作用仅为5.07%。如果主成分分析中所提取主成分的特征值能达到80%以上的贡献率,就可以用这几个主成分对事物的属性进行概括性分析,基本可以得出影响事物性质的主要因素。因此,选取前两个主成分为树种抗旱性分析的重要成分。并建立主成分分析方程如下:

$$Y1 = 0.542X_1 + 0.569X_2 + 0.408X_3 + 0.463X_4 - 0.047X_5$$

$$Y2 = 0.276X_1 - 0.177X_2 - 0.513X_3 + 0.414X_4 + 0.676X_5$$

表5-8 各抗旱指标的主成分分析

抗旱性指标	主成分			
	1	2	3	4
X_1	0.542	0.276	−0.089	−0.75
X_2	0.569	−0.177	0.359	0.478
X_3	0.408	−0.513	0.308	−0.149
X_4	0.463	0.414	−0.54	0.43
X_5	−0.047	0.676	0.694	0.057
贡献率(%)	55.72	39.21	4.03	1.04
累计贡献率(%)	55.72	94.93	98.96	100.00

X_1~X_5:叶绿素,丙二醛,可溶性糖,脯氨酸,谷胱甘肽。

四、模糊数学隶属函数法对五个物种抗旱力的综合评价

采用模糊数学隶属函数法,对五种植物的抗旱性进行综合评价(表5-9)。隶属

函数值的计算方法如下：

(1) 如果指标与抗旱性成正相关，则：

$$Z_{ij}=\frac{X_{ij}-X_{imin}}{X_{imax}-X_{imin}}$$

(2) 如果指标与抗旱性成负相关，则：

$$Z_{ij}(反)=1-\frac{X_{ij}-X_{imin}}{X_{imax}-X_{imin}}$$

(3)
$$\overline{Z_{ij}}=\frac{1}{n}\sum_{j=1}^{n}Z_{ij}$$

式中：Z_{ij}——i树种j指标的抗旱隶属函数值，X_{ij}——i树种j指标的测定值，X_{imax}和X_{imin}——各树种中指标的最大和最小的测定值，Z_{ij}——树种的抗旱隶属函数均值，n——指标数。将每个树种各指标的抗旱隶属函数值累加起来，求其平均数，隶属函数均值越大，抗旱性就越强。

表5-9　典型物种各抗旱指标的隶属函数值

项目	侧柏	山杏	柠条	油松	山毛桃
叶绿素(Z_1)	0.09	0.39	1.00	0.00	0.03
丙二醛(Z_2)	0.00	0.69	1.00	0.41	0.64
可溶性糖(Z_3)	0.00	1.00	0.79	0.46	0.96
脯氨酸(Z_4)	0.22	0.07	1.00	0.00	0.06
谷胱甘肽(Z_5)	1.00	0.43	0.99	1.00	0.00
平均值	0.26	0.52	0.96	0.38	0.34

模糊函数法是一种较好的综合分析方法。有研究者按五级划分标准：隶属度≥0.7为强抗，定为I级；≥0.6为抗，定为Ⅱ级；≥0.4为中抗，定为Ⅲ级；≥0.3为弱抗，定为Ⅳ级；<0.3为不抗，定为V级。以此为评价参数，柠条为I级强抗，山杏为Ⅲ级中抗，油松、山毛桃为Ⅳ级弱抗。幼龄侧柏为V级，抗旱较差，但成年侧柏的抗旱性则很高，这在前面已有论述。

第六章　生态产业一体化技术研究

“生态建设产业化、产业发展生态化”，结合区域特点，发挥地方优势，形成区域特色，走水土流失治理和生态产业一体化发展的道路。为此，在对流域种植、养殖、土地利用和农户基本情况调查分析的基础上，针对流域农、林、牧业发展存在的问题和技术瓶颈，进行了详细的规划和试验设计，开展了生态产业一体化发展的试验研究，以期为流域综合治理和生态产业发展提供技术支撑。

一、紫花苜蓿施肥试验

（一）试验地概况

试验地选择在定西市巉口镇龙滩流域退耕还林地，2007年施肥试验共选取四个样地。其中，阳坡两个样地，为观景台和塘窑；阴坡两个样地，为剪子岔和李家湾。2008年只选取一个样地，为阴坡的李家湾。观景台试验地为坡地，退耕还林模式为侧柏-山毛桃-紫花苜蓿配置，林木和紫花苜蓿生长良好，但因坡地土壤疏松，降雨后土壤侵蚀严重，且伴有轻度的侵蚀沟产生。塘窑试验地也为坡地，退耕还林模式为山毛桃-甘蒙柽柳-紫花苜蓿配置，其中紫花苜蓿生长良好，而山毛桃和甘蒙柽柳植株小，长势差，因部分苗木死亡而植株较稀疏。李家湾试验地为坡地，管理精细，林木和紫花苜蓿生长良好，退耕还林模式为山杏-甘蒙柽柳-紫花苜蓿配置，其中山杏树体较大且数量多，而甘蒙柽柳数量较少。剪子岔试验地为坡地，退耕还林模式为侧柏-山杏-紫花苜蓿，试验地管理差，冰草多，苜蓿稀疏，侧柏和山杏长势差，且侧柏枯黄和死亡严重，试验地具体情况见表6-1。2007年施肥试验于7月29日—30日进行，2007年9月17日、2008年9月18日和2009年9月24日连续3年取样测定生物量；2008年施肥试验于4月17日进行，6月25日和9月18日先后两次取样测定生物量。2007年施肥时，观景台紫花苜蓿为第二茬，高度约20 cm，生长发育已进入现蕾期,长势较好;塘窑紫花苜蓿为第二茬,高度约20 cm,生长期为现蕾期,长势较好;剪子岔紫花苜蓿第一茬刚割完,为空白裸露地;李家湾紫花苜蓿为第二茬,高度约10 cm,正处于生长期,长势较好。2008年施肥时,李家湾紫花苜蓿为第一茬,正处于生长期的初期,高度约8 cm,长势良好。

表6-1 2007年和2008年紫花苜蓿施肥试验地概况

试验地	坡向	坡度(°)	海拔(m)	退耕还林模式	管理状况	苜蓿长势	林木长势
观景台	半阳	16	2127~2134	侧柏-山毛桃-苜蓿	良好	良好	良好
塘窑	阳坡	10	2123~2132	山毛桃-柽柳-苜蓿	良好	良好	长势差、小、稀疏
李家湾	阴坡	13	2 105	山杏-柽柳-苜蓿	良好	良好	良好,树体大
剪子岔	半阴	15	2 087	侧柏-山杏-苜蓿	较差	较差	长势差,枯黄严重

(二) 试验材料

试验所施肥料为无机化肥,包括氮肥(尿素)和磷肥(过磷酸钙)。其中,尿素由中国石油兰州石化公司生产,40 kg/袋,N含量为46%;过磷酸钙由云南上磷化工有限责任公司生产,50 kg/袋,P_2O_5含量为12%。

(三) 试验方法

2007年试验采用随机裂区设计,纯N设三个水平(0 kg/亩、6 kg/亩、12 kg/亩),P_2O_5设四个水平(3 kg/亩、6 kg/亩、9 kg/亩、12 kg/亩)(表6-2),氮肥和磷肥混合追施,每个混合配比三个重复,以不施肥为对照。施肥样方大小为2 m×5 m,样方间距为1 m,取样样方1 m^2。2008年试验采用条带施肥,共设纯N、P_2O_5为(0+12) kg/亩(1亩≈667 m^2)、(6+6) kg/亩、(6+9) kg/亩和(12+6) kg/亩四个组合(表6-3),在每个样带中随机取三个1 m^2大小的样方。2007年和2008年取样后及时称鲜重,称完后样品在室内阴干再称干重。

表6-2 2007年紫花苜蓿施肥试验设计表

样方面积(m^2)	肥料配比		肥料配比代码	化肥标准(kg/亩)			样方实际化肥量				
	纯氮(kg/亩)	P_2O_5(kg/亩)		氮肥	磷肥	合计	氮肥(g/m^2)	磷肥(g/m^2)	合计(g/m^2)	氮肥(斤/10m^2)	磷肥(斤/10m^2)
10	0	3	A	0	25	25	0	37	37	0.00	0.75
		6	B	0	50	50	0	75	75	0.00	1.50
		9	C	0	75	75	0	112	112	0.00	2.25
		12	D	0	100	100	0	150	150	0.00	3.00
	6	3	E	13	25	38	19	37	57	0.39	0.75
		6	F	13	50	63	19	75	94	0.39	1.50
		9	G	13	75	88	19	112	132	0.39	2.25
		12	H	13	100	113	19	150	169	0.39	3.00
	12	3	I	26	25	51	39	37	76	0.78	0.75
		6	J	26	50	76	39	75	114	0.78	1.50
		9	K	26	75	101	39	112	151	0.78	2.25
		12	L	26	100	126	39	150	189	0.78	3.00

表6-3 2008年紫花苜蓿施肥试验设计表

样带面积(m^2)	肥料配比		肥料配比代码	化肥标准(kg/亩)			实际化肥量				
	纯氮(kg/亩)	P_2O_5(kg/亩)		氮肥	磷肥	合计	氮肥(g/m^2)	磷肥(g/m^2)	合计(g/m^2)	氮肥(斤/10m^2)	磷肥(斤/10m^2)
300	0	12	M	0	100	100	0	150	150	0.0	90.0
	6	6	R	13	50	63	19	75	94	11.7	45.0
	6	9	S	13	75	88	19	112	132	11.7	67.5
	12	6	T	26	50	76	39	75	114	23.4	45.0

(四)试验效益分析

苜蓿施肥试验的效益分析采用经济学上常用的分析方法——成本利润分析法。其计算方法可用利润成本率表示,即BCR=利润(B)/成本(C)。

(五) 试验结果

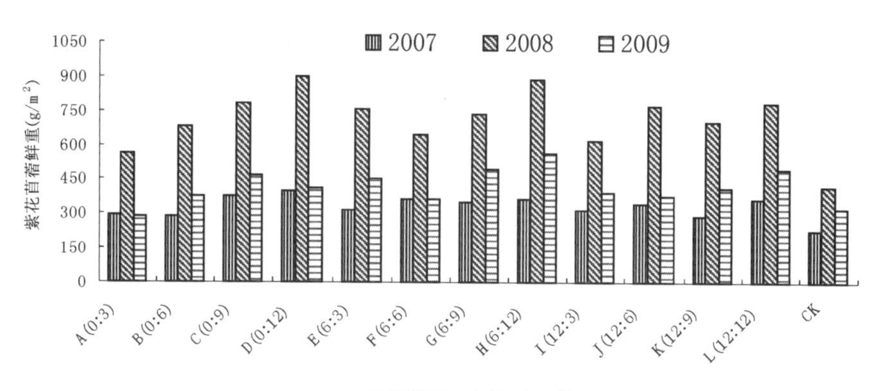

图6-1 2007年紫花苜蓿不同施肥配比的鲜重生物量(9月份)

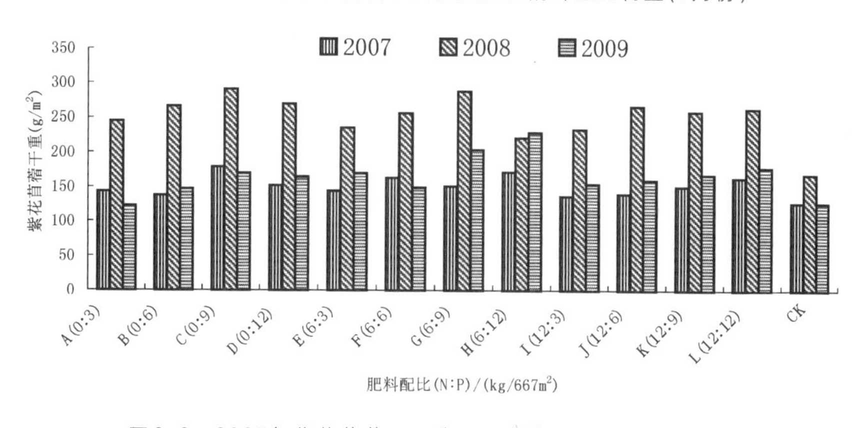

图6-2 2007年紫花苜蓿不同施肥配比的干重生物量(9月份)

从2007年的苜蓿施肥试验结果看(表6-4),施肥苜蓿于2007年、2008年和2009年的第二茬（9月份）生物量鲜重分别为290.1~395.6 g/m²、561.8~898.2 g/m²、286.7~561.0 g/m²，干重分别为137.1~179.0 g/m²、220.9~290.4 g/m²、122.2~228.7 g/m²,除2009年施肥配比A的鲜重和干重低于对照外，其余均高于三年的对照鲜重(223.6 g/m²、420.2 g/m²、325.2 g/m²)和干重(127.0 g/m²、168.0 g/m²、127.1 g/m²)(表6-4、图6-1和图6-2),鲜重生物量分别是对照的1.52、1.75、1.30倍,干重生物量分别是对照的1.20、1.53、1.32倍,施肥后苜蓿平均生物量约是对照的1.5倍。

表6-4　2007年施肥紫花苜蓿不同配比的生物量均值

施肥配比		生物量(g/m²)					
		鲜重			干重		
代码	比例(N:P)	2007-09	2008-09	2009-09	2007-09	2008-09	2009-09
A	0:3	298.1	561.8	286.7	143.3	245.0	122.2
B	0:6	290.1	680.0	374.7	137.1	266.6	146.9
C	0:9	380.2	782.7	464.6	179.0	290.4	170.0
D	0:12	395.6	898.2	413.0	151.5	269.7	164.5
E	6:3	314.0	755.0	449.9	143.3	235.2	169.8
F	6:6	364.4	645.3	367.0	162.7	256.1	148.5
G	6:9	351.6	734.0	496.0	150.7	288.0	203.6
H	6:12	364.3	883.9	561.0	171.2	220.9	228.7
I	12:3	315.1	619.5	388.9	135.9	233.0	153.6
J	12:6	346.4	770.7	379.5	139.1	266.3	159.4
K	12:9	291.3	702.6	411.1	149.9	258.5	167.3
L	12:12	366.5	779.0	495.7	162.4	262.9	177.7
CK		223.6	420.2	325.2	127.2	168.0	127.1

可见,施肥对促进苜蓿生长和提高生物量具有一定的作用,但各种施肥配比对提高苜蓿生物量的效果有差异。其中,氮肥和磷肥配比为0:12、6:12、12:12,代码为D、H、L的苜蓿生物量最高,鲜重平均在570 g/m²以上,干重在200 g/m²以上;其次是施肥配比C、G、K,鲜重平均在490 g/m²以上,干重也在200 g/m²以上;而氮肥和磷肥配比为0:3、6:3、12:3,代码为A、E、I的苜蓿生物量较低,鲜重平均在450 g/m²以下,A配比鲜重甚至在400 g/m²以下,干重在180 g/m²以下(表6-4);在三个N水平与三个P水平的不同配比中,不管是否配以氮肥,苜蓿生物量总的变化趋势均是以磷肥施肥量少的苜蓿生物量较低,随其施肥量的增加而增加,以最大磷肥量的生物量最高(图6-1和图6-2)。由此可见,苜蓿生物量的提高主要由磷肥起作用,氮肥对其的影响不明显。从不同年份的生物量来看,不管是鲜重还是干重,均是2008年的生物量较高,施肥苜蓿与对照间的差值也较大;而2007年和2009年的生物量较小且相近,施肥苜蓿与对照间的差值也较小,这与2008年降水量相对较大而2007年和2009年比较干旱少雨有关。说明第二茬苜蓿的长势好坏和生物量的高低受降水的影响大。此外,第二茬苜蓿的生物量也与第一茬苜蓿收割时间的

早晚和生长的条件(坡向)密切相关。如果第一茬苜蓿收割早,刈割时间不超过盛花期,且生长在阳坡,则第二茬苜蓿长势好,且生物量高;反之,苜蓿长势很差,生物量很低。

从2008年施肥苜蓿6月份(第一茬)生物量测定结果看(表6–5),四种施肥配比的平均生物量鲜重为1 327.92~1 696.25 g/m², 平均干重为476.37~572.83 g/m²,鲜重略高于对照,而干重略低于对照,鲜重和干重生物量分别是对照的1.08倍和0.92倍。从不同施肥配比的生物量看(表6–5、图6–3),不论是鲜重还是干重,四种施肥配比中,氮肥和磷肥配比为0:12的M配比生物量最高;其次是配比为12:6的T配比,R和S配比的生物量较低。而且四种施肥配比中,只有M配比的生物量明显高于对照,其他配比的生物量接近甚至低于对照,鲜重和干重与对照间差异均不明显,说明2008年施肥在第一茬苜蓿生物量上的效果不明显。这主要与此年上半年干旱导致施肥没发挥作用有关。

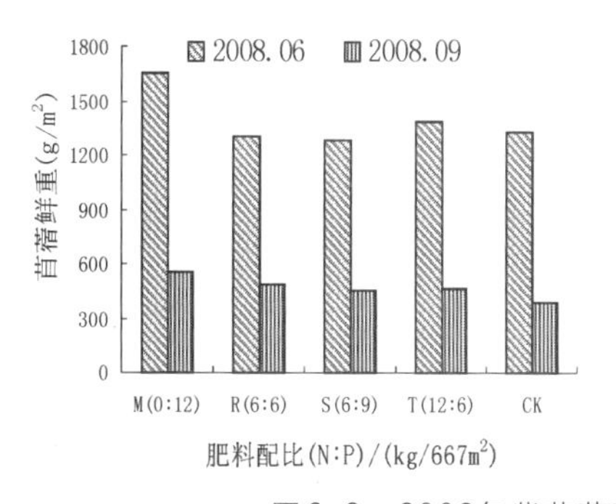

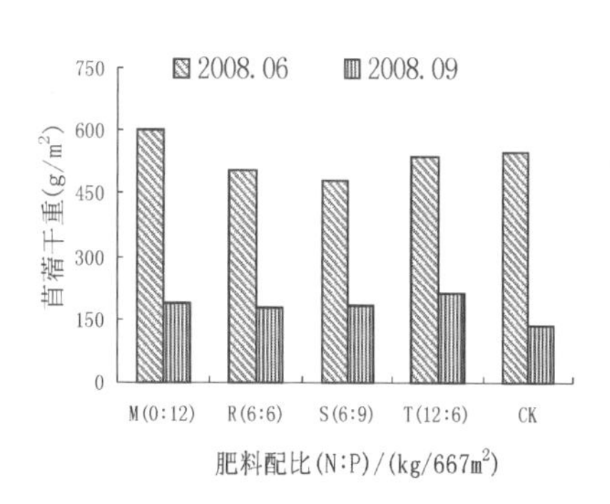

图6–3　2008年紫花苜蓿不同施肥配比的生物量对照

从2008年施肥苜蓿9月份(第二茬)生物量测定结果看(表6–5),四种施肥配比的平均生物量鲜重为497.07~604.80 g/m²,平均干重为177.48~210.11 g/m², 明显高于对照鲜重和干重生物量(375.43 g/m²、164.59 g/m²),鲜重和干重生物量分别是对照生物量的1.33倍和1.28倍。四种施肥配比中,不论是鲜重还是干重,依然是氮肥和磷肥配比为0:12的M配比的生物量较高;其次是T;R和S的较低。但四种施肥配比生物量均高于对照(表6–5、图6–3),且与对照间差异明显,说明施肥效果在第二茬苜蓿生物量上有所体现。

表6-5　2008年施肥紫花苜蓿不同配比的生物量均值

取样月份	生物量类型	施肥配比(N:P)				CK
		M(0:12)	R(6:6)	S(6:9)	T(12:6)	
6月	鲜重(g/m²)	1 696.25	1 348.58	1 327.92	1 430.58	1 325.36
	干重(g/m²)	572.83	476.37	481.08	506.51	548.27
9月	鲜重(g/m²)	604.80	533.37	497.07	512.66	375.43
	干重(g/m²)	188.10	177.48	183.14	210.11	164.59

从2008年施肥苜蓿的两次(第一茬和第二茬)生物量测定结果看(表6-5和图6-3),均是施肥配比M的生物量最高;其次是T;R和S的生物量最低。也就是说,无氮肥而磷肥量最大的施肥设计苜蓿生物量最大，但生物量随施肥量和配比的变化规律不明显。总的结果是,磷肥量最大的施肥苜蓿生物量大,且氮肥效果不明显。说明苜蓿产量的提高主要是磷肥起作用的,这与2007年的施肥试验结果是一致的。从整个试验结果可以得出,对于苜蓿,非常有必要施磷肥来提高苜蓿产量和延缓苜蓿衰败期,而无须施氮肥,因为属于豆科植物的苜蓿本身就有固氮作用,不缺乏氮肥。

表6-6　2008年施肥紫花苜蓿6月和9月生物量对比分析表

生物量类型	施肥配比(N:P)	6月	9月	倍数(6月/9月)
鲜重(g/m²)	M(0:12)	1 696.25	604.80	2.80
	R(6:6)	1 348.58	533.37	2.53
	S(6:9)	1 327.92	497.07	2.67
	T(12:6)	1 430.58	512.66	2.79
	均值	1 450.83	536.98	2.70
干重(g/m²)	M(0:12)	572.83	188.10	3.05
	R(6:6)	476.37	177.48	2.68
	S(6:9)	481.08	183.14	2.63
	T(12:6)	506.51	210.11	2.41
	均值	509.20	189.71	2.69

从2008年施肥苜蓿的两次测定结果对比分析看(表6-6),6月份苜蓿(第一茬)生物量显著高于9月份生物量(第二茬),约是9月份苜蓿生物量的2.70倍。可见,试验地第一茬苜蓿产量显著高于第二茬产量。尽管2007年施肥苜蓿的第一茬产量没有取样测定，但经两年的苜蓿生长观察,2008年和2009年的第一茬苜

蓿产量也是显著高于第二茬产量。说明在试验区里,苜蓿产量主要由第一茬苜蓿产生,第二茬苜蓿产量较小,第三茬苜蓿几乎无产量,当地农民对第三茬苜蓿一般也不进行收割。所以,在研究区这样一个比较干旱和无水肥管理的条件下,苜蓿一年适宜收割两次;收割一次达不到苜蓿充分利用,造成资源浪费;收割三次强度较大,对苜蓿生长不利,使其得不到休养生息的机会。

以2007年施肥苜蓿为例,以2010年苜蓿干重价格和2010年磷肥价格计算,并忽略劳力投入来进行苜蓿投入和产出效益分析。结果表明(表6-7),2007年第二茬苜蓿每亩增收22.66元,2008年第二茬苜蓿每亩增收84.48元,2009年第二茬苜蓿每亩增收36.83元,三年第二茬苜蓿每亩共增收143.97元。如果将2007年、2008年和2009年的第一茬苜蓿干重生物量平均按第二茬干重生物量的2.7倍、施肥生物量平均按对照的1.50倍计算,2007年、2008年和2009年的第一茬苜蓿分别增收93.13元、157.72元和102.63元,三年共增收353.48元。如果将收获两茬的生物量合计,一年施肥苜蓿三年收获的增收收益可达到497.46元。而投入以本试验产生最高生物量的磷肥施肥量(即100 kg/亩)计算,每亩需磷肥2袋,以2010年磷肥价格(40元/袋)计算,肥料投入成本为80元,利润成本率(即效益/费用)为6.22(表6-8)。说明仅从本试验看,苜蓿一次施肥每亩可以获得约417元的纯收益,但这270元收益需三年才能达到,每年每亩平均可增加净收入139元。可见,苜蓿施肥有一定的效益,而且一次施肥可多年收益,并能延缓苜蓿的衰败期。

表6-7 施肥苜蓿产量和收入估算

取样时间(年–月)	第二茬					第一茬		年增收收入(元/亩)
	生物量(g/m^2)		生物量差值		增收收入(元/亩)	生物量差值(kg/亩)	增收收入(元/亩)	
	处理	对照	(g/m^2)	(kg/亩)				
2007–09	152.18	127.20	24.98	16.66	22.66	68.48	93.13	115.79
2008–09	257.72	164.59	93.13	62.12	84.48	115.98	157.72	242.20
2009–09	167.70	127.10	40.60	27.08	36.83	75.47	102.63	139.46
总和	577.60	418.89	158.71	105.86	143.97	259.93	353.48	497.45

注:1. 苜蓿干重2009年价格为0.86 元/kg,2010年为1.36 元/kg。
2. 磷肥2009年价格为34 元/袋,2010年为40 元/袋。

表6-8　2007年苜蓿施肥试验投入成本和产出效益分析表

成本(元/亩)	利润(元/亩)	净利润(元/亩)	*BCR*
80	497.46	417.46	6.22

如果用苜蓿发展羊养殖业，以该流域平均产草量(干重)466 kg/亩、以自产羊羔每只饲养6个月、每天干草饲喂量2.5 kg计算，每亩苜蓿能饲养1只羊。如果每户平均按养10只商品羊、每只售价400元计算，每年养羊业就可收入4 000元，且每年只需要保证10亩苜蓿种植面积即可。即便不发展养殖业，按以上苜蓿产量和2010年苜蓿价格1.36 元/kg计算，每亩苜蓿种植可带来634元的收益。可见，大面积退耕还林种植苜蓿，不仅很好地发挥了水土保持的生态效益，同时也产生了良好的经济效益，而且经济效益随着草畜的发展越来越显著。

两年的苜蓿施肥试验表明，施肥可以明显促进苜蓿生长和提高其生物量，延缓衰败，并能增加一定的经济收入。同时，试验结果也表明，施氮肥对促进苜蓿生长和提高生物量没有明显的效果，但施磷肥效果显著，说明苜蓿需要施磷肥来促进增产。

二、柠条平茬试验

(一) 试验地点与方法

柠条平茬试验于2008年和2009年的4月份进行。试验地为大沟岭的柠条人工林，于1984年播种建植，1995年平茬过一次，坡向分阳坡和半阳坡。2008年试验留茬高度为0 cm、5 cm和10 cm，每个高度分三个重复，每个重复10株(丛)柠条，坡向为阳坡。2009年试验留茬高度为0 cm和5 cm两个高度，每个高度分三个重复，每个重复5株(丛)柠条，坡向为阳坡和半阳坡。每个平茬高度的三个重复分别在上、中、下三个坡位沿等高线布设，以不平茬柠条为对照。在平茬前，对所有拟平茬植株和对照植株的株高、冠幅、分枝数、地上生物量进行测定、记录。试验布设后，观测柠条萌蘖、生长状况，并于6月和9月对其生长状况进行全面调查。

（二）试验结果

经2008年9月中旬对当年平茬植株生长状况调查结果显示，一年生平茬植株平均株高51 cm,约是平茬前对照的(138 cm)1/3;平均冠幅72 cm,约是平茬前冠幅(155 cm)的1/2(表6–9)。其中,冠幅的生长速度快于株高(图6–4的A和B)。经2009年6月调查,2008年平茬植株平均株高50 cm,平均冠幅79 cm。与2008年9月相比,株高几乎没有生长,冠幅略有增加。到2009年9月,株高和冠幅增加迅速,平均株高和冠幅分别达到69 cm和107 cm,约是平茬前株高和冠幅的1/2和2/3(表6–9、图6–4的A和B)。到2010年9月,平均株高和冠幅又分别达到94 cm和126 cm(表6–9),约是平茬前株高和冠幅的2/3和3/4,株高和冠幅越来越接近平茬前的生长量,尤其是冠幅。说明平茬生长一年后,平茬萌蘖新植株生长量能达到平茬前生长量的1/3;生长两年后,能达到平茬前的1/2;生长三年后,能达到平茬前的2/3。三年基本能达到平茬前的冠幅生长量。但是,株高和冠幅在不同平茬高度和不同坡位间的差异不大且变化不一致。其中,在不同平茬高度中,不论是2008年的生长量还是2009年的生长量，均是留茬高度5 cm和10 cm的株高和冠幅略高于留茬高度0 cm的,而留茬高度5 cm和10 cm的生长量接近(图6–4的A和B);在不同坡位间,株高为上坡和下坡的生长量接近且略高于中坡,而冠幅为中坡和下坡接近并高于上坡(图6–5)。说明不同留茬高度和不同坡位对柠条的萌蘖、生长的影响不明显。此外,出现这种试验结果,与试验地春、夏干旱的气候条件和平茬柠条生长在阳坡密切相关。经两年的观测结果也可以证明这一推测,即平茬柠条在2008年和2009年的上半年萌蘖和生长状况很差,2008年平均株高约20 cm,萌蘖枝条和冠幅盖不住平茬所留的桩茬,而到后半年雨季来临后,经8月和9月不到两月时间的生长,平茬柠条萌蘖和生长速度迅速加快,冠幅扩展较大,平均株高达到50 cm以上,冠幅达70 cm以上。到2009年6月底,株高不但不见增长,甚至略低于2008年底的生长量,但冠幅略有增长,而到2009年9月时,平均株高已达69 cm,冠幅已达107 cm(图6–4的C和D)。可见,平茬植株的发育与生长和水分条件密切相关。因春季和夏季干旱,平茬柠条几乎没有发育、生长,到秋季降雨增多后,平茬柠条迅速发育、生长。

表6-9　2008年平茬柠条不同调查年份的生长量

科目	调查时间(年-月-日)	株高(cm)	冠幅(cm)
CK	2008-04-03	138	155
平茬植株	2008-09-18	51	72
	2009-06-24	50	79
	2009-09-22	69	107
	2010-09-27	94	126

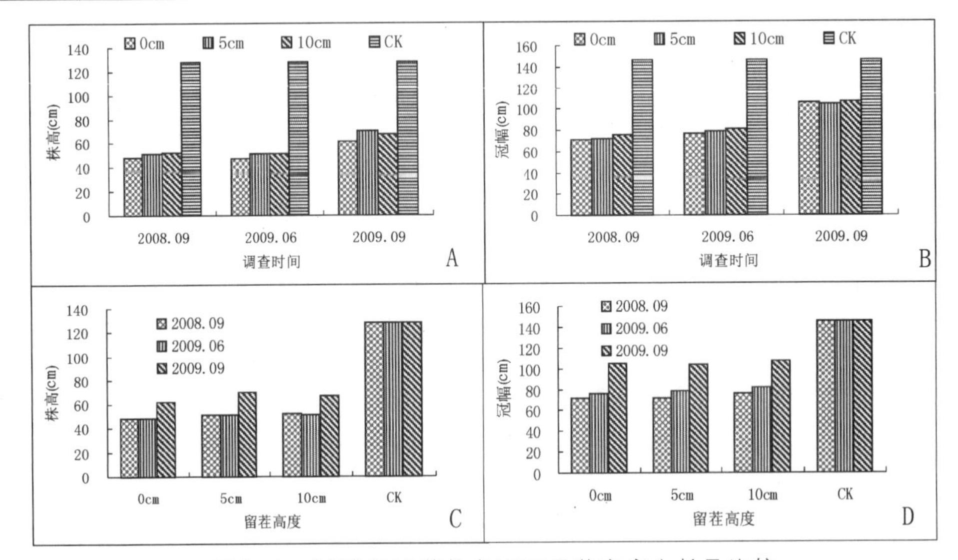

图6-4　2008年平茬柠条不同平茬高度生长量比较

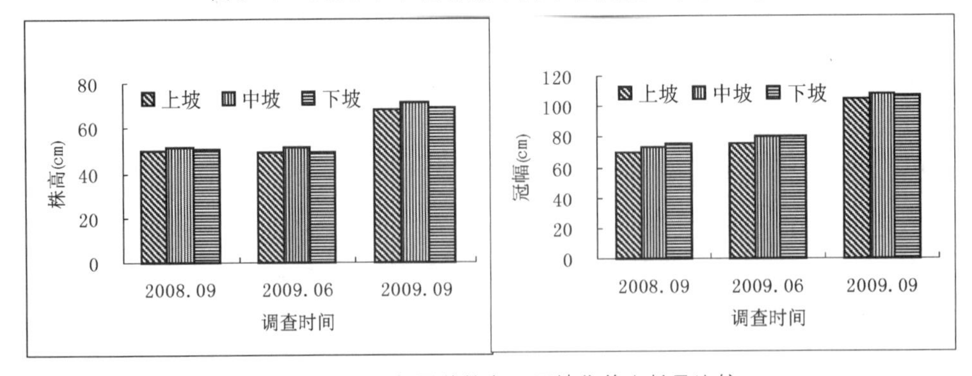

图6-5　2008年平茬柠条不同坡位的生长量比较

经对2009年平茬植株生长量调查显示，6月份阳坡平茬柠条的株高和冠幅分别是20 cm和40 cm左右，约是对照的1/6和1/3；9月份为65 cm和100 cm左右，是对照的1/2以上(图6-6的A和B)。而半阳坡平茬柠条的株高和冠幅6月份分别是48 cm和73 cm左右,约是对照的1/3;9月份为83 cm和110 cm左右,约是对照的2/3(图6-7的A和B)。可见,柠条平茬后萌发良好且生长很快,即便在干旱年份和阳坡,一年生萌发新枝株高和冠幅均能达到平茬前生长量的1/2,在水分条件好的情况下能达到2/3。在不同留茬高度间,不论是阳坡还是半阳坡,也不论是6月份还是9月份,株高和冠幅生长量都有明显差异,尤其是半阳坡更明显,均是留茬高度0 cm的生长量大于5 cm的生长量(图6-5、图6-6的A和B)。说明在研究区柠条平茬留茬高度越低越有利于其萌蘖和生长。在不同坡向间,无论是株高还是冠幅,也不管是6月份还是9月份,半阳坡平茬柠条生长均明显优于阳坡(图6-8),上半年半阳坡的柠条生长量几乎是阳坡的2倍。同时,下半年的生长量好于上半年,其阳坡下半年的生长量是上半年生长量的2倍多,半阳坡也接近2倍(图6-6、图6-7的C和D)。说明半阳坡平茬柠条生长、萌蘖优于阳坡,更适宜平茬更新;而且平茬柠条生长、萌蘖主要发生在下半年。这一切都与研究地的春、夏干旱无雨和秋季多雨的气候特征密切相关。在不同坡位间,阳坡上坡位株高明显高于中、下坡,而中、下坡无差异;同时,冠幅在三个坡位也无差异。但在半阳坡,株高和冠幅在三个坡位间差异均很显著,其中下坡的株高和冠幅生长量最大,其次是中坡,上坡的生长量最小(图6-9)。说明半阳坡和中下坡水分条件好,平茬植株萌蘖、生长快。其中,阳坡上坡株高高于中、下坡,这可能与阳坡梁顶道路汇集径流有关。

总体来看,由于2008年和2009年春、夏持续干旱,平茬植株在上半年整体萌蘖和生长状况不好,而在下半年才恢复正常发育和生长。因此,在课题研究区这样一个极其干旱的地区,在阴坡和半阴坡更适合柠条平茬。柠条平茬不仅可以促进其萌蘖、提高生物量,还可以促进其更新和延长寿命周期,以更好地发挥水土保持的生态效益。此外,在不影响水土保持效益的同时,还可给当地农民提供大量薪柴,减轻当地农民燃料紧缺的压力,也在一定程度上减轻了农民为了燃料而破坏生态植被的程度和可能性，使当地生态环境建设成果得以更好地巩固,也使当地经济发展步入良性循环的轨道。课题研究区人工植被主要以柠条为主,大量的柠条资源不但没有得到很好地利用,而且长期因无人管护和人工更新,柠条长势差,所以在研究区开展柠条平茬试验并进行推广具有重要的现实意义。

柠条平茬试验结果表明,半阳坡平茬萌蘖、生长优于阳坡;留茬高度低的植株萌蘖、生长优于留茬高度高的;下半年萌蘖、生长优于上半年,中、下坡位优于上坡位。这一结果与研究地的春、夏干旱无雨和秋季多雨的气候特征密切相关。说明半阳坡和阴坡柠条更适宜平茬更新,平茬高度越低越有利于其萌蘖和生长。此外,柠条平茬后萌发和生长良好,即便在干旱年份和阳坡,一年生株高和冠幅能达到平茬前的1/3,在水分条件好的情况下能达到1/2;三年生株高和冠幅生长量能达到平茬前的2/3以上,且冠幅接近平茬前生长量。因此,在研究区推广柠条平茬是可行的,不但可以促进其更新,还可提供薪柴,林改后推广前景更加广阔。

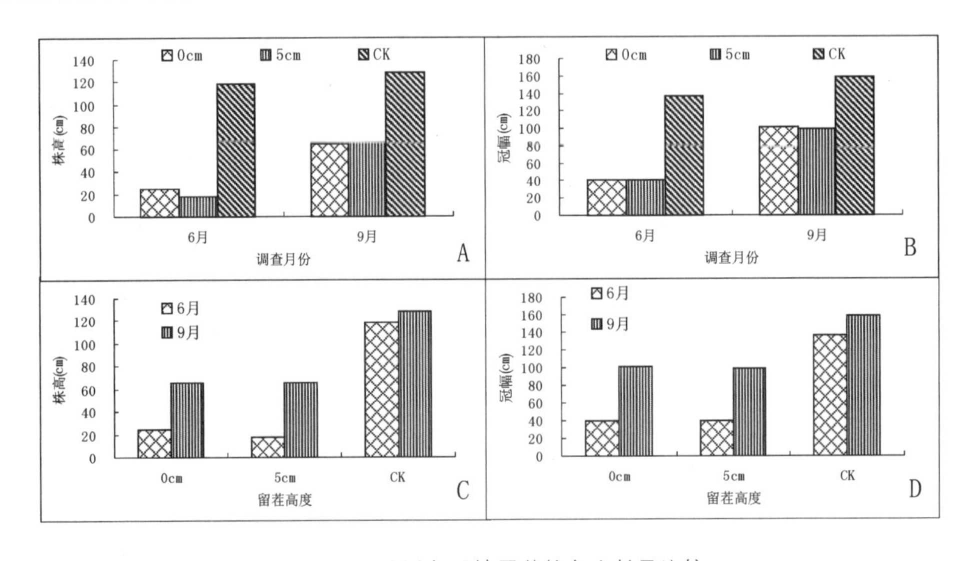

图6-6　2009年阳坡平茬柠条生长量比较

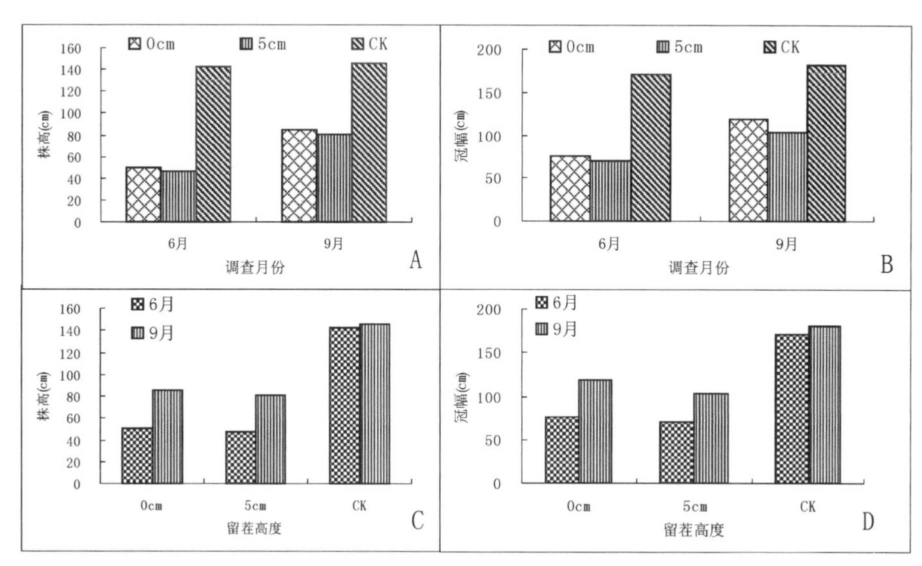

图6-7　2009年半阳坡平茬柠条的生长量比较

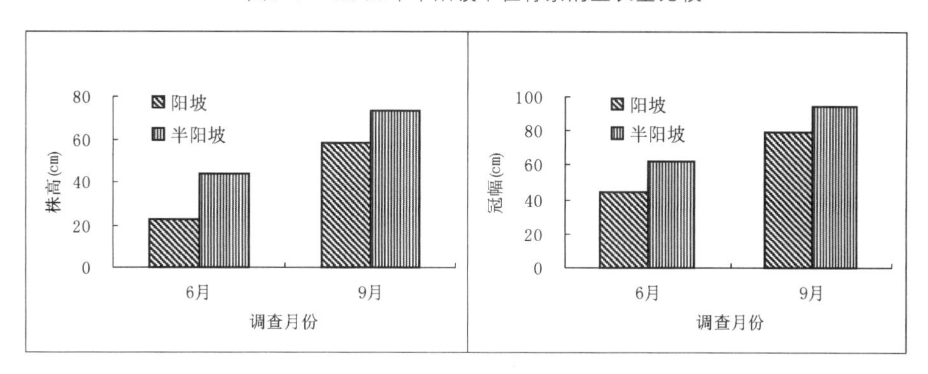

图6-8　2009年平茬柠条不同坡向的生长量比较

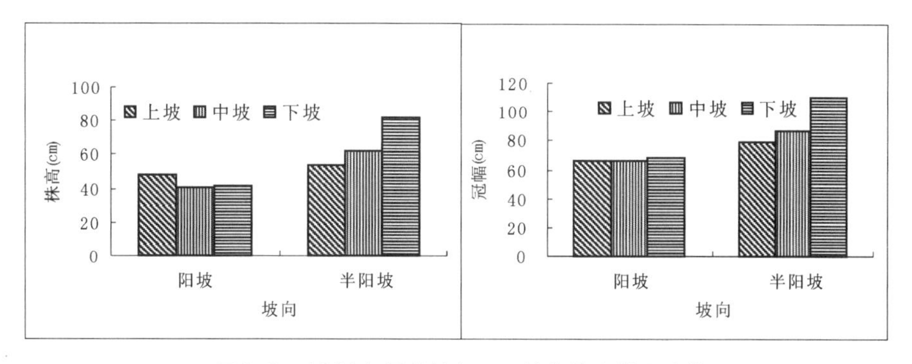

图6-9　2009年平茬柠条不同坡位的生长量比较

三、山杏、山毛桃嫁接试验

(一) 试验地点与方法

山杏和山毛桃嫁接采用劈接和擦皮接两种嫁接方法,接穗为仁用杏。2008年嫁接时间为4月8日—13日,此时恰好是砧木现蕾期。嫁接接穗来自定西市巉口镇车道岭林场经营的仁用杏林一年生木质化枝条,接穗于嫁接当年春季树液萌动前剪取并冷藏于地窖。嫁接砧木为定西市巉口镇龙滩流域李家湾、观景台、塘窑三个退耕地的山杏和山毛桃林,退耕时间为2002—2004年,林龄8~10 a。2009年嫁接时间为4月中下旬,嫁接接穗来自平凉地区表现较好的仁用杏品种龙王帽和一窝蜂种条,引进接穗种条共2 000根。2009年仁用杏嫁接,除对2008年嫁接未成活和成活后风折的植株进行补接外,重点是推广和扩大嫁接规模,将李家湾社邻近的退耕地成片进行嫁接,此年共嫁接约600株,约1 800个接穗。2010年利用2008年和2009年已嫁接的仁用杏,继续扩大李家湾的嫁接规模。经三年的示范和推广,仁用杏嫁接面积达20 hm^2。由于这些试验地立地条件好,管理较好,所以林木生长良好。嫁接后,及时进行了抹芽、松绑等管护,并于5月和6月对山杏和山毛桃分别进行了嫁接成活率和生长发育状况观测与调查。

(二) 试验结果

2008年调查结果显示,山杏嫁接仁用杏平均成活率为73%,山毛桃嫁接仁用杏平均成活率为44.5%,其中,观景台山毛桃嫁接成活率为48%,塘窑山毛桃嫁接成活率为41%(表6-10和表6-11)。可见,山杏嫁接成活率高于山毛桃近1倍,这主要和两树种砧木与仁用杏接穗的亲和力有关。此外,也与山毛桃嫁接较晚而接穗有些失水和山毛桃已进入盛花期有关,说明树种间情缘关系越接近,亲合力就越高,从而嫁接成活率就越高。在两种嫁接方法中,山杏劈接和擦皮接成活率均为73%(表6-10)。说明两种嫁接方法的接穗成活效果相同,且生长均良好,新生苗枝叶繁茂且健壮;但嫁接苗由于松绑较晚,造成嫁接接口处接穗和砧木较细甚至有些畸形,加之试验地春季风沙大而频繁。因此,嫁接成活苗遭风折严重,到秋季时约50%以上的嫁接苗遭风折。由于擦皮接相对于劈接、砧木对于接穗的固定作用较弱，所以擦皮接苗比劈接苗风折严重。说明在风沙严重地区，采用劈接比擦皮接效果好。但无论是哪种砧木类型，还是哪种嫁接方法，嫁接当年新生枝长势都非常好，生长非常快，枝长60~120 cm，且枝繁叶茂。

2009年调查结果显示，这年的仁用杏嫁接成活率高，为93.5%；而且保存率也非常高，达90%以上。鉴于2008年嫁接苗松绑晚，导致接口处枝条较细和新生枝条生长旺盛及遭风折严重；2009年对嫁接苗采取了及时松绑和生长旺盛枝短截的保护措施，2009年的嫁接苗保存率大大提高。同时，于2009年对2008年嫁接仁用杏进行了结果调查，挂果单株达63.1%，平均单株产量0.85 kg，且长势良好。

2010年调查结果显示，这年的仁用杏嫁接成活率也较高，达90.7%；而且保存率也非常高，达92%以上。经对2008年和2009年嫁接苗结果调查，2008年嫁接苗挂果单株达96.4%，2009年嫁接苗挂果单株达48.3%，且长势良好。

经2010年9月对连续三年嫁接的仁用杏生长量调查显示(表6-12)，嫁接一年生苗株高达1.71 m，冠幅达0.94 m×0.86 m；二年生苗株高和冠幅分别达1.82 m和1.02 m×1.05 m，三年生苗分别达2.16 m和1.22 m×1.35 m。可见，嫁接苗不但成活好，而且生长比较快，并且嫁接第二年部分植株就能结果。说明退耕地山杏嫁接仁用杏是成功的，可在研究区大力推广。

尽管退耕地栽植山杏和山毛桃具有重要的水土保持作用和生态效益，但除此之外没有任何收获，给当地农民带不来任何经济效益，所以也不可能得到农民的管护。如果仁用杏嫁接成活，在发挥水土保持效益的同时，按现在市场对杏仁的需求，还能为当地农民增加一定的经济收入，同时还能激发农民对其管护的热情。如此以来，植树有了管护，生长就会良好；生长良好，树种的经济效益就会提高。相应地，水土保持效益也会提高，生态环境建设逐步迈上良性循环的道路。

嫁接试验结果表明，山杏嫁接仁用杏成活率较高，产生经济效益快，嫁接的第二年便有50%以上的植株结果，第三年普遍开始结果，而且生长良好，在研究区可以推广。试验还表明，在此研究区采用劈接比擦皮接效果好。

表6-10　2008年山杏嫁接仁用杏成活率调查

嫁接方法	嫁接总穗数(个)	成活穗数(个)	成活率(%)	平均成活率(%)
擦皮接	100	68	69	73
	100	86	86	
	100	65	65	
劈接	100	72	72	73
	76	56	74	
平均成活率(%)	73			

表6-11　2008年山毛桃嫁接仁用杏成活率调查

嫁接地点	嫁接总穗数(个)	成活穗数(个)	成活率 (%)	平均成活率(%)
观景台	75	36	48	48
塘窑	71	29	41	41

表6-12　李家湾嫁接仁用杏生长量调查结果

嫁接年份	苗龄	生长量	
		树高(m)	冠幅(m×m)
2010	一年生	1.71	0.94×0.86
2009	二年生	1.82	1.02×1.05
2008	三年生	2.16	1.22×1.35

四、山毛桃疏果和施肥试验

(一) 试验地点与方法

于2009年5月中旬，进行了山毛桃疏果和施肥试验。地点为龙滩流域的退耕地，半阳坡，坡度约10°，于2004年退耕。此处退耕地坡面种植紫花苜蓿，山毛桃栽植于水平沟内。试验类型分为：整株疏果+施肥试验、标准枝疏果+施肥试验、整株未疏果+施肥试验三个类型，以同等条件下无任何处理植株为对照，以单株作为一个重复，每个处理设三个重复，即每个试验类型3株。疏果试验采用人工手摘疏除方法，每株留果量为每分枝留果1~2个。施肥采用环状点施，即用土钻在植株四周均匀打深20 cm的孔5~6个，然后施肥和浇水。化肥为尿素和磷肥，每株施肥量为尿素448 g、磷肥377 g。于9月份果实成熟时，进行结果量和单果大小、重量的调查。

(二) 试验结果

经调查,疏果和施肥对提高坐果率和果实质量的效果均不明显(表6–13),这除了与今年上半年无降雨和极度干旱有关,也与植株本身果实大小有差异直接有关。因为在幼果期难以分辨植株果实大小差异,而成熟期很明显,造成所选样本果实大小本身有差异。

表6–13　不同处理山毛桃试验结果比较

试验类型	鲜果重(g)	果大小(cm)	
		纵径	横径
整株疏果+施肥	2.777	1.852	1.657
标准枝疏果+施肥	1.638	1.917	1.694
无疏果+施肥	3.222	1.930	1.752
对照(CK)	3.195	2.000	2.163

五、山毛桃产量调查

(一) 试验地点与方法

2009年7月24日,对赵家梁径流小区和朱家店两地的山毛桃产量进行了调查。调查地均为退耕地,其中朱家店退耕地为2002年退耕,山毛桃树体高大,长势良好;赵家梁退耕地为2004年退耕,树体相对较小,但长势也良好。两处退耕地坡面均种植紫花苜蓿,水平沟种植山毛桃。

(二) 调查结果

经调查(表6–14),赵家梁与朱家店所栽植的山毛桃树体个体差异较大,果实产量悬殊。其中,赵家梁山毛桃树体小,所以其单株产量小,每株果实平均干重为928 g;而朱家店山毛桃树体大,单株产量也高,每株果实平均干重为1 097 g,即单株产量达1 kg以上。如果以每亩栽植50株、每株产山毛桃1 kg、每500 g卖1元计算,每亩可收益100元。

退耕地栽植山毛桃具有重要的水土保持作用和生态效益,但由于长期无人管护,一直处于半野生状态,植株稀疏、产量小,未能产生经济效益。随着市场的进一步开拓,山毛桃的药用价值逐渐被重视,且有一定的市场需求。如果适当加强管护,不仅能更好地发挥其水土保持效益,也能为农民带来经济收入。

表6-14　2009年山毛桃产量调查表

调查地点	株序号	株高(cm)	冠幅(cm×cm)	果鲜重(kg/株)	果干重(kg/株)
赵家梁	1	130	167×170	1.10	0.65
	2	122	167×200	1.38	0.87
	3	110	166×150	1.72	1.02
	4	137	183×178	2.39	1.41
	5	105	100×100	1.12	0.69
	平均	121	157×160	1.54	0.93
朱家店	1	240	225×250	3.16	1.97
	2	232	180×175	0.69	0.45
	3	250	260×225	2.22	1.34
	4	235	150×165	0.79	0.50
	5	217	295×240	1.99	1.23
	平均	235	222×211	1.77	1.10

六、薰衣草引种栽培试验

(一)试验材料与方法

1. 试验材料

考虑到课题研究区耕地多而具有经济效益的作物少的特点,以及薰衣草良好的经济价值和自然环境类似的新疆引种栽培成功的经验,课题开展了薰衣草引种栽培试验。薰衣草种子于2008年3月从北京植物园引进,其种子数量为50 g。

2. 育苗方法

薰衣草引进后,分别开展了种子育苗和扦插育苗。

种子育苗于2008年4月15日—17日在定西市巉口林场温棚进行。采用育苗盘育苗,育苗盘规格为50 cm×30 cm,深度为3 cm和5 cm。育苗营养土按苗圃土:沙子:泥炭土为4:2:1配置。种子用温水浸泡12 h后,用浓度25 mg/kg的赤霉素溶液浸泡4 h,然后晾干,再和苗圃土、沙子混合后进行撒播播种,播前苗床和育苗盘充分洒透水,晾至不泥泞进行播种,播后用蛭石粉覆盖种子,覆盖深度以盖住种子为宜。播完后搭盖简易塑料棚，并进行温、湿度和出苗观测、记录。

扦插育苗于2009年9月4日—6日在定西市巉口林场简易塑料大棚进行。插穗采用2008年所育薰衣草的当年生枝条，长度约12 cm。扦插基质为河沙，深度为8 cm，扦插株行距为5 cm×8 cm。插穗分枝条上部和下部两个部位，用6号生根粉进行处理，生根粉浓度分500 mg/kg和1 000 mg/kg两个水平，每个水平分浸泡10 min和40 min两个处理时间。

3. 生长发育观测

采用定时定株测定方法。约60 %幼苗出苗后，在整个苗床随机选取刚出土、子叶未伸展的幼苗35株，在其两边插杆挂牌并编号后，进行真叶和侧枝发育观测，观测时间为2008年5月—6月，每天早、晚各记录一次；幼苗长到平均株高5~6 cm时，在整个苗床随机抽取55株苗为固定样本进行编号供生长量测定，测定季节为2008年6月—10月，每15 d测定一次；于2008年7月11日，幼苗移栽时进行了根系生长量调查，调查样本20株；于2009年4月下旬移栽定植后，重新随机选取固定样本34株进行编号供生长量测定，测定季节为5月—9月，每10 d测定一次。

4. 移栽和定植

于2008年7月11日—12日将幼苗进行了就地移栽，株行距为3 cm×8 cm。移栽完后及时浇透水并搭盖遮阴网遮阴10 d左右，并进行洒水和松土管护。到2009年4月27日—30日进行了定植移栽，株行距为20 cm×30 cm，苗床采用3 m×6 m的低床。定植后及时灌透水和松土一次。于6月4日和7月15日再次灌水、松土和施肥一次。两次移栽后，待苗木明显成活并进行移栽成活率调查。

5. 水肥等栽培管理试验

试验于2008—2009年进行。试验分越冬、浇水、施肥、打顶和遮阴五种。其中，越冬试验于2008年底进行，分露天越冬和塑料大棚越冬两种方式；浇水试验于2009年进行，采用漫灌方式，生长季共浇三次，时间为4月27日—30日、6月4日—6日和7月15日—17日。处理为浇了三次水的植株，对照为只浇了两次水的植株；施肥试验于2009年进行，采用撒施和沟施两种方法，生长季共施两次，结合后两次浇水进行，即时间为6月4日—6日和7月15日—17日。第一次试验分氮肥(N)、磷肥(P)和氮磷混合肥(N+P)三种肥料类型，施肥方法为撒施与沟施两种，第二次试验均为氮磷混合肥,施肥方法为撒施。两次施肥和两种施肥方法的每种单一肥料施肥量均为6 kg/667m²。其中施肥处理为施两次肥的植株,对照为只浇水不施肥的植株;打顶试验时间为6月上、中旬,将植株上年发育的主枝顶梢和2009年当年抽生的花穗全部剪除。打顶试验在施肥区和未施肥区两种小区进行,对照在同类小区中选取;遮阴试验利用已有的自然遮阴条件,即附近围墙和树木对其的遮阴影响。

6. 适应性观测

结合栽培管理试验,对薰衣草的抗旱、抗寒、抗病虫害、耐贫瘠等适应性进行了观测。观测于2008—2009年进行。

(二) 试验结果

1. 出苗和生长发育观测

经两个月出苗观测显示,薰衣草播后约8 d出苗,26 d出齐,齐苗期约18 d,出苗高峰期约6 d,出苗率约20% (表6–15)。经生长、发育观测显示,薰衣草播后约18 d长出第一对真叶,21 d进入第一对真叶出现高峰期;23 d长出第二对真叶,27 d进入第二对真叶出现高峰期,此后依次出现一对真叶,每对真叶出现的时间间隔为7~8 d,每对真叶从出现到高峰期的时间间隔为3~5 d,直到播后41 d长出第一对腋芽(表6–16)。也就是说,出苗后一个月后才长出侧枝,到8月份有2株苗木抽穗开花,到第二年普遍抽穗开花并结实,说明薰衣草为早花早实物种。经观测,薰衣草多数苗木是当第四对真叶长出后,在两片子叶处各长出1个叶芽,当第五对真叶长出后,在第一对真叶处又各长出1个叶芽,当第六对和第七对真叶长出时,叶芽已长成侧枝,而少数苗木是在第五对或第六对甚至第七对真叶长出后才生出第一对腋芽。薰衣草子叶为圆三角形,有绿色和紫红色两种颜色,真叶为披针形,均为绿色。薰衣草幼苗中绝大部分是两片子叶,其真叶也是2片,即叶片对生;而只有个别幼苗是3片子叶,真叶也是3片,即叶子轮生。

表6–15　2008年薰衣草育苗出苗观测表

播种日期	出苗期(d)	出苗高峰期(d)	齐苗期(d)	出苗率(%)
2008–04–16	8	6	18	20

表6-16　2008年薰衣草育苗生长、发育观测表

播种日期	真叶初见期(d)	真叶高峰出现期(d)	第二对真叶出现期(d)	第二对真叶高峰出现期(d)	第三对真叶出现期(d)	第三对真叶高峰出现期(d)	侧枝初见期(d)
2008-04-16	18	21	23	27	32	38	41

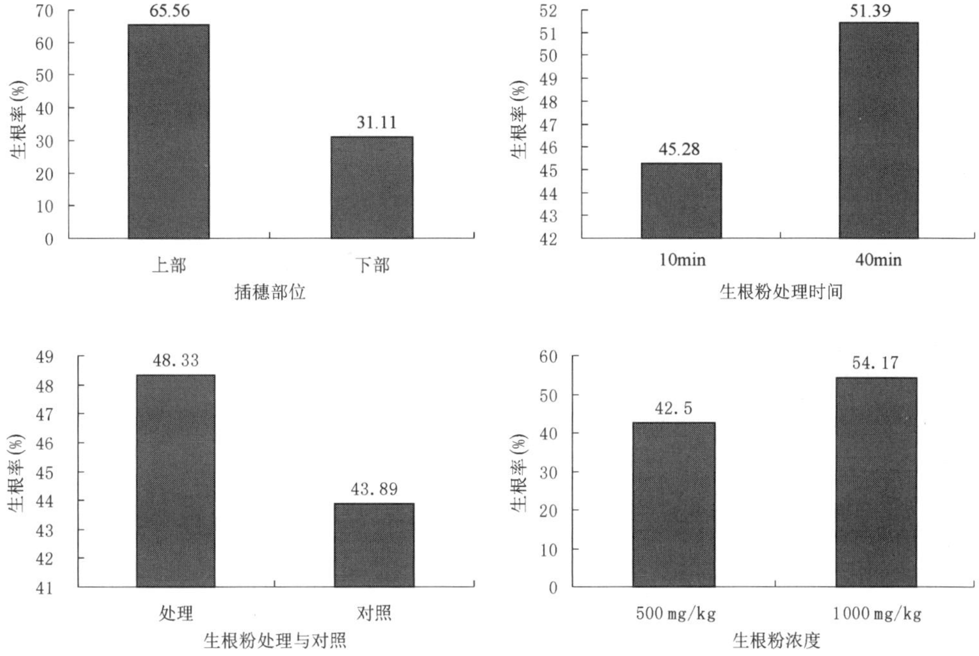

图6-10　2009年薰衣草扦插不同处理的生根率对照

2. 扦插生根率调查

经调查(图6-10),薰衣草较容易生根,扦插平均生根率为47.44%。经不同插条部位扦插试验调查,薰衣草上部和下部平均生根率为65.56%和31.11%,插穗上部比下部生根好,而且差异非常明显,上部生根率为下部的2倍多,即便是在无生根粉处理的情况下,上部的生根率可达60%以上。说明薰衣草插条的部位选择对扦插繁殖非常重要,扦插繁殖最好采用插条的上部。经生根粉处理扦插试验调查,薰衣草经生根粉处理的插穗和对照生根率分别为48.33%和43.89%,生根粉处理对提高薰衣草生根率有作用,但效果不显著。经生根粉不同处理浓度和同一浓度不同处理时间的扦插试验调查,薰衣草生根粉处理浓

度大的生根率(54.17%)比浓度小的生根率(42.50%)高,处理时间长的生根率(51.39%)比处理时间短的生根率(45.28%)高。说明薰衣草扦插繁殖的生根粉处理浓度较大些或时间较长些有利于其生根。

3. 生长量调查

2008年薰衣草地下根系生长量调查结果显示,在所调查样本范围内,生长两个多月的薰衣草苗木平均主根长19.9 cm,最长主根为33 cm;平均一级侧根数为30.1个,最多为46个;平均株高为7.6 cm。可见,薰衣草地下根系生长量远远大于地上生长量,且根系比较发达,说明其环境适应能力强。

2008年地上生长量调查显示,一年生薰衣草平均株高13.5 cm,一级侧枝平均长7.2 cm(表6-17)。株高和侧枝生长总的变化规律较一致,都经历了生长较快、后变缓慢、再变快、又变慢的生长趋势,且生长曲线总体变化缓慢(图6-11)。说明薰衣草在育苗当年生长较慢,且前期生长快于后期生长。其中,株高在生长前期相对侧枝生长较快,生长曲线斜率较大;而在生长后期则相反(图6-12)。说明薰衣草在生长前期以株高生长和侧枝发育并举,后期以侧枝生长和发育为主。

此外,株高和侧枝生长曲线分别在7月上旬、7月下旬和8月上旬先后出现了三个拐点(图6-11)。其中,前两个拐点的出现与7月份苗木移栽使其生长停止、后又恢复生长直接有关,第三个拐点是苗木自身的生长规律发生变化的表现。

经2009年地上生长量调查显示,二年生薰衣草平均株高44.1 cm,平均冠幅26.0 cm(表6-17)。二年生薰衣草株高和冠幅生长规律不太一致,其中冠幅生长一直持续、缓慢地增长,而株高生长在5月—6月初几乎没有变化,之后生长不断加快(图6-12)。说明薰衣草在2009年的生长前期以新枝分蘖和生长的营养生长为主,生长量主要体现在冠幅上,中、后期以抽穗和开花结籽的生殖生长为主,生长量主要体现在株高上。

同样,2009年薰衣草生长曲线在6月初、7月中旬和8月下旬出现了三个生长速度加快的拐点,且快速生长维持了近一个月;而在7月上旬和8月中旬出现了两个生长逐渐变慢的拐点,且缓慢生长持续了10 d 左右,这与水分和养分供应及气候干旱密切相关。出现前两个生长速度加快的拐点,主要与6月初和7月中旬的两次浇水和施肥有关；出现第三个生长加快的拐点主要与8月底雨季来临有关；而7月初和8月中旬生长速度逐渐变慢，且冠幅生长量有所下降，主要与夏季持续干旱和一个多月未浇水有关。说明在定西这样一个春、夏季少雨的干旱地区，为保证薰衣草的正常生长和发育，在雨季来临前(8月前)，至少一个月浇一次水，雨季来临后不再浇水便能正常生长。

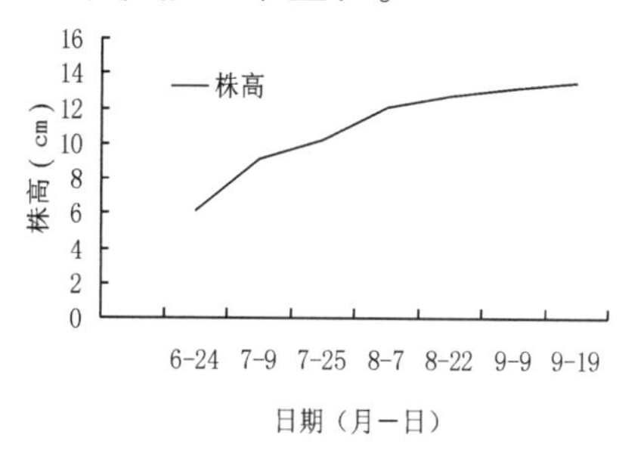

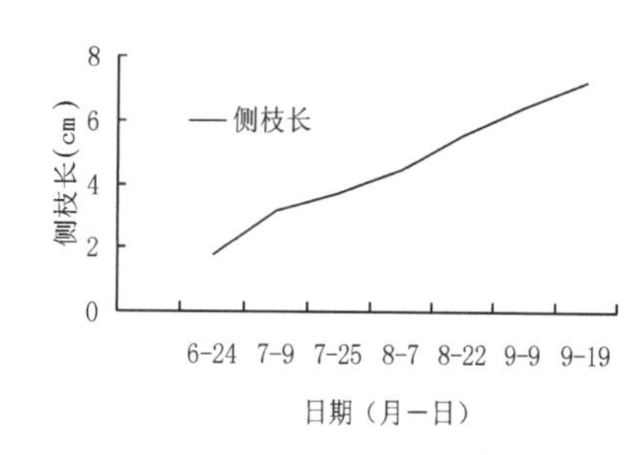

图6-11 2008年薰衣草生长量曲线

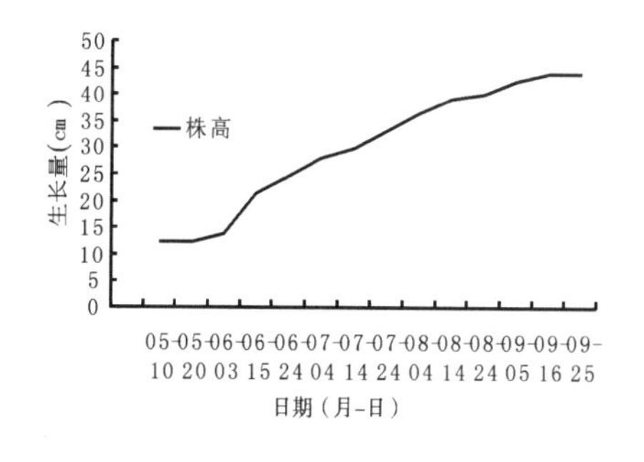

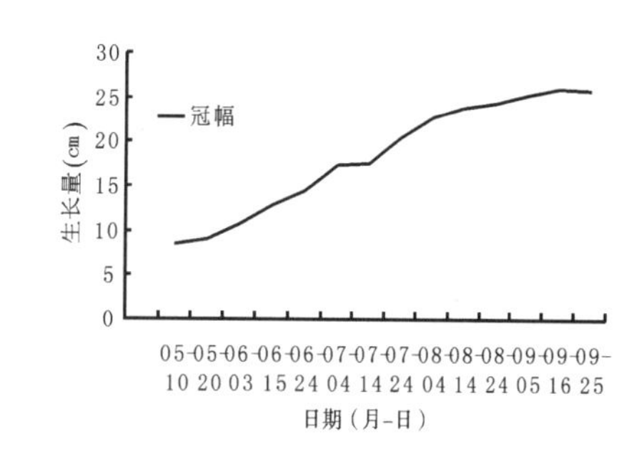

图6-12 2009年薰衣草生长量曲线

表6-17 2008—2009年薰衣草地上生长量调查

调查日期(年-月-日)	苗龄(a)	株高(cm)		株高净生长量(cm)		冠幅(cm)		一级侧枝长(cm)		一级侧枝对数(对)	
		平均	最高	平均	最大	平均	最大	平均	最长	平均	最多
2008-09-19	1	13.5	21.0	1.2	3.0	_	_	7.2	10.0	4.1	7.0
2009-09-25	2	44.1	90.0	2.6	7.4	26.0	59.5	_	_	_	_

4. 移栽成活率调查

2008年薰衣草幼苗移栽和2009年一年生苗定植移栽成活率分别为83.3%和

99.8%（表6-18），平均移栽成活率在90%以上。可见，薰衣草移栽成活率比较高，说明其适应性强。

其中，2008年的幼苗移栽成活率较低，是由于其中2畦苗木，因移栽两天后遮阴网被风刮落，造成约16%的幼苗直接成片晒死；而遮阴完好的移栽苗，即便多数幼苗移栽未能带上土，且根系因穿透苗盘而起苗时被撕裂，但依然全部成活。所以，薰衣草幼苗刚移栽后的一周内，除了及时浇定根水外，还必须采取遮阴措施；而一年生苗移栽后，只需浇好定根水并适时松土就可以。

表6-18　薰衣草幼苗移栽和大苗定植成活率调查

属性	移栽/定植时间(年-月-日)	苗龄(月)	成活率(%)
幼苗移栽	2008-07-11	2	83.3
大苗定植	2009-04-27	11	99.8

5. 物候特征观测

薰衣草在甘肃定西于4月中旬返青，4月下旬开始分蘖新枝，5月中旬开始抽穗，6月中旬开始开花，7月上旬进入盛花期并持续到9月下旬，8月中旬少量种子成熟。其中，抽穗期和开花期均很长，抽穗期历经五个月，最早在5月中旬，为个别植株；最晚在9月中旬甚至到下旬，盛期为6~8月（三个月）。花期也历经五个月，最早在6月中旬，为个别植株；最晚在10月中旬甚至到下旬，盛期也为7~9月（三个月）。由于花期长，前期开花的种子于8月中下旬至9月中旬陆续成熟，而后期开花的种子因气候变凉未能成熟。

6. 栽培管理试验

(1) 施肥对薰衣草生长发育的影响。施肥对薰衣草生长发育具有显著的、积极的影响。经8月份调查，沟施和撒施两种施肥，薰衣草各项调查指标与对照间差异极显著（图6-13）。施肥处理的株高、冠幅、分枝数和抽穗率比对照分别提高了28.07%~32.45%、7.03%~10.17%、46.37%~55.50%、38.83%~34.41%，尤其是分枝数提高最大，但沟施和撒施两种施肥方法间差异不显著(图6-13)。说明施肥能显著促进薰衣草的生长发育，但采取哪种施肥方法并无影响。在三种不同肥料类型间，薰衣草生长发育的各项指标，均是氮肥和氮磷混合肥明显大于磷肥，且二者与磷肥间在株高、冠幅指标上差异不明显，但在分枝数和抽穗率指标上差异显著(图6-

14)。在氮肥和氮磷混合肥间,二者在各项指标上差异均不显著(图6-14)。说明对薰衣草的生长发育起主要作用的是氮肥,磷肥的作用不明显。此外,施肥的总体影响效果随着时间的延长而加强,施肥处理与对照间的差异越到生长后期越明显。

(2)修剪对薰衣草生长发育的影响。修剪措施主要以打顶为主。打顶对薰衣草生长发育具有明显的双重影响,能显著促进薰衣草的分枝数,使其指标比对照提高27.00%,但却降低了薰衣草生长早期的株高和冠幅生长量以及抽穗率,并使这些指标比对照分别降低了7.17%、1.50%和12.18% (图6-15)。说明打顶对促进薰衣草分枝具有重要作用,但同时也会影响其早期的株高和冠幅生长量,到后期其影响消失。

(3)浇水对薰衣草生长发育的影响。浇水对薰衣草生长发育的影响极其明显,浇水处理的各项指标显著高于对照(图6-16)。浇水处理使薰衣草株高、冠幅、抽穗数和抽穗率比对照分别提高了71.10%、74.22%、659.49%和75.00%, 各项指标提高均在70%以上,尤其对单株抽穗数的影响最显著。可见,浇水对促进薰衣草的生长发育更加重要。同样,浇水对薰衣草生长发育的影响随着时间的延长而增强,浇水处理与对照间的差异越到生长后期越明显。

浇水和施肥的影响在薰衣草2009年的株高和冠幅生长曲线上也有明显体现(图6-12)。其中,薰衣草生长曲线在6月初和7月中旬出现的两个生长速度加快的拐点,就是浇水和施肥影响所引起的,且快速生长维持了近一个月,随后因持续干旱而生长速度随之变慢甚至停止。同时,在8月下旬也出现了一个生长速度加快的拐点,这是8月底雨季来临降水所引起的。

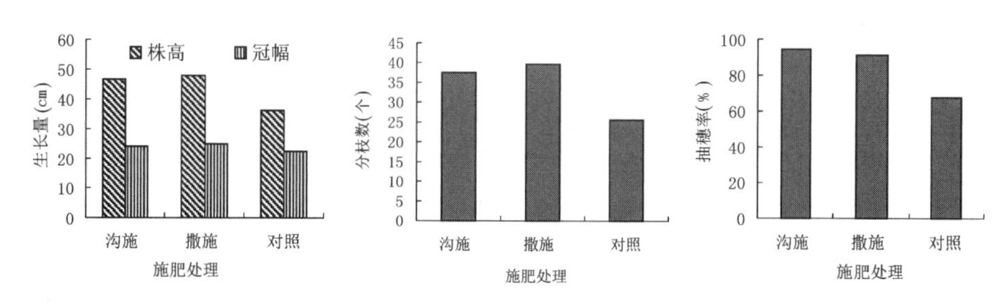

图6-13　不同施肥方法对薰衣草生长发育的影响对比

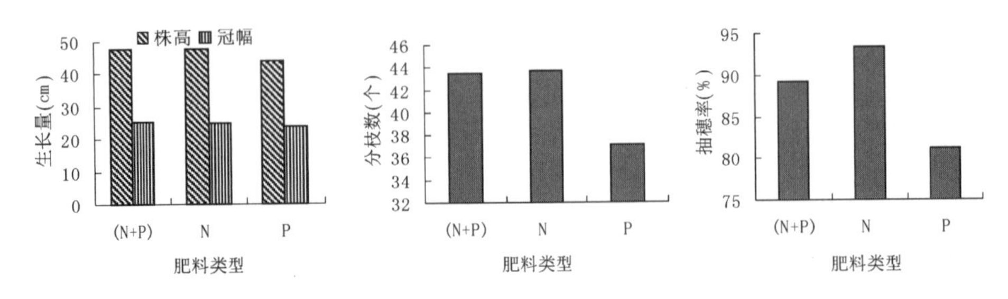

图6-14 不同肥料类型对薰衣草生长发育的影响对比

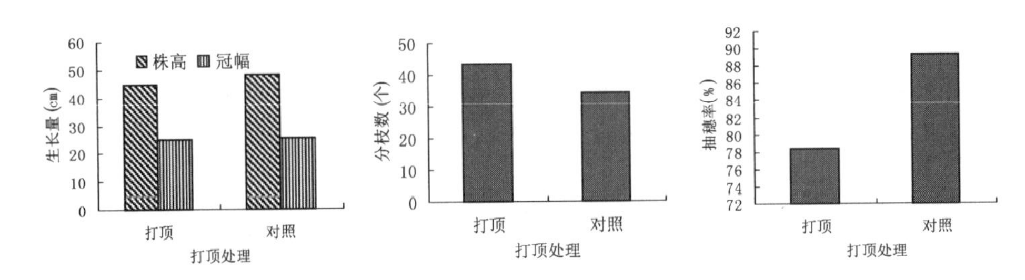

图6-15 修剪对薰衣草生长发育的影响对比

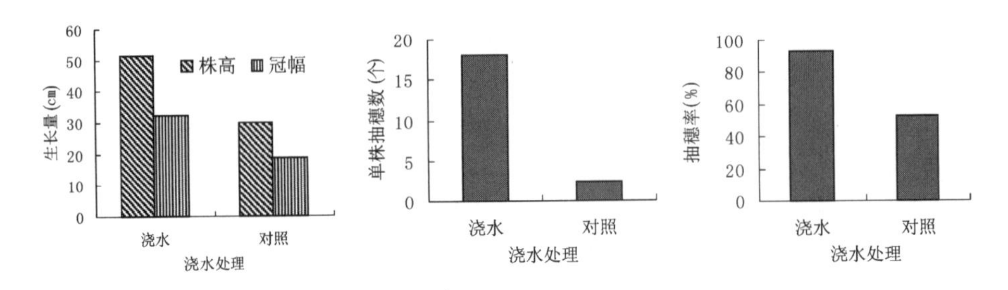

图6-16 浇水对薰衣草生长发育的影响对比

总之,在试验的三种因子中,每种因子对薰衣草的生长发育都有明显的影响,而且这种影响越到后期越明显。其中,施肥、浇水和修剪的影响是正面的而遮阴影响是负面的。凡是施肥、浇水和打顶的植株,不仅长势旺、分枝多,而且抽穗和开花茂盛。相反,凡是未施肥、浇水和受到遮阴影响的植株,都普遍个体矮小,分枝数和单株抽穗数少,整体抽穗率低,长势差,抽穗和开花不良。此外,三种因子对薰衣草生长发育影响的大小和广度也不一样。其中,打顶试验的影响最小,其影响的主要指标是分枝数,能显著促进植株多分枝,但在生长早期却会降低株高和冠幅生长量及抽穗率,但此影响不显著也不重要,是薰衣草栽培中的辅助管理措施;而影响较大的是施肥和浇水,不仅影响大而且影响范围广,不但会显著提高株高和冠幅生长量,还能显著促进分枝和提高单株抽穗数与整体抽穗率。但二者相比,浇水的影响远大于施肥,这不仅体现在浇水显著影响的指标比施肥多,而且对各项指标提高的百分率也远高于施肥,所以是薰衣草栽培管理中的重点。

从以上结论可以看出,在半干旱地区种植薰衣草,浇水对其生长发育具有非常重要的作用。虽然对照植株比浇水处理植株只少浇了一次水和少施了一次肥,但株高和冠幅生长量以及单株抽穗数和整体抽穗率显著小于浇水植株,并且到10月份时植株普遍出现枯黄现象,而此时的浇水植株却郁郁葱葱。以上树木对其的显著影响也说明了这一点。虽然薰衣草喜光耐旱,适合在干旱地区种植,但也不能忽视浇水对其生长发育的影响,尤其对于甘肃定西这样一个非常干旱和春、夏季几乎无雨的地区,更要重视水分的影响,生长季一个月至少浇一次水。

7. 适应性观测

经越冬能力调查,一年生薰衣草在塑料大棚和露天越冬两种越冬方式下的越冬率均为100%,而且露天越冬的苗木比在塑料大棚越冬的苗木在第二年春季萌发更好。可见,薰衣草当年生苗在甘肃定西地区可以自然越冬,说明薰衣草抗寒能力强。经抗旱能力调查,薰衣草一年生苗能忍耐定西长达一个多月的持续干旱、炎热的气候条件,在一年只浇三次水的条件下能正常生长并能开花结实,说明其具有较强的抗旱能力。同时,薰衣草具有较好的耐瘠薄能力和很好的抗病虫特性,其一年生定植苗在没有施基肥、一年只追两次肥且追肥量很小的情况下,生长发育良好并正常开花结实,而且无任何病虫害。

通过两年的引种栽培试验研究,认为薰衣草抗旱、耐寒性好,移栽成活率高,适应性强,能适应甘肃定西地区的气候和土壤条件,并且当年生苗可以自然越冬,二年生苗能正常开花结籽。说明薰衣草在甘肃定西有栽培发展的可能性,但大面积栽培有待进一步试验,也有待多品种引种栽培试验研究。如果薰衣草能适应引种地的气候和土壤条件,并能在当地的退耕地栽植成功,有望在当地推广,促进当地农业经济的发展。同时,课题研究区大规模的退耕地为其发展提供了丰富的土地资源,具有广阔的发展空间和良好的前景。

七、文冠果育苗栽培试验

(一) 试验地点

文冠果育苗和栽培试验地定西市巉口林业试验场(104°29′E,35°45′N),位于定西市安定区巉口镇北部6 km处,属半干旱黄土丘陵沟壑区,海拔1 800 m。气候属温带大陆性季风气候,年均气温6.8 ℃,极端高温36.5 ℃,极端低温-24.4 ℃。年均无霜期152 d。年均降水量386.3 mm,主要集中在7~9月,春季降雨很少,沙尘天气频繁。自然植被属干草原类型。土壤为灰钙土类,较贫瘠,pH为7.5~8.5,呈弱碱性。

(二) 试验材料

试验树种文冠果为巉口林场院内处在野生生长状态的散生文冠果,主要生长在林场院内的路边、地埂、墙角和墙边。其母树于20世纪50年代引自内蒙古,后期因无开发价值而母树屡遭砍除破坏,现在残存的散生和孤立植株为母树砍除后的根蘖苗,所以植株多为灌丛。尤其路边和地埂的植株多为灌木状,树龄较小;而残留在墙边和墙角的少量植株为乔木状,树龄较大。由于长期不受人为管护,植株处在野生状态,病虫害非常严重。

(三) 试验方法

1. 育苗试验

试验地点为定西市巉口林业试验场,于2007—2009年连续育苗,育苗方式分根插、枝插、种子繁殖三类。其中,2007年采用种子繁殖和根插繁殖。根插繁殖于3月底和4月上旬进行,采用大田塑料薄膜覆膜扦插,苗床采用低垄,垄宽30 cm、高10 cm,垄间留30 cm的步道,每垄插2行。扦插种条采自巉口林场院内和院外的文冠果林,插穗长6 cm,株行距5 cm×15 cm;种子繁殖于8月下旬进行,采用大棚露地育苗,育苗种子采自巉口林场文冠果林当年结的种子。种子处理采用温水浸种,先用温水浸泡48 h,后装在麻袋并放置通风良好的地方催芽,每天早、晚用清水各冲洗一次,到50%种子露白时及时播种,苗床采用平作,采用条带点播,株行距为5 cm×30 cm。2008年育苗采用种子繁殖和枝插繁殖。枝插繁殖于8月下旬进行,在日光温室采用河沙基质扦插,苗床底部为圃土,上面为深度8 cm河沙,插条采自巉口林场文冠果一年生枝条，插穗长度约12 cm，每个插穗顶部留3~4片小叶。插穗用植物生长调节剂GA、NAA、IBA和生根粉ABT进行处理，每种药剂采用三种浓度，每个浓度分三个处理时间(表6-19)。2008年种子繁殖于10月下旬进行，采用大田塑料薄膜覆盖育苗，苗床采用高床，床宽60 cm，床高10 cm，长度不限，苗床间留宽40 cm的步道。种子采自巉口林场当年结种子，不做处理直接采用开沟点播，株行距5 cm×10 cm。2009年采用种子育苗，育苗方法同2008年种子育苗，育苗种子部分采自巉口林场当年结种子、部分引自内蒙古。育苗后，除2007年大棚种子育苗和2008年日光温室枝插育苗进行自动喷水和除草精心管护外，其他所育苗木处在自然状态，待第二年完全出苗后只采取除草管理，一年除草两次。每年调查出苗率和生长量。

表6-19　文冠果扦插试验设计和处理

药剂种类	处理浓度(mg/L)	处理时间(min)
NAA	100、250、500	5、15、30
IBA	100、250、500	5、15、30
ABT	50、250、500	5、15、30
GA	100、250、500	5、15、30

2. 栽植试验

文冠果栽植试验时间为2008年4月中旬，苗木于2008年4月从内蒙古引进，苗龄为一年生文冠果苗，数量约5 000株。栽植试验地为龙滩流域塘窑社的退耕地和观景台退耕地。其中，塘窑退耕地属于半阳坡，于2004—2006年退耕，坡度约10°，苜蓿生长良好，水平沟栽植有山毛桃小苗，但山毛桃因死亡严重而苗木稀疏，适宜栽植文冠果苗；观景台退耕地属于阳坡，坡度13°~20°，苜蓿生长良好，水平沟栽植有侧柏，沟坎栽植甘蒙柽柳。文冠果苗木运到定西市巉口林场后，假植4~5d，栽植前一天浸泡根系一夜，栽前剪去断根、烂根后，按5 m×8 m株行距与原有山毛桃、侧柏混合栽植，栽后定干高20~30 cm，栽后不浇水。栽植后于2008年6月初对其进行了成活率、生长表现的观测、调查，调查株数共500株，分5个重复，每个重复100株；于栽植当年9月18日和2010年9月26日对其年生长量和适应性进行了抽样调查，调查株数为55株。

3. 文冠果结实特征和产量调查

2008年8月上旬对巉口林场文冠果单株产量进行了调查，调查样本30株。调查样本的选取主要依据果型选取，样本尽量包含所有不同果实大小和不同果形的植株。调查时,首先对所选样本单株结果量直接现场调查记录;后每株采果8个,带回实验室测定果实大小、果实重量、单果种子重量;再将种子按株标号后,放在室内自然阴干后称种子干重。

4. 文冠果开花物候和落花落果观测

2009年5月—7月,进行了文冠果开花物候和落花落果观测。物候观测为巉口林场内文冠果全体;落花落果观测为定株观测,观测样本为30株,每株分东、西、南、北方位各选2个花序,即每株8个花序,其中雌、雄花序各4个。分别在盛花期、末花期、果实快速发育期、果实数量稳定期(接近成熟期)观测、记录每个花序的小花数量和雌、雄花比例。

(四) 试验结果

1. 育苗试验

育苗试验表明(表6-20),文冠果种子育苗繁殖效果最好,育苗出苗率最高,2007—2009年种子育苗平均出苗率分别为86.3%、91.8%和80.2%,三年平均出苗率达86.1%;其次是根蘖繁殖,平均出苗率为77.4%;枝插繁殖效果最差,2008年所插2万多株苗木无一株生根,而同一时间同一温室扦插并采取同一管理措施的沙棘扦插苗成活很好,平均生根率达80%以上。说明文冠果种子育苗效果最好,容易出苗和成苗,是文冠果苗木培育的理想繁殖方式;其次是根蘖繁殖;而枝插繁殖苗木困难。从不同育苗方式的苗木生长状况看(表6-20),根蘖苗生长速度较快,一年生平均苗高达40 cm以上;然后是2007年种子所育实生苗。因此,年育苗时间早,所育苗木当年就出苗,加之生长在温室和具有水分管理,一年生苗木苗高达39.71 cm,仅次于根蘖繁殖。而2008年所育苗木因密度大,加之没有水肥管理,一年生平均苗高只有23.86 cm,生长量较小。但2009年所育苗木,尽管也没有水肥管理,但因这年降水量多,苗木生长量较大,株高达32.40 cm。说明在文冠果的一年生苗木类型中,根蘖繁殖苗木较种子繁殖实生苗生长快、成苗早。同时也说明,在定西这样的干旱地区,水分管理对苗木生长影响较大,需加强管理。

表6-20　文冠果不同育苗方式出苗率和苗木生长量

育苗时间(年-月)	育苗方式	出苗率/生根率(%)	一年生平均苗高(cm)
2007-08	种子繁殖	86.3	39.71
2007-04	根蘖繁殖	77.4	41.35
2008-11	种子繁殖	91.8	23.86
2008-08	枝插繁殖	0	-
2009-11	种子繁殖	80.2	32.40

2. 栽植试验

经2008年6月上旬对退耕地栽植文冠果成活率调查显示，文冠果定植成活率良好，在巉口镇只有320 mm降水量、定植后未浇定根水和无任何管护的条件下，成活率达到80.2%（表6-21），且新萌发枝叶嫩绿，生长健康。在成活植株中，多数植株的枝叶是从截干后的主干腋芽萌发的，少数植株地上主干风干死亡，新枝从根茎部萌发。从6月初的成活率和生长状况调查结果看出，文冠果的适应能力是很强的，在巉口这样的干旱地区，在不浇定根水和2008年春季降水量极少的情况下，苗木定植成活率能达到80%以上，且生长良好。说明在此地区退耕地推广和发展文冠果生态林和经济林具有一定的可行性。

经7月中旬调查，文冠果成活苗木有20%以上出现枝叶发黄现象，约5%的植株新生枝叶枯黄和死亡。据推测，这主要是由于当年春季持续干旱，引起已成活苗木严重缺水而死亡。

经9月18日生长量调查，定植后生长约一年的文冠果平均定干高度为34.4 cm，平均株高为42.9 cm，平均地径为0.91 cm，平均新生枝长为13.7 cm（表6-22）。可见，文冠果苗生长量并不大，新增株高不到10 cm，新生枝长平均也只有14 cm，枝长达到20 cm的植株只占样本总量的12.7%，最高枝长为34 cm，且部分苗木枝叶依然发黄，估计苗木生长量小且有发黄、死亡现象主要与当年春、夏两季持续干旱有关。经一年的观测和调查，初步看出，在自然状况下，文冠果幼苗在试验地区具有一定的适应性，但抗极端干旱能力有限。说明在文冠果幼苗期，在气候非常干旱时有必要采取适当的浇水管护。经2009年和2010年观测，定植文冠果可安全越冬并正常萌发新枝，但上年新生枝条风干死亡，加上原有山毛桃和紫花苜蓿的水肥竞争，其生长比较缓慢，2010年株高和冠幅只有44 cm和30.5 cm，略高于定植当年的生长量，苗木生长、发育缓慢，且有枯黄现象，生长表现欠佳。所以，对已退耕地补植文冠果的生长适应性和结果表现，有待继续观测研究。

表6-21　2008年定植文冠果成活率调查表

总株数(株)	成活株数(株)	成活率(%)	平均成活率(%)
100	90	90	
100	73	73	
100	74	74	80.2
100	81	81	
100	83	83	

表6-22　2008年定植文冠果生长量测定表

定干高(cm)	株高(cm)	地径(cm)	新枝长(cm)
34.4	42.9	0.91	13.7

在课题研究区开展文冠果栽培试验，主要是考虑到该区域具有大面积的适宜文冠果栽植的退耕地，以及退耕地已栽植的主要树种（如侧柏、山杏、山毛桃和甘蒙柽柳）只有生态效益而没有经济效益。而文冠果对研究区自然环境和立地条件具有较强的适应性，而且作为生物质能源开发树种倍受重视，具有一定的经济效益，在发挥水土保持效益的同时，还能给当地农民增加一定的经济收入。为此，在研究区退耕地开展了文冠果栽培试验。文冠果在退耕还林工程中大面积推广，不仅为当地生态环境建设发挥很好的水土保持效益，还能为农民增加一定的经济收入。此外，还能对国家和甘肃文冠果生物质能源林建设具有一定的推动作用。

3. 单株结实特征和产量调查

经观测，文冠果为顶花序结果树种。从林场全园文冠果开花和结果特征调查显示，文冠果80%以上的个体只有顶花序为可孕的两性花，而侧花序和植株基部花序全部为不孕雄花。在顶花序中，有些植株几乎整个顶花序为两性花，多数植株为顶花序中间部位花为两性花，花序基部和顶部的花为雄花，也有部分植株为花序基部为雄花，中、上部为两性花。还有不到20%的个体除顶花序为可孕的两性花外，临近顶花序的两个侧花序也有可孕花分布，但侧花序的可孕花数量远远低于顶花序。虽然部分植株顶、侧花序均有可孕的两性花，但最终发育长大成果实的只有顶花序的两性花。说明文冠果是一种顶花序开花结果树种。

经果实发育观测，文冠果果实在初期即花完全凋谢后的半个月内发育速度快，果实迅速膨大，但能发育长大的雌花朵很少，整个雌花絮(10~30朵可孕花)只有1~6朵花子房正常发育并最终形成成熟果实，其他绝大多数花子房部分在凋谢后就停止发育并脱落，部分果实长到一定程度后因营养供应不足而停止发育，绝大多数植株的每个花絮只有1~2个发育长大的果实，只有个别植株的花絮有5~6个果实发育长大。可见，文冠果坐果率极低，每个顶花序20~30个可孕花只有1~2个发育成熟。

经2008年文冠果单株产量调查，巉口林场文冠果单株种子干重最高达1.83 kg，最低为0.16 kg，平均为0.70 kg(表6-23)，平均单株产量超过文冠果优树种子产量标准(0.5 kg/株)。说明2008年巉口林场文冠果单株结果好，产量高。如果将巉口林场文冠果按111 株/亩的栽植密度计算，文冠果种子鲜种产量最高达295 kg/亩，平均119 kg/亩，干重产量最高达203 kg/亩，平均78 kg/亩，比资料报道的野生生长的文冠果种子产量(35~55 kg/亩)高。如果对单株产量高的个体进行优树选育造林或采取嫁接换优的栽培措施，文冠果平均每亩能增产种子125 kg，亩产平均提高159.64%。

表6-23　2008年巉口林场文冠果种子产量

项目	产量大小	产量类型	
		鲜重(kg)	干重(kg)
种子单株产量(kg/株)	最大	2.71	1.83
	最小	0.27	0.16
	平均	1.02	0.70
种子亩产量(kg /亩)	最大	295.25	203.30
	最小	47.00	18.29
	平均	118.80	78.30

4. 文冠果开花物候和落花落果观测

(1) 开花物候观测结果

经开花物候观察显示(表6-24)，分布于定西的文冠果花期主要在4月下旬至5月中旬，其花期历时约24 d。其中，4月28日—5月5日为开花始期，5月6日—15日为开花盛期，5月16日—5月21日为开花末期和落花期。开花期历时较长，约15 d；而落花期较短，约历时6 d花便落尽。

表6-24　巉口林场文冠果开花物候期

时间	物候期
4月28日—5月5日	开花始期
5月6日—15日	开花盛期
5月16日—21日	开花末期

(2) 果实生长发育观测结果。经果实生长发育观测,文冠果在甘肃定西果实生长发育历经约2.5个月(5月下旬至8月初),于7月底开始果实陆续成熟。果实在发育初期(即花期过后的10 d)内发育速度最快(图6-17),果实迅速膨大,果实大小由花刚凋谢时(5月18日)的0.81cm增长到5月底(5月29日)的2.38cm,约10 d就增长了193%。此后一个月仍保持较快的发育速度,果实大小一个月内平均增长了120%;而接下来的一个月果实大小发育比较缓慢,一个月平均增长了7%。说明文冠果果实大小发育主要发生在花期过后的40 d内。就果实的纵、横径生长发育速度来看,果实的横径生长速度一直大于纵径,每一调查阶段的纵、横径相对前一阶段的纵、横径大小的增长率分别为167%、229% (5月29日),113%、129% (6月26日)和5%、8% (7月24日)。但从纵、横径大小的绝对值来看,文冠果果实在生长发育的前期一直是横径小于纵径,到后期横径逐渐接近纵径,到末期(即果实近成熟时)横径等于甚至略大于纵径(图6-17)。说明文冠果果实前期以种子和果皮生长发育并举,后期以种子生长发育为主。

(3) 落花落果观测结果。从图6-18可以看出,文冠果落花率较小,为5.74% (5月18日);且落花时间相对比较集中,主要发生在开花末期;而落果是一个持续的过程,自花期过后一直在落果,其曲线一直呈上升趋势,但也存在一个落果的高峰期,即花期过后的10 d内,落果非常快,其曲线呈直线上升,落果率高达39.12%。说明文冠果落果主要发生在果实生长发育的初期。此时,正是文冠果果实快速发育膨大期,严重的落果可能是由于果实大量迅速发育而导致营养供应不足,致使部分果实停止发育而脱落。同时,从图6-18也可看出,文冠果坐果率极低,只有5.35%;而落花落果非常严重,落花落果率高达94.65%。尤其是落果,到果实快成熟时,仅落果率高达88.91%,单花序平均果实数量由发育初期的15个减少到成熟期的不足1个。

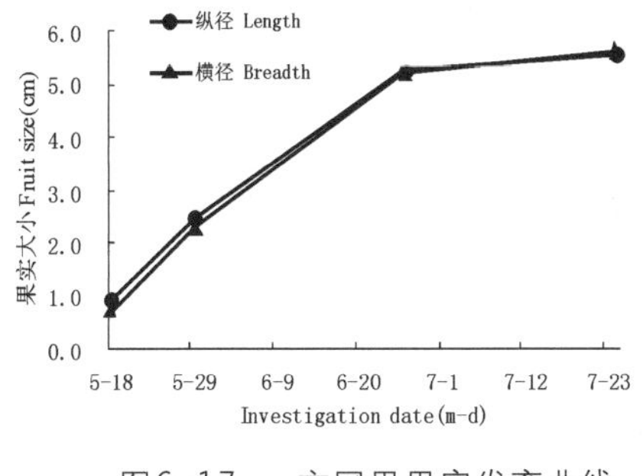

图6-17　文冠果果实发育曲线

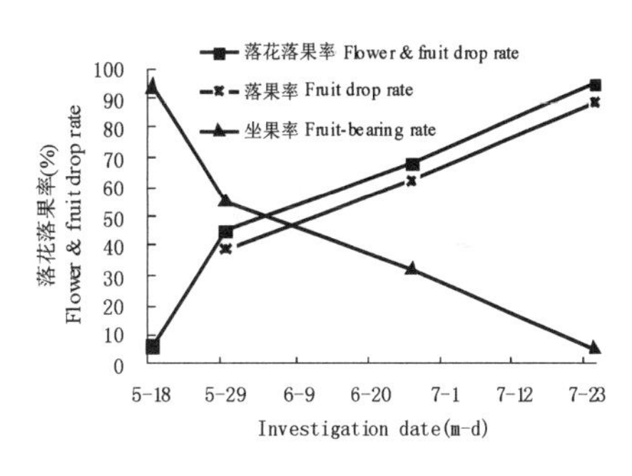

图6-18　文冠果落花落果曲线

(4) 结论与讨论。文冠果果实生长发育历经约2.5个月，生长发育主要在花期后的40 d内。果实发育特点为：在花期过后的10 d内生长最快，增长率达193%；此后一月仍保持较快的生长速度，月增长率达120%；而最后一月生长比较缓慢，月增长率仅为7%；整个发育期内横径发育速度一直大于纵径。文冠果落花落果主要发生在果实生长发育的初期，且落花落果率高，达94.65%（落花率5.74%，落果率88.91%）；坐果率低，只有5.35%。其落果特点为：落果是一个持续的过程，自花期过后果实膨大到成熟一直在落果，但也存在一个落果的高峰期，即花期过后的10 d内，落果最严重，落果率约为40%。研究认为，从保花保果的角度考虑，开花末期是文冠果水肥管理的重点时期。但从文冠果开花过于繁茂和可孕花分布过于集中而大量消耗树体和顶花序养分，从而造成严重的落花落果的现实考虑，应在开花末期和幼果期疏花疏果或任其自然落花落果，但均应加强果实发育中后期的水肥管理，从而提高坐果率。

第七章　流域植被特征及生物多样性分析

黄土高原地区由于强烈的水土流失,其生态系统处于极度退化的状态,加速该地区退化生态系统的恢复与重建,无论对于改善该区域生态环境还是对于整个西北地区生态安全和系统生产力的提高均具有极其重大的意义。物种多样性是生物多样性在物种水平上的表现形式,可以表征生物群落的结构复杂性,体现群落的结构类型、组织水平、发展阶段、稳定程度和生境差异,是生物多样性的重要组成部分,一直是生态学领域的研究热点问题。

研究流域地处黄土高原干旱、半干旱气候带,耕作历史悠久,地形破碎,水土流失严重,原生植被已经破坏殆尽,当前植被多为处于不同植物演替阶段的镶嵌体。近年来研究表明,黄土高原地区实施退耕还林工程以后,受到降水、地形、土壤、土壤侵蚀和人为干扰的影响,植物演替格局表现出显著的时空异质性植物多样性的变化趋势为坡顶和阴坡 > 阳坡和沟底,与土壤速效氮含量呈显著正相关,而且还受到退耕方式的影响。进行一定的人工植被恢复,开展该区域植被恢复群落的物种多样性,以及生物量的分布格局及其与环境因子的关系研究,有助于科学评价植被恢复与重建的效果,探讨合理的植被恢复模式。

通过对该区域典型流域的自然植被、人工植被特征进行全面的调查,探索黄土高原半干旱丘陵沟壑区植被自然恢复的规律,选择适宜的造林树种,为该区人工造林、促进植被自我修复和仿自然的植被建设提供理论依据。伴随着流域治理及人工植被面积的不断扩大,其植被也处在演替的不同阶段,可指示研究区植被演替的优势物种,对研究区植被恢复物种选择具有指导意义。

一、流域植被研究方法

目测样地(2 m×2 m)总盖度和分层盖度,每个物种的盖度、多度(极少为1,少为2,中为3,多为4,较多为5)、分布状况(不均为1,均为2),物候(芽为1,叶为2,花芽为2.5,花为3,果为4,果后为5)及其生活力(差为1,中为2,好为3)。用刻度尺测量物种自然高度。对于林地,还需估测林木郁闭度、树高以及测量胸径和枝下高(树高≥3 m),并记录树种在样地中的分布位置,进行立木更新调查,记录幼树的数量、高度及分布状况。

如图7-1所示,考虑到种源对群落演替的影响以及为了更好地反映群落的面貌特征,在样地(20 m×20 m或10 m×10 m)对角线的4个辐射A、B、C、D方向分布以1 m左右的间隔做5个1 m×1 m的频度样方(不考虑乔木层)。如遇地形以及干扰等特殊情况,避开障碍物向前延伸,或者转为E、F、G、H四个方向,补足20个频度样方。

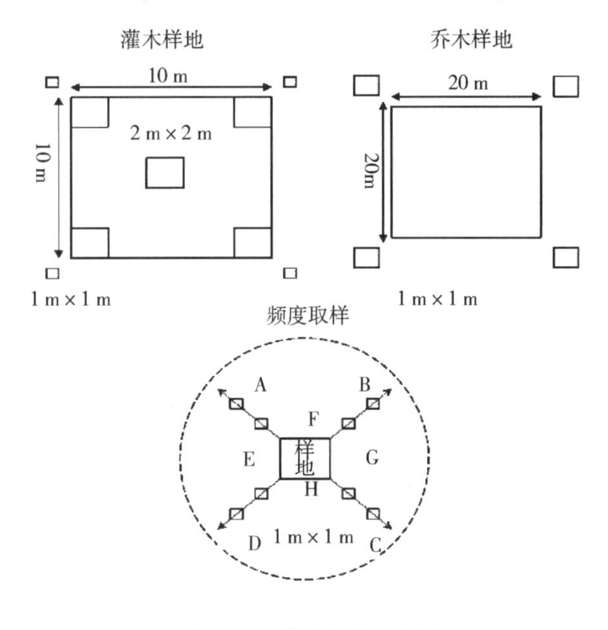

图7-1　样地布设示意图

(1)分别计算各植物种的高度、相对高度、密度、相对密度、频度、相对频度及重要值。计算重要值所采用的公式为: $V=H_r+D_r+F_r$。其中

$$H_r=\frac{H_i}{\sum H_i}\times 100\% \qquad D_r=\frac{D_i}{\sum D_i}\times 100\% \qquad F_r=\frac{F_i}{\sum F_i}\times 100\%$$

式中:V为某物种的重要值(%),H_r为相对高度(%),H_i为样方中某种植物种群的平均高度(m),$\sum H_i$为样方中所有植物的平均高度之和(m),D_r为相对密度(%),D_i为样方中某种植物的平均密度(株/m^2),$\sum D_i$为样方群落所有植物种群平均密度的总和(株/m^2),F_r为相对频度(%),F_i为样方中某种植物种群的频度(%),

$\sum H_i$为样方中所有植物的总频度(%)。

成层性是植物群落结构的基本特征之一。成层现象愈复杂(即群落结构愈复杂),植物对环境利用愈充分,提供的有机物质也就愈多。一般在良好的生态环境下,成层结构复杂。而盖度是群落结构的一个重要指标,因为它不仅反映了植物所占有的水平空间的大小,而且还反映了植物之间的相互关系。物种多样性是群落的重要特征,为生态系统功能的运行和维持提供种源基础和支撑条件。同时,物种多样性是群落演替进程中的一个重要指标。通过对群落物种多样性的研究,可以很好地认识群落的组成和结构的变化与发展,而且对于退化生态系统功能的恢复和生物多样性保护具有重要的理论和实践意义。物种多样性的计算方法很多,所用的指数也非常丰富。本研究主要采用以下指数。

(2) 多样性指数的测度, 选择物种丰富度指数 (dMa)、Shannon-Wiener指数(H')和Pielou均匀度指数(Jsw),各指数的具体计算方法如下:

Margalef指数:$dMa=(S-1)/\ln N$

Shannon-Wiener指数:$H'=-\sum(P_i\ln P_i)$,式中:$P_i=N_i/N$

Pielou均匀度指数:$Jsw=H'/\ln S$

式中:dMa为Margalef物种丰富度指数,H'为Shannon-Wiener指数,Jsw为Pielou均匀度指数。S为群落中的总数目,N_i为第i个物种在样地中的重要值,N为样地中所有种重要值之和,$P_i=N_i/N$。这里的多样性为总多样性,不分层次,P_i为第i种出现的概率,S为物种数。在整理研究流域90个样地数据的基础上,利用相关分析和单因素方差分析(SPSS 18.0),研究植物群落的结构、物种多样性及物种组成的时空变化。

样地草本层生物量数据获取采用收割法。即在每个样地随机选取50 cm×50 cm的样方,将其地上植被全部收割,装入塑料袋带回室内称取鲜重,然后放入烘箱85 ℃烘干12 h,之后称取干重。每个样地随机选取三个样方采集生物量,取平均值代表该样地生物量数值,再折算为标准单位生物量。

二、流域植被结构组成及特征

详细调查结果(表7-1)表明,流域内共有植物56科244种。其中,裸子植物门3科13种,被子植物门51科230种,多为耐旱性和耐碱性较强的草本植物和灌木。阳坡和半阳坡受土壤水分影响,植被盖度和物种多样性较低,植物群落结构简单;阴坡和半阴坡土壤水分条件较好,植被盖度和物种多样性相对较高,群落层次相对较多。30 a以上的有油松、侧柏、山杏等林分有自然更新现象，其中以油松林的自然更新最为显著，表明在该地区营造油松林是可行的，但油松的自然更新数量少、植株高度小，表明油松在该地区的自然更新在很大程度上受土壤水分不足这一条件的制约，应降低人工造林中林木密度，控制人工林地群落生产力，恢复土壤水分，加强人工抚育管护，实现人工植被的持续稳定。

表7-1　龙滩流域物种组成及生境、生长状况

科名	中文名	拉丁名	流域内生境	生长状况	多度
裸子植物门					
卷柏科	卷柏	*Selaginella tamariscina*	阴坡，林荫下	较好	极少
松科	华北落叶松	*Larixprincipi-ruprechtii*	阳坡，阴坡	较好	较少
松科	云杉	*Picea asperata*	半阳坡	较好	极少
松科	青杆	*Picea wilsonii*	半阳坡，阴坡	较好	较少
松科	华山松	*Pinus armandii*	阴坡，半阳坡	较好	较少
松科	樟子松	*Pinus sylvestris* var. *mongolica*	阴坡，半阳坡	较好	较少
松科	油松	*Pinus tabuliformis*	阴坡	好	较多
柏科	杜松	*Juniperus rigida*	半阳坡	较好	较少
柏科	西伯利亚刺柏	*Juniperus sibirica*	阳坡，林场等	较好	极少
柏科	侧柏	*Platycladus orientalis*	阳坡，水平沟内	较好	极多
柏科	圆柏	*Sabina chinensis*	阳坡，林场等	较好	较少
柏科	祁连圆柏	*Sabina przewalskii*	阳坡	较好	较少
柏科	叉子圆柏	*Sabina vulgaris*	阳坡，山顶	好	较少
被子植物门					
杨柳科	新疆杨	*Populus alba* var.	道路两旁	较差	较少
杨柳科	河北杨	*Populus hopeiensis*	道路两旁	较差	较少
杨柳科	小叶杨	*Populus simonii*	阳坡，半阳坡，道路两旁	较差	中
杨柳科	山杨	*Populus davidiana*	阳坡，半阳坡，道路两旁	较差	中
杨柳科	小青杨	*Populus pseudo-simonii*	道路两旁	中	中
杨柳科	旱柳	*Salix matsudana*	水平沟内，道路两旁	较好	较少

续表

科名	中文名	拉丁名	流域内生境	生长状况	多度
榆科	榆树	*Ulmus pumila*	道路两旁,村庄周围	较好	较少
桑科	大麻	*Cannabis sativa*	村庄周围,农田	好	较少
蓼科	苦荞麦	*Fagopyrum tataricum*	农田	较好	中
蓼科	扁蓄	*Polygonum aviculare*	道路两旁	较好	较少
蓼科	酸模叶蓼	*Polygonum lapathifolium*	沟道,道路两旁	好	中
蓼科	细叶西伯利亚蓼	*Polygonum sibiricum*	道路两旁,阳坡,半阳坡	较好	较少
藜科	中亚滨藜	*Atriplex centralasiatica*	道路两旁,阴坡	较好	较少
藜科	菊叶香藜	*Chenopodium foetidum*	道路两旁,村庄周围	好	较多
藜科	灰绿藜	*Chenopodium glaucum*	道路两旁,沟道,阴坡	好	较多
藜科	藜	*Chenopodium album*	道路两旁,沟道	好	较多
藜科	杂配藜	*Chenopodium hybridum*	沟道,道路两旁	较好	较少
藜科	毛大果虫实	*Corispermum macrocarpum* var. *rubrum*	道路两旁,退耕农田内	好	较少
藜科	阿拉善单刺蓬	*Cornulaca alaschanica*	道路两旁	较好	较少
藜科	地肤	*Kochia scoparia*	道路两旁,村庄周围	好	中
藜科	小果滨藜	*Microgynoecium tibeticum*	道路两旁,村庄周围	较好	较少
藜科	粗枝猪毛菜	*Salsola subcrassa*	道路两旁,退耕农田内	好	较多
藜科	盐地碱蓬	*Suaeda salsa*	道路两旁,沟道	好	较少
苋科	凹头苋	*Amaranthus lividus*	道路两旁	较好	较少
苋科	反枝苋	*Amaranthus retroflexus*	退耕农田,村庄周围	较好	较少
毛茛科	黄花铁线莲	*Clematis intricata*	阴坡,半阳坡	较好	较少
毛茛科	阴地翠雀花	*Delphinium umbrosum*	半阳坡,阴坡	较好	较多
毛茛科	三裂碱毛茛	*Halerpestes tricuspis*	沟道	中	极少
毛茛科	丝叶唐松草	*Thalictrum foeniculaceum*	阳坡,山顶	较好	较多
毛茛科	瓣蕊唐松草	*Thalictrum petaloideum*	阳坡,半阳坡	较好	较少
小檗科	西伯利亚小檗	*Berberis sibirica*	阴坡林下	中	极少
小檗科	紫叶小檗	*Berberis thunbergii* cv *atropurpurea*	道路两旁(引种)	较好	较少
十字花科	青菜	*Brassica chinensis*	农田	中	极少

续表

科名	中文名	拉丁名	流域内生境	生长状况	多度
十字花科	播娘蒿	*Descurainia sophia*	农田	好	极少
十字花科	独行菜	*Lepidium apetalum Willd*	阳坡,山顶,道路两旁	中	较多
十字花科	蔊菜	*Rorippa indica*	农田,退耕地,村庄周围	好	中
十字花科	大花蚓果芥	*Torularia humilis f. grandiflora*	阳坡,阴坡	中	多
蔷薇科	山毛桃	*Amygdalus davidiana*	山顶,退耕地	较好	多
蔷薇科	山杏	*Armeniaca sibirica*	阳坡,半阳坡,阴坡	较差	较多
蔷薇科	苹果	*Malus pumila*	村庄周围	中	较少
蔷薇科	二裂委陵菜	*Potentilla bifurca*	阳坡,山顶,阴坡	好	多
蔷薇科	委陵菜	*Potentilla chinensis*	阳坡,半阳坡,山顶	中	较少
蔷薇科	西山委陵菜	*Potentilla sischanensis*	阳坡,阳坡	较好	多
蔷薇科	菊叶委陵菜	*Potentilla tanacetifolia*	阳坡,半阳坡,阴坡	较好	较少
蔷薇科	杜梨	*Pyrus betulifolia*	阴坡,半阳坡	中	较少
蔷薇科	白梨	*Pyrus bretschneideri*	村庄周围	中	较少
蔷薇科	玫瑰	*Rosa rugosa*	村庄周围	中	较少
蔷薇科	伏毛山莓草	*Sibbaldia adpressa*	阳坡,半阳坡	中	多
豆科	紫穗槐	*Amorpha fruticosa*	道路两旁	中	极少
豆科	直立黄芪	*Astragalus adsurgens*	阳坡,阴坡	较好	
豆科	草木樨状黄芪	*Astragalus melilotoides*	阳坡,阴坡	较好	极少
豆科	紫云英	*Astragalus sinicus*	道路两旁	较好	极少
豆科	灰叶黄芪	*Astragalus tataricu*	阳坡,阴坡	较好	中
豆科	糙叶黄芪	*Astragalus tongolensis*	阳坡,阴坡	较好	中
豆科	柠条锦鸡儿	*Caragana korshinskii*	阳坡,阴坡,山顶	好	多
豆科	甘蒙锦鸡儿	*Caragana opulens*	阳坡	较差	较少
豆科	中间锦鸡儿	*Caragana intermedia*	阳坡,阴坡,山顶	较好	中
豆科	红花锦鸡儿	*Caragana rosea*	阴坡	中	较少
豆科	川青锦鸡儿	*Caragana tibetica*	阳坡	较差	较少
豆科	大豆	*Glycine max*	农田	中	较少
豆科	甘草	*Glycyrrhiza uralensis*	半阳坡,阳坡	中	较少

续表

科名	中文名	拉丁名	流域内生境	生长状况	多度
豆科	米口袋	*Gueldenstaedtia multiflora*	阴坡，沟道	中	较少
豆科	狭叶米口袋	*Gueldenstaedtiastenophylle*	阳坡，阴坡	中	较多
豆科	达呼里胡枝子	*Lespedeza davurica*	阴坡	较差	极少
豆科	天蓝苜蓿	*Medicago lupulina*	阳坡，山顶，半阳坡	好	多
豆科	紫花苜蓿	*Medicago sativa*	阳坡，阴坡	好	多
豆科	黄香草木樨	*Melilotus officinalis*	阳坡，退耕地	好	中
豆科	甘肃棘豆	*Oxytropis kansuensis*	半阳坡，阳坡	中	较多
豆科	二色棘豆	*Oxytropis bicolor*	半阳坡，阳坡	中	较少
豆科	甘肃棘豆	*Oxytropis kansuensis*	半阳坡，阳坡	中	较少
豆科	刺槐	*Robinia pseudoacacia*	林场	中	极少
豆科	披针叶黄华	*Thermopsis lanceolata*	阳坡，阴坡	中	中
豆科	广布野豌豆	*Vicia cracca*	沟道，道路两旁	好	较少
牻牛儿苗科	熏倒牛	*Biebersteiniaheterostemon*	阳坡，道路两旁	好	较少
牻牛儿苗科	牻牛儿苗	*Erodium stephanianum*	阳坡，道路两旁，退耕地	较好	中
牻牛儿苗科	老鹳草	*Geranium wilfordii*	阴坡，林荫下	较好	较少
亚麻科	野亚麻	*Linum stelleroides*	农田	好	极少
亚麻科	亚麻	*Linum usitatissimum*	农田	好	较多
蒺藜科	骆驼蓬	*Peganum multisectum*	阳坡，阴坡	好	中
蒺藜科	蒺藜	*Tribulus terrestris*	道路两旁	较好	极少
蒺藜科	白刺	*Nitraria tangutorum*	道路两旁	好	较多
芸香科	花椒	*Zanthoxylum bungeanum*	村庄周围	较好	较少
苦木科	臭椿	*Ailanthus altissima*	沟道，道路两旁	好	较少
大戟科	乳浆大戟	*Euphorbia esula*	阴坡，林荫下	较好	较少
大戟科	猫眼草	*Euphorbia lunulata*	阴坡，林荫下	较好	较少
大戟科	地锦草	*Euphorbia humifusa*	农田	较差	较少
大戟科	疣果地构叶	*Speranskia tuberculata*	林荫下	较差	极少
远志科	西伯利亚远志	*Polygala sibirica*	阳坡，阴坡	较差	极少
远志科	远志	*Polygala tenuifolia*	阳坡，阴坡	较好	较少

续表

科名	中文名	拉丁名	流域内生境	生长状况	多度
漆树科	火炬树	*Rhus typhina*	道路两旁	好	较少
鼠李科	鼠李属	*Rhamnus*.spp.	半阳坡	较好	极少
无患子科	文冠果	*Xanthoceras sorbifolia*	退耕地	较差	中
葡萄科	乌头叶蛇葡萄	*Ampelopsis aconitifolia*	阴坡	中	极少
锦葵科	野西瓜苗	*Hibiscus trionum*	半阳坡,阴坡	较差	较少
锦葵科	蜀葵	*lthaea rosea*	村庄周围	好	中
锦葵科	圆叶锦葵	*Malva rotundifolia*	半阳坡	中	极少
锦葵科	锦葵	*Malva sinensis*	半阳坡	中	极少
柽柳科	甘蒙柽柳	*Tamarix austromongolica*	半阳坡,阳坡,阴坡	好	较多
堇菜科	裂叶堇菜	*Viola dissecta*	林荫下	较差	较少
堇菜科	蒙古堇菜	*Viola mongolica*	半阳坡,阴坡	较好	较少
堇菜科	紫花地丁	*Viola philippica*	半阳坡,阳坡	较好	极少
堇菜科	早开堇菜	*Viola prionantha*	半阳坡,阳坡	较好	极少
瑞香科	狼毒	*Stellera chamaejasme*	阳坡,半阳坡	较好	中
胡颓子科	蒙古芯芭	*CymboriamongoliceMaxm*	村庄周围	好	极少
玄参科	中国沙棘	*Hippophae rhamnoides subsp. sinensis*	阳坡,阴坡	较差	极少
伞形科	线叶柴胡	*Bupleurum angustissimum*	农田,阴坡	好	中
伞形科	北柴胡	*Bupleurum chinense*	半阳坡,农田,阴坡	好	较少
伞形科	田葛缕子	*Carum buriaticum*	阴坡,林荫下,道路两旁	较好	较少
伞形科	防风	*Saposhnikovia divaricata*	半阳坡,阴坡	好	较少
伞形科	迷果芹	*Sphallerocarpus gracilis*	农田	好	极少
伞形科	小窃衣	*Torilis japonica*	阴坡,道路两旁,林荫下	较好	较少
白花丹科	黄花补血草	*Limonium aureum*	道路两旁,阳坡	好	中
白花丹科	二色补血草	*Limonium bicolor*	道路两旁,阳坡	好	中
木樨科	紫丁香	*Syringa oblata*	阴坡	较好	较少
马钱科	互叶醉鱼草	*Buddleja alternifolia*	阴坡	较差	极少
龙胆科	矮龙胆	*Gentiana wardii*	半阳坡,阴坡	较好	中
龙胆科	北方獐牙菜	*Swertia diluta*	阳坡,半阳坡	较好	中

续表

科名	中文名	拉丁名	流域内生境	生长状况	多度
萝藦科	地梢瓜	*Cynanchum thesioides*	林荫下	中	较少
萝藦科	雀瓢	*Cynanchum thesioides* var. *australe*	林荫下	中	较少
萝藦科	萝藦	*Metaplexis japonica*	阴坡,道路两旁	较好	较少
旋花科	打碗花	*Calystegia hederacea*	阳坡,阴坡	较好	中
旋花科	田旋花	*Convolvulus arvensis*	阳坡,阴坡	较好	多
旋花科	北鱼黄草	*Merremia sibirica*	道路两旁	较好	较少
旋花科	圆叶牵牛	*Pharbitis purpurea*	道路两旁	较好	较少
唇形科	白花枝子花	*Dracocephalum heterophyllum*	阴坡,阳坡	好	多
唇形科	香青兰	*Dracocephalum moldavica*	阴坡	中	极少
唇形科	岩生香薷	*Elsholtzia saxatilis*	阴坡	中	极少
唇形科	细叶益母草	*Leonurus sibiricus*	道路两旁	好	较少
唇形科	百里香	*Thymus mongolicus*	阴坡	好	较多
茄科	辣椒	*Capsicum annuum*	村庄周围	较好	极少
茄科	曼陀罗	*Datura stramonium*	阳坡,道路两旁	好	较少
茄科	小天仙子	*Hyoscyamus bohemicus*	道路两旁	好	较少
茄科	宁夏枸杞	*Lycium barbarum*	阳坡,半阳坡,阴坡	好	中
茄科	枸杞	*Lycium chinense*	阳坡,半阳坡	好	中
茄科	茄	*Solanum melongena*	村庄周围	较好	极少
茄科	龙葵	*Solanum nigrum*	阳坡	较差	极少
茄科	青杞	*Solanum septemlobum*	阴坡,林荫下	好	较多
茄科	马铃薯	*Solanum tuberosum*	阳坡,阴坡	好	多
玄参科	地黄	*Rehmannia glutinosa*	半阳坡,阴坡	较好	较少
玄参科	阴行草	*Siphonostegia chinensis*	阴坡	较好	较少
玄参科	蒙古芯芭	*Cymbaria mongolica*	阳坡,阴坡	较好	较少
紫葳科	角蒿	*Incarvillea sinensis*	阳坡,半阳坡	好	较多
列当科	列当	*Orobanche coerulescens*	阳坡,山顶	较差	极少
车前科	平车前	*Plantago depressa*	阳坡,阴坡	好	较多

续表

科名	中文名	拉丁名	流域内生境	生长状况	多度
车前科	大车前	*Plantago major*	阳坡,阴坡	好	较多
茜草科	篷子菜	*Galium verum*	半阳坡,阴坡,林荫下	较好	较多
茜草科	茜草	*Rubia cordifolia*	林荫下	较好	较少
败酱科	败酱	*Patrinia scabiosaefolia*	阴坡,林荫下	较好	较多
葫芦科	南瓜	*Cucurbita moschata*	村庄周围	较好	极少
桔梗科	长叶沙参	*Adenophora bockiana*	阴坡,林荫下,半阳坡	较好	较少
桔梗科	展枝沙参	*Adenophora divaricata*	阴坡,林荫下,半阳坡	较好	较少
桔梗科	细叶沙参	*Adenophora paniculata*	阴坡,林荫下,半阳坡	较好	较少
桔梗科	长柱沙参	*Adenophora stenanthina*	阴坡,林荫下,半阳坡	较好	较少
桔梗科	多歧沙参	*Adenophora wawreana*	阴坡,林荫下,半阳坡	较好	较少
菊科	灌木亚菊	*Ajania fruticulosa*	阳坡,半阳坡	中	多
菊科	束伞亚菊	*Ajania parviflora*	阳坡,半阳坡	较好	多
菊科	黄花蒿	*Artemisia annua*	道路两旁	好	中
菊科	茵陈蒿	*Artemisia capillaris*	阳坡,阴坡	较好	多
菊科	牛尾蒿	*Artemisia dubia*	道路两旁	好	较少
菊科	冷蒿	*Artemisia frigida*	阳坡,半阳坡,阴坡	好	中
菊科	茭蒿	*Artemisia giraldii*	半阳坡,阴坡	较好	中
菊科	艾蒿	*Artemisia lavandulaefolia*	道路两旁,沟道	好	较少
菊科	铁杆蒿	*Artemisia sacrorum*	半阳坡,阴坡	较差	较少
菊科	小花鬼针草	*Bidens parviflora*	阴坡,半阳坡	较好	较少
菊科	鬼针草	*Bidens pilosa*	阴坡,林荫下,道路两旁	较好	较少
菊科	飞廉	*Carduus nutans*	阳坡,阴坡	较好	较少
菊科	蓟	*Cirsium japonicum*	阳坡,阴坡,林荫下	好	中
菊科	刺儿菜	*Cirsium setosum*	半阳坡,阴坡	较好	较多
菊科	大刺儿菜	*Cirsium selosum*	阳坡,阴坡	好	中
菊科	波斯菊	*Cosmos bipinnatus*	村庄周围	好	较少
菊科	大丽花	*Dahlia pinnata*	村庄周围	好	较少
菊科	甘菊	*Dendranthema lavandulifolium*	阴坡,半阳坡,阳坡	好	较多

续表

科名	中文名	拉丁名	流域内生境	生长状况	多度
菊科	蓝刺头	*Echinops sphaerocephalus*	阳坡,半阳坡	较好	极少
菊科	飞蓬	*Erigeron acer*	道路两旁	中	较少
菊科	向日葵	*Helianthus annuus*	农田	好	中
菊科	菊芋	*Helianthus tuberosus*	农田	中	较少
菊科	阿尔泰狗娃花	*Aster altaicus*	阳坡,阴坡	较好	多
菊科	狗娃花	*Aster hispidus*	林荫下	较差	极少
菊科	砂狗娃花	*Aster meyendorffii*	阳坡,道路两旁	较好	极少
菊科	欧亚旋覆花	*Inula britanica*	阴坡,半阳坡	好	较少
菊科	抱茎苦荬菜	*Ixeris sonchifolia*	阳坡,阴坡,林荫下	较差	中
菊科	山莴苣	*Lagedium sibiricum*	阳坡,半阳坡,阴坡	好	较多
菊科	火绒草	*Leontopodium leontopodioides*	半阳坡,阴坡	较好	中
菊科	蝟菊	*Olgaea lomonosowii*	阳坡,阴坡	较好	极少
菊科	毛莲菜	*Picris hieracioides*	半阳坡,退耕地	较好	较少
菊科	祈州漏芦	*Rhaponticum uniflorum*	半阳坡,阳坡	中	较少
菊科	仁昌风毛菊	*Saussurea chingiana*	阳坡,阴坡	较好	多
菊科	风毛菊状千里光	*Senecio saussureoides*	半阳坡,阴坡	较好	较少
菊科	西北绢蒿	*Seriphidium nitrosum*	阳坡,半阳坡	中	多
菊科	麻花头	*Serratula centauroides*	半阳坡,阳坡	中	较少
菊科	苣荬菜	*Sonchus arvensis*	阳坡,半阳坡,阴坡	好	多
菊科	苦苣菜	*Sonchus oleraceus*	阳坡,阴坡,林荫下	较差	中
菊科	蒲公英	*Taraxacum mongolicum*	农田,退耕地	好	较多
禾本科	羽茅	*Achnatherum sibiricum*	山顶,半阳坡	较好	极少
禾本科	芨芨草	*Achnatherum splendens*	村庄周围	好	极少
禾本科	燕麦	*Avena sativa*	农田	好	较少
禾本科	白羊草	*Bothriochloa ischaemum*	阳坡	较差	较少
禾本科	大拂子茅	*Calamagrostis macrolepis*	半阳坡,阳坡	中	较少
禾本科	假苇拂子茅	*Calamagrostis pseudophragmites*	半阳坡,阳坡	中	较少

续表

科名	中文名	拉丁名	流域内生境	生长状况	多度
禾本科	虎尾草	*Chloris virgata*	道路两旁	较好	极少
禾本科	丛生隐子草	*Cleistogenes caespitosa*	阴坡,山顶	较好	较少
禾本科	中华隐子草	*Cleistogenes chinensis*	阴坡,山顶	较好	较多
禾本科	多叶隐子草	*Cleistogenes polyphylla*	阴坡,山顶	较好	较多
禾本科	无芒隐子草	*Cleistogenes songorica*	阴坡,山顶	较好	较多
禾本科	野青茅	*Deyeuxia arundinacea*	阴坡,林荫下	较好	较少
禾本科	止血马唐	*Digitaria ischaemum*	农田	较好	极少
禾本科	稗	*Echinochloa crusgali*	农田	好	极少
禾本科	披碱草	*Elymus dahuricus*	阴坡,半阳坡	中	极少
禾本科	画眉草	*Eragrostis pilosa*	农田	较好	极少
禾本科	羊草	*Leymus chinensis*	阳坡,阴坡	中	较少
禾本科	赖草	*Leymus secalinus*	阳坡,阴坡	好	多
禾本科	糜子	*Panicum miliaceum*	农田	中	中
禾本科	芦苇	*Phragmites australis*	阳坡	较差	极少
禾本科	早熟禾	*Poa annua*	阳坡,阴坡	较好	多
禾本科	硬质早熟禾	*Poa sphondylodes*	半阳坡,阴坡	较好	中
禾本科	鹅冠草	*Roegneria kamoji*	阳坡,阴坡	中	较少
禾本科	金色狗尾草	*Setaria glauca*	农田	较好	极少
禾本科	狗尾草	*Setaria viridis*	阳坡,阴坡	中	较少
禾本科	高粱	*Sorghum bicolor*	农田	较差	极少
禾本科	大油芒	*Spodiopogon sibiricus*	阴坡,林荫下	较好	较少
禾本科	长芒草	*Stipa bungeana*	阳坡,半阳坡	中	多
禾本科	大针茅	*Stipa grandis*	阳坡,阴坡	较好	多
禾本科	玉米	*Zea mays*	农田	好	多
莎草科	异穗苔草	*Carex heterostachya*	阴坡,半阳坡	较好	较少
莎草科	中亚苔草	*Carex stenophylloides*	阴坡,半阳坡	好	中
莎草科	褐穗莎草	*Cyperus fuscus*	沟道	好	较少
百合科	野韭	*Allium ramosum*	阳坡,山顶	好	较多
百合科	石刁柏	*Asparagus officinalis*	阳坡	好	较少
百合科	曲枝天门冬	*Asparagus trichophyllus*	阳坡,阴坡	较好	较少
鸢尾科	马蔺	*Iris lactea* var. *chinensis*	半阳坡,村庄周围	好	极少

三、不同土地利用类型的生物多样性分析

研究区植被类型属于草原地带，荒草地是顶级演替群落，因此物种结构较为稳定，物种数量较多。但从物种数量来看，多年荒草地物种数量与多年恢复的乔木林地物种数量一致。表7-2列出了龙滩流域不同土地利用类型Patrick丰富度指数，可以看出，农地物种数量最少，紫花苜蓿草地和柠条林地居中，乔木林地物种数量相对较高，但多年荒草地物种数量基本与山杏林地一致。但从不同样地之间的变异情况来看，多年荒草地虽然物种数量较多，但样点之间变异较大。相对而言，乔木林地(包括山杏林地、油松林地、侧柏林地)物种数量的变异相对较小。从群落层次来看，多年荒草地经过多年演替，目前群落层次一般为两层，即亚灌木层和草本层，人工乔木林地群落层次一般为三层，包括乔木层、灌木层和草本层，也有山杏林地具有亚灌木层，从而构成四个层次。

表7-2　不同土地利用类型Patrick丰富度指数

土地利用类型	Patrick丰富度指数*				Patrick丰富度指数**			
	均值	标准差	极小值	极大值	均值	标准差	极小值	极大值
覆膜农地	4.0	0.00	4	6	4.5	2.12	3	6
马铃薯农地	3.6	1.67	2	5	2.8	0.84	2	4
多年荒草地	27.6	11.11	16	45	18.4	12.90	6	40
撂荒草地	13.9	2.18	12	18	6.9	2.42	4	11
青杨林地	29.7	1.15	29	31	19.0	6.56	13	26
紫花苜蓿草地	13.4	3.41	8	21	5.8	3.23	1	13
山毛桃林地	36.0	0.00	36	36	27.0	0.00	27	27
山杏林地	30.9	8.49	19	46	21.0	7.12	11	30
油松林地	26.3	12.58	13	38	19.0	6.08	15	26
侧柏林地	23.2	4.92	15	27	15.0	7.84	7	28
柠条林地	16.7	6.57	9	31	8.2	5.04	2	20

注：*为基于频度调查，**为基于样方调查。

表7-3列出了不同土地利用类型Simpson多样性指数与Patrick丰富度指数，Simpson多样性指数显示出多年荒草地和人工乔木林地一样具有较高的物种多样

性，多年荒草地Simpson多样性指数达0.806 7，而已成林的人工乔木林地中，青杨林地为0.799 1，山杏林地为0.769 8，油松林地和侧柏林地分别为0.759 4和0.768 0，Simpson多样性指数最高的为山毛桃林地0.839 5。可见，单从物种多样性来看，山毛桃林地最高，其次为多年荒草地，再次为人工乔木林地，农地最低。由此可以看出，在提高物种多样性方面，多年荒草地和人工乔木林地基本一致。

表7-3　不同土地利用类型Simpson多样性指数

土地利用类型	Simpson多样性指数			
	均值	*SD*	最小值	最大值
覆膜农地	0.656 5	0.052 9	0.619 1	0.693 9
马铃薯农地	0.447 9	0.108 6	0.287 2	0.577 1
多年荒草地	0.806 7	0.102 7	0.653 0	0.938 5
撂荒草地	0.690 9	0.049 7	0.590 5	0.759 9
青杨林地	0.799 1	0.066 0	0.728 4	0.859 2
紫花苜蓿草地	0.613 1	0.152 1	0.222 1	0.832 1
山毛桃林地	0.839 5	0	0.839 5	0.839 5
山杏林地	0.769 8	0.039 6	0.714 2	0.837 5
油松林地	0.759 4	0.038 1	0.715 4	0.781 4
侧柏林地	0.768 0	0.033 6	0.723 8	0.812 6
柠条林地	0.690 2	0.088 4	0.500 00	0.842 8

Sheldon均匀度指数反映出不同土地利用类型中物种分布的均匀程度。由表7-4 可以看出，Sheldon均匀度指数为覆膜农地最高，多年荒草地和山毛桃林地的均匀程度也较高，山杏林地和油松林地均匀程度最低，柠条林地和紫花苜蓿草地均匀程度居中，这与柠条和紫花苜蓿的种植情况有关。由均匀度指数可以看出，撂荒草地和多年荒草地的均匀程度居中，两者均匀程度均高于成林的人工乔木林地。

相关分析表明，影响植被多样性的环境因子中，土壤水分与物种数呈典型正相关，而坡度和坡向与各项植被指标没有显著的相关。坡向表现出与物种数呈显著相关，坡向反映出土壤水分的干湿情况。一般而言，阴坡接受太阳辐射较少，土壤物理蒸发相对阳坡较弱，所以土壤水分含量一般高于阳坡，物种数量阴坡高于阳坡。南北坡向是通过影响土壤水分进而对物种数量产生影响，显示出与物种数量的显著相关性。还有同样一个指标就是土壤容重,土壤容重显示与植被多样性指数和丰富度指数呈典型负相关关系,即土壤容重越大,物种多样性及丰富度就越低。这一方面是由于容重越大,土壤中存储的能够供应植被生长的土壤水分含量越低,从而对物种多样性有所影响;另一方面,地上植被越丰富,根系含量越高,从而改善土壤结构,使得土质疏松,降低土壤容重。

表7-4　不同土地利用类型Sheldon均匀度指数

土地利用类型	Sheldon均匀度指数			
	平均值	*SD*	最小值	最大值
覆膜农地	0.817 6	0.151 5	0.710 4	0.924 7
马铃薯农地	0.791 8	0.122 8	0.655 8	0.963 0
多年荒草地	0.616 7	0.182 5	0.314 8	0.833 0
撂荒草地	0.674 5	0.124 0	0.483 8	0.916 4
青杨林地	0.500 2	0.159 2	0.405 7	0.683 9
紫花苜蓿草地	0.691 8	0.133 0	0.460 7	0.995 9
山毛桃林地	0.417 5	0	0.417 5	0.417 5
山杏林地	0.407 6	0.099 9	0.307 8	0.536 7
油松林地	0.399 0	0.083 2	0.317 3	0.483 7
侧柏林地	0.525 1	0.108 0	0.402 5	0.696 0
柠条林地	0.682 9	0.187 7	0.391 6	1.000 0

相关分析表明，土壤中的粒径物种多样性和均匀度都没有显著的相关关系。土壤养分指标中,全磷、全氮、全碳以及有机质含量和速效氮含量表现出同物种多样性以及均匀度有良好的相关关系。一般来说,养分含量越高,物种越丰富,多样性和均匀性也越高。由于有机质含量与全碳含量呈典型正相关,因此这两个指标可以归并为一个,即土壤碳含量。土壤碳含量与植被的关系也是相互的,一方面,土壤有机碳含量越高,即有机质含量越高,土壤的保水蓄水效果就越好,土壤水分含量越高,物种多样性也越高;另一方面,植被生长越好,枯枝落叶含量也越高,枯枝落叶腐烂以后进入土壤形成土壤有机质,从而提高土壤质量。

四、植物多样性及相关因子研究

基于流域植被调查,计算Margalef丰富度指数、Shannon-Wiener多样性指数和

Pielou均匀度指数量化值(表7-5),开展与对应监测样地的表层土壤水分、植被盖度、坡向和坡位的相关性分析研究。

(一) 植物多样性与乔灌层盖度相关性研究

乔灌层盖度(X)与均匀度指数(Y)的相关系数为-399,P=0.026,相关极显著,最佳拟合方程:Y=1.417-0.02X　　(F=5.485,P=0.026)(图7-2)

乔灌层盖度(X)与丰富度指数(Y)的相关系数为391,P=0.030,相关性显著,最佳拟合方程:Y=-1.377+0.1X　　(F=5.243,P=0.030)(图7-3)

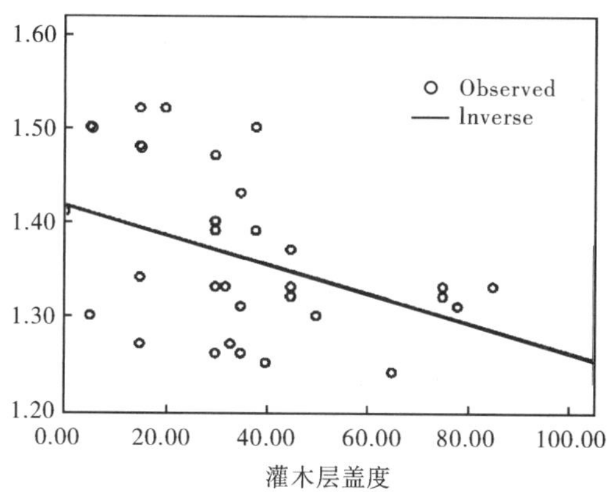

图7-2 灌木层盖度与Pielou均匀度指数拟合曲线

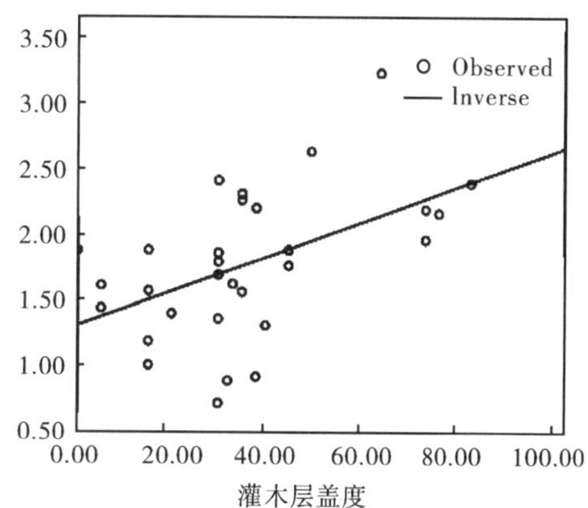

图7-3 灌木层盖度与Margalef指数拟合曲线

乔灌层盖度与Shannon-Wiener指数相关系数为0.196,P=0.292＞0.05,认为总体不相关(图7-4)。而与Margalef丰富度指数和Pielou均匀度指数相关极显著,均成正相关。

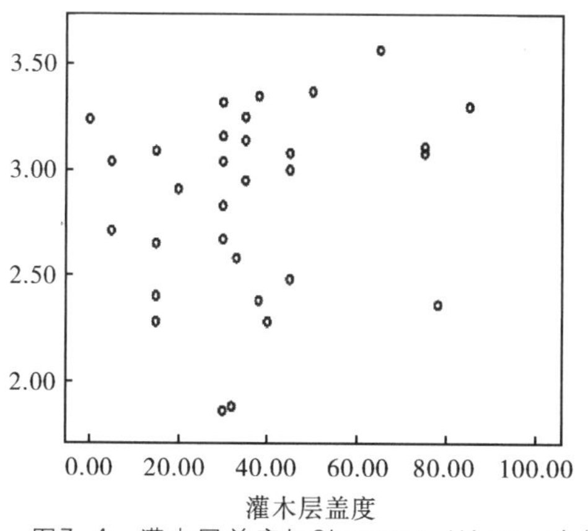

图7-4 灌木层盖度与Shannon-Wiener多样性指数散点图

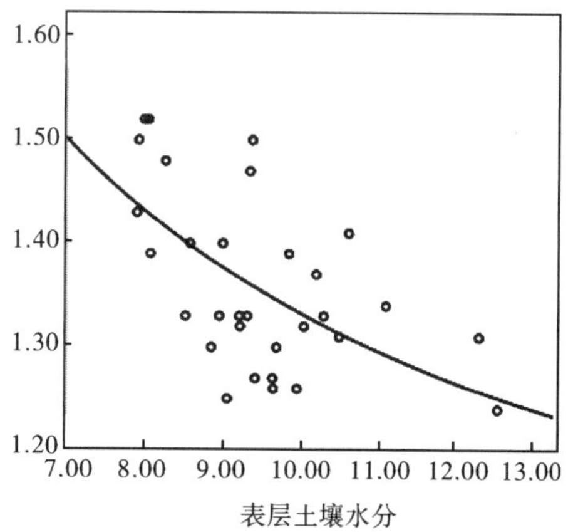

图7-5 表层土壤含水量与Pielou均匀度指数的拟合方程

表7-5 人工林地植被结构和植物多样性量化值统计

植被类型	坡向	坡位	总个体数(N)	物种数(S)	Margalef指数	Shannon-Wiener指数	Pielou均匀度指数
侧柏林	阳坡	上坡位	34.00	4.50	1.02	2.28	1.52
侧柏林	阳坡	中坡位	33.50	5.10	1.20	2.40	1.48
侧柏林	阳坡	下坡位	61.50	6.80	1.41	2.91	1.52
油松林	阴坡	上坡位	40.50	6.08	1.37	2.36	1.31
油松林	阴坡	中坡位	75.00	10.50	2.20	3.11	1.32
油松林	阴坡	下坡位	93.50	11.90	2.40	3.30	1.33
山杏林	半阳坡	上坡位	79.50	8.10	1.62	2.71	1.30
山杏林	半阳坡	中坡位	81.75	7.90	1.57	2.95	1.43
山杏林	半阳坡	下坡位	79.80	8.90	1.80	3.04	1.39
山杏林	阴坡	上坡位	184.50	17.90	3.24	3.57	1.24
山杏林		梁峁顶	102.00	12.20	2.42	3.32	1.33
山杏林	阴坡	中坡位	86.00	9.40	1.89	3.08	1.37
柠条林	阳坡	上坡位	30.75	4.10	0.90	1.88	1.33
柠条林	阳坡	中坡位	46.50	3.80	0.73	1.86	1.40
柠条林	阳坡	下坡位	66.00	4.90	0.93	2.38	1.50
柠条林	半阳坡	上坡位	57.00	7.60	1.63	2.58	1.27
柠条林	半阳坡	中坡位	52.00	6.20	1.32	2.28	1.25
柠条林	半阳坡	下坡位	82.50	6.60	1.27	2.48	1.32
柠条林	阴坡	上坡位	84.00	8.00	1.58	2.65	1.27
柠条林	阴坡	中坡位	64.50	6.70	1.37	2.67	1.40
柠条林	阴坡	下坡位	133.50	12.10	2.27	3.14	1.26
柠条林	半阴坡	中坡位	89.25	9.50	1.89	3.00	1.33
山毛桃		梁峁顶	114.50	13.50	2.64	3.37	1.30
山杏×侧柏×柠条		梁峁顶	88.50	8.60	1.70	3.16	1.47
青杨×侧柏	半阳坡	上坡位	88.50	9.40	1.87	2.83	1.26
山杏×柠条	阳坡	上坡位	101.07	11.20	2.21	3.35	1.39
山杏×侧柏	半阳坡	上坡位	101.50	10.10	1.97	3.08	1.33
荒草地		梁峁顶	112.00	9.90	1.89	3.24	1.41
青杨	阴坡	上坡位	117.00	10.00	1.89	3.09	1.34
青杨	半阳坡	下坡位	115.00	12.00	2.32	3.25	1.31
混交林	半阳坡	上坡位	22.00	4.20	1.04	2.24	1.56

(二) 植物多样性与表层土壤水分(0~60 cm)相关性研究

表层土壤含水量(X)与均匀度指数(Y)的相关系数为-0.537，P=0.002，相关性极显著，最佳拟合方程:$Y=0.933+3.990/X$ (F=14.593，P=0.001)(图7-5)

表层土壤含水量(X)与Shannon-Wiener指数(Y)的相关系数为0.488，P=0.005，相关性极显著，最佳拟合方程:$Y=-1.258+1.833\ln X$ (F=9.100，P=0.005)(图7-6)

表层土壤含水量(X)与丰富度指数(Y)的相关系数为0.623，P=0.000，相关性极显著，最佳拟合方程:$Y=-5.473+3.238\ln X$ (F=26.588，P=0.000)(图7-7)

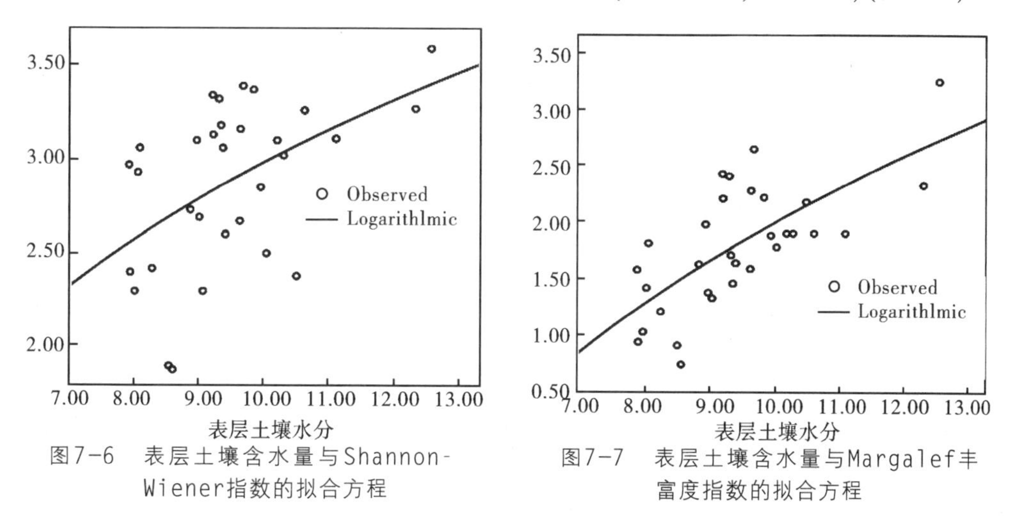

图7-6 表层土壤含水量与Shannon-Wiener指数的拟合方程

图7-7 表层土壤含水量与Margalef丰富度指数的拟合方程

可以看出，Margalef丰富度指数、Shannon-Wiener多样性指数和Pielou均匀度指数与表层土壤水分 (0~60 cm) 相关性极显著，分别与Margalef丰富度指数、Shannon-Wiener多样性指数呈正相关，与Pielou均匀度指数呈负相关。

(三) 植被类型、坡向和坡位对植物多样性指标的影响

人工植被最终的结构及物种组成在一定程度上取决于最初的造林设计，侧柏、油松、山杏、柠条和山毛桃是当地主要的适生树种，经过多年封育、长期恢复和演替、形成了具有一定的生态和结构功能接近自然人工植被，林下的草本层基本上处于相对平衡阶段，成为与环境相适应的稳定群落。对调查样地的植被结构和植物多样性比较，调查样方物种数和个体数总体上阴坡多于阳坡。物种

丰富度指数山杏林(北坡) > 侧柏林(南坡) > 油松林(北坡) > 柠条林(北坡) > 山杏林(南坡) > 退耕地(北坡) > 柠条林(南坡) > 退耕地(南坡),Shannon-Wiener指数山杏林(北坡) > 柠条林(北坡) > 油松林(北坡) > 侧柏林(南坡) > 退耕地(南坡) > 退耕地(北坡)=柠条林(南坡) > 山杏林(南坡)。进行单因素方差分析,"植被类型"因素:$FdMa$=9.509,P=0.00 < 0.05,多重比较结果显示退耕地与其他各植被类型间P < 0.05,存在显著差异,其他各植被类型间差异不显著;FH'=3.275,P=0.038 < 0.05, 多重比较结果为侧柏林和油松林与退耕地存在显著差异;$FJsw$=2.355,P=0.098 > 0.05, 说明植被类型差异对均匀度Pielou指数影响不显著;"立地条件" 因素:$FdMa$=21.870,P=0.000 < 0.001,FH'=15.720,P=0.001 < 0.05,$FJsw$=0.156,P=0.698 > 0.05, 说明坡向对Margalef丰富度指数和Shannon-Wiener指数有显著影响,对均匀度Pielou指数值影响不明显。在退耕地上,人们为了获取更多的收益,在植被恢复过程中产生了一定干扰,抑制杂草的生长,不利于生物多样性恢复。坡向对植物多样性影响的主要原因是,阴坡比阳坡有适宜的土壤水分条件,有利于大多数物种的生存。

植被因素对Margalef丰富度指数和Shannon-Wiener多样性指数存在显著性影响,而对Pielou均匀度指数影响不明显。坡向因素对三个植物多样性指标均存在显著性影响。坡位因素对三个植物多样性指标的影响均不明显(表7-6)。

表7-6　植物多样性影响因子多重比较结果

影响因子	df	dMa		H'		Jaw	
		F	P	F	P	F	P
植被类型	4	9.509	0.000	3.275	0.038	2.355	0.098
立地条件	2	21.870	0.000	15.720	0.001	0.156	0.698
植被类型 * 立地条件	2	0.960	0.404	9.171	0.002	5.917	0.012

五、人工林物种组成

重要值是体现植物在整个生态系统中的作用及所处地位的重要依据。从重要值角度对整个流域不同生境下乔木和灌木树种进行分析，全面地反映不同树种在流域生态系统中所处的地位和作用。通过分析可以发现，不同生境下各树种的重要值具有明显的差异性（表7–7），阳坡灌木作用较大。乔灌树种主要为侧柏（68.69）、山毛桃（58.04）、山杏（26.35）、山杨（9.88）、白榆（9.86）、旱柳（8.91）、柠条（121.62）、白刺花（6.35）等。其中，侧柏近几年荒山造林面积增加对其重要性有一定的提高。山杏、白榆和旱柳多为农户房前屋后的四旁树，难以形成建群种。灌木树种有柠条、山毛桃、白刺花等，柠条占有绝对优势。半阳坡中乔木树种与灌木树种作用相近，乔木树种有侧柏（67.35）、山杏（26.59）、油松（23.47）、河北杨（21.13）、刺槐（12.5）、杜梨（11.31）、山杨（11.27）、榆树（6.24）、旱柳（1.35）等；灌木树种有山毛桃（54.65）、柠条（49.17）、沙棘（23.68）、白刺花（3.23），乔、灌木树种共13种、半阴坡中侧柏（74.58）、柠条（60.87）、油松（51.25）占显著优势。其次为山杏（26.65）、山毛桃（17.68）、刺柏（12.89）、杜松（11.58）、山杨（11.54）、沙棘（7.24）、云杉（6.58）、杜梨（5.28）、樟子松（3.24），树木种类达12种。阴坡明显以乔木树种作用占优势，油松（82.25）、侧柏（63.2）、山杏（23.56）为主要乔木树种；其次为祁连圆柏（11.23）、杜梨（9.23）、臭椿（6.42）、新疆杨（6.25）、山杨（5.98）、河北杨（2.03）。灌木树种中以柠条（52.75）作用最大，山毛桃（15.34）次之，树种为17种。调查流域树木种类达24种。列前十位的树种中只有侧柏、山毛桃和山杏为实施退耕还林工程的主要设计树种，在5种生境中的重要性占有很重的位置，经过演替形成阳坡以柠条与侧柏和阴坡以油松为建群树种的群落为该流域主要的植被类型。可见，人工植物群落已经按照不同的规律进行演替，结合实际生产情况，辅以适当的人为措施，可以使植被向更高级群落类型演替并达到平衡态，在半干旱黄土丘陵沟壑区是可以实现的。

表7-7　不同立地条件下的树种组成

生境	植物(重要值)
阴坡	油松(82.25)、侧柏(63.2)、柠条(52.75)、山杏(23.56)、山毛桃(15.34)、祁连圆柏(11.23)、杜梨(9.23)、沙棘(8.05)、臭椿(6.42)、新疆杨(6.25)、山杨(5.98)、白刺(3.45)、枸杞(3.21)、丁香(3.02)、河北杨(2.03)、细叶小檗(0.65)、小叶铁线莲(0.13)等
半阴坡	侧柏(74.58)、柠条(60.87)、油松(51.25)、山杏(26.65)、山毛桃(17.68)、刺柏(12.89)、杜松(11.58)、山杨(11.54)、沙棘(7.24)、云杉(6.58)、杜梨(5.28)、樟子松(3.24)等
阳坡	柠条(121.62)、侧柏(68.69)、山毛桃(58.04)、山杏(26.35)、山杨(9.88)、白榆(9.86)柳树(8.91)、白刺花(6.35)等
半阳坡	山毛桃(54.65)、侧柏(52.35)、柠条(49.17)、山杏(26.59)、沙棘(23.68)、油松(23.47)、河北杨(11.13)、刺槐(12.5)、杜梨(11.31)、山杨(11.27)、白榆(6.24)、白刺花(3.23)、旱柳(1.35)等
梁峁顶	山杏(79.11)、山毛桃(69.58)、山杨(59.43)、侧柏(48.31)、沙棘(15.27)、柠条(11.15)、旱柳(1.23)等

六、物种生活型调查分析

从阳坡植被组成物种的生活型调查分析发现:多年生草本最多,占调查物种总数的55.88%,其他依次是一年生草本20.6%、灌木14.7%、乔木8.8%;阴坡仍然以多年生草本最多,依次是一年生草本、灌木、乔木,占调查物种总数的比例差距较小,分别为39.6%、24.8%、18.2%、17.4%;沟坡依次为多年生草本47.3%、一年生草本36.5%、灌木16.3%,没有出现乔木。在阳坡、阴坡和沟坡主要物种各生活型中多年生草本依然最多,占总数的比例分别为23.1%、18.8%、23.3%,但在阳坡和阴坡乔灌的比例有所提高;从主要物种各生活型占同生活型物种的百分比可以看出,灌乔树种以纯林的方式存在(表7-8)。

七、流域典型自然植被群落结构

(一)灌木亚菊群系

分布在阳坡或半阳坡,灌木亚菊是一类分枝较多的旱生亚灌木,高10~30 cm。群落总盖度为30%~50%,而小灌木的盖度为25%~30%,在人工柠条林下,群落盖度和高度均会更高一些。其中,包括冷蒿、铁杆蒿、小黄菊等种类。灌木亚菊本身的盖度为20%~25%,群落种类组成较为复杂,密度为10~20 种/m^2。在下坡位,丛生禾草层的盖度可达10%~20%,其中本氏针茅达到5%~10%,其他还有多叶隐子草、硬质早熟禾、赖草等。另外，常见的种类还有阿尔泰狗娃花、蒙古芯芭、金色补血草、二裂委陵菜、骆驼蓬、二色棘豆、亚麻等。

表7-8 物种生活型分析

类型	植物类别	调查植物种占总数的比例(%)	主要植物种占总数的比例(%)	主要植物种占同生活型物种的百分比(%)
阳坡	一年生草本	20.59	8.82	42.86
	多年生草本	55.88	26.47	47.37
	灌木	14.71	5.88	40.00
	乔木	8.82	8.82	100.00
	合计	100.00	50.00	
阴坡	一年生草本	26.19	4.76	18.18
	多年生草本	52.38	28.57	54.55
	灌木	11.90	7.14	60.00
	乔木	9.52	9.52	100.00
	合计	100.00	50.00	
沟道	一年生草本	26.67	20.00	75.00
	多年生草本	46.67	20.00	42.86
	灌木	20.00	6.67	33.33
	乔木	6.67		
	合计	100.00	46.67	

(二) 百里香群系

分布在阳坡和半阳坡，百里香群落以百里香为建群种，一般株高10 cm左右，盖度为20%~30%，草本层高10~15 cm。群落总盖度为40%~70%，一般为60%左右，密度约为20 种/m^2。亚建群种有猪毛蒿、束伞亚菊、二裂委陵菜、本氏针茅等，在阳坡的伴生种有披针叶黄华、亚麻、铁杆蒿、爬地蒿、野韭、凤毛菊、甘肃棘豆、骆驼蓬、硬质早熟禾、天蓝苜蓿等。

(三) 小黄菊群系

小黄菊俗称白蒿子，多分布在黄土丘陵坡地的阳坡，以中上坡位较为集中。小黄菊群落盖度为8%~30%，以20%左右居多。种类组成较少，密度约为10种/m²，高度为10 cm，盖度为5%~15%。群落中亚优势植物主要是本氏针茅和无芒隐子草，常见的散生植物有二裂委陵菜、金色补血草、亚麻、茵陈蒿、蒙古芯芭、骆驼蓬等。

(四) 铁杆蒿群系

一般分布面积不大，多与本氏针茅群落成交错分布，主要占据阴坡或半阴坡。铁杆蒿群落盖度一般为45%~65%，其中铁杆蒿盖度就可以达到25%~45%，密度为30~40 种/m²。亚优势种主要有本氏针茅、茭蒿、白羊草等，伴生种有紫云英、大蓟、平车前、甘肃棘豆、二裂委陵菜、披针叶黄华、细叶益母草、凤毛菊、紫花地丁、狗尾草、硬质早熟禾、二色棘豆等。

(五) 本氏针茅群系

在黄土区分布很广，多与其他群落相互伴生，很少形成优势。其伴生种有赖草、冷蒿、硬质早熟禾和几种委陵菜等。群落盖度在40%左右，草本层高度为15 cm。

八、流域典型人工植被组成与结构特征

依据流域植被物种组成及生活型特征，对侧柏(阳坡)、油松(阴坡)、柠条(阳坡)、山毛桃-紫花苜蓿、自然草地6种生境进行比较分析。

油松分布主要以阴坡为主，也包括梁峁顶，属于人工纯林，所选样地林龄41 a，林下主要植物种有披针叶黄华、阿尔泰狗娃花、二色棘豆、天蓝苜蓿、本氏针茅、小黄菊、二裂委陵菜等16种。林下植被总盖度≤20%，其中，阿尔泰狗娃花盖度最大，为12%；其次为长芒草5%、冷蒿1%。林下植被高度为10 cm左右。

柠条林在调查流域各种立地条件下均有分布，所选样地林龄26 a，林下主要植物种有灌木亚菊、长芒草、阿尔泰狗娃花、披针叶黄华、仁昌凤毛菊、岩生香薷、茵陈蒿、甘肃棘豆、二裂委陵菜、赖草、骆驼蓬、猪毛蒿、金色补血草等19个物种。林下植被盖度为46%，以长芒草盖度26%最大，依次为灌木亚菊14%、阿尔泰狗娃花5.5%、骆驼蓬3.6%。柠条林下植被平均高度为20 cm。

侧柏在调查流域各种立地条件下均有分布，以鱼鳞坑、水平台、水平沟、反坡

台地等不同的整地方式人工栽植。所选样地林龄39 a，伴生乔木树种有山杏，灌木树种有柠条，林下植被主要有长芒草、小黄菊、骆驼蓬、蒙古芯芭、野韭、亚麻、狼毒、硬质早熟禾、中华隐子草、冷蒿、丝叶唐松草、石刁柏等21种植物。山杏和柠条的郁闭度分别为3.1%、17.5%。林下植被盖度为21%，主要有长芒草13.4%、小黄菊6.2%、骆驼蓬4.2%。林下植被高度为20 cm。

紫花苜蓿–山毛桃（山杏）为退耕还林模式，样地立地条件为阳坡，2001年实行退耕。群落总盖度为88.7%，出现的其他植物还有阿尔泰狗娃花、百里香、二裂委陵菜、多裂委陵菜、多叶隐子草、苦苣菜、赖草、灰绿藜、蒲公英、亚麻、茵陈蒿、硬质早熟禾、紫花地丁、天蓝苜蓿等，共出现物种25种。

九、人工植被群落分析

（一）侧柏群落

侧柏是耐干旱、贫瘠的强阳性树种。在阳坡、半阳坡的陡峭地段形成以其为建群种的植被群落。侧柏生长缓慢，据对43年生的样地调查，分布密度为1 300.7株/hm^2，平均树高为3.96 m，平均胸径为5.38 cm，平均覆盖度为55.09%；混交山杏分布密度为150.1 株/hm^2，平均高为2.22 cm，平均胸径为3.05 cm，覆盖度为9.90%；林下灌木柠条分布密度为750 株/hm^2，冠幅为2.75 cm×2.12 cm，覆盖度为16.29%。

（二）油松群落

油松是温带喜光的阳性树种，适生于大陆性气候，抗寒能力强，可耐–25 ℃的低温，在年降水量300 mm左右的地方也能正常生长。油松生长速度中等，幼年时生长缓慢，五年起开始加速生长。在研究区油松全部为人工林，多分布在梁峁顶或阴坡位，密度为1 770 株/hm^2，39年生油松平均高为4.55 m，平均胸径为6.97 cm，覆盖度为64.33%；林内没有其他乔、灌木混交，林下草本层盖度为21.5%。

（三）柠条群落

柠条耐寒、耐高温、耐土壤干旱瘠薄，是干旱草原、荒漠草原地带的旱生灌木。在黄土丘陵沟壑区，全部为人工林，分布在梁峁顶、梁峁坡、沟坡等立地条件下，多单独成丛，与束伞亚菊、骆驼蓬等构成群丛。据样地调查，分布密度为2 856株/hm^2，33年生，平均高为69.5 cm，冠幅为98.1 cm×79.6 cm，覆盖度为30.41%。

十、结论与探讨

土地利用类型影响地上植物群落的物种多样性、丰富度和均匀度。农地物种丰富度最低，但均匀度最高，柠条灌木林地和紫花苜蓿草地居中，人工乔木林地和多年荒草地物种多样性相对较高。但从提高物种多样性来看，多年荒草地和人工乔木林地的恢复效果较为一致。

不同土地利用方式物种多样性和丰富度存在显著差异，土地利用方式是该地区植被空间变异的主要影响因素。坡形和坡位是造成物种多样性差异的一个重要原因，不同坡向和坡位物种多样性存在显著差异，但均匀度差异不显著。东西坡向与植被丰富度和均匀度无显著相关，而南北坡向表现出与植被有显著正相关关系，这主要是由于南北坡向影响土壤水分进而影响植被的丰富度和均匀度。

土壤水分是该地区植被恢复的一个重要制约因素，土壤水分含量越高，植被的物种多样性和丰富度越高。土壤物理指标中，容重与植被呈现出负相关，容重是通过影响土壤水分而影响植被的。土壤的机械组成与植被没有显著的相关关系，而土壤全磷含量和全氮含量表现出与植被有显著的相关关系。因此，在该地区植被恢复中，可以适当施用氮肥或磷肥以促进植被的快速恢复。

通过对多年荒草地和成熟人工乔灌木林地的植物群落比较发现，在植物群落结构和物种多样性方面，人工恢复的植物群落层次较自然弃耕地丰富，总多样性较高；恢复形成的林地覆盖度较大，丰富度较高而均匀度较低。相对而言，荒草地在研究区的适宜面积较大，无须经济投入和人工管护就可以良好的生长，并且可以在短时间内达到水土保持的效果。因此，自然弃耕是该地区植被恢复的最适宜形式。

2007—2010年流域内植被盖度提高了22.6%，上升的原因是实施生态工程所致，如近几年实施的退耕还林、荒坡治理、沟道治理工程及公路林带建设。因此，在一定程度上增加了物种的丰富度和植物分布的均匀度。

从调查流域植物群落的组成结构来看，不同生境植物种类各不相同，在群落中的重要值也不相同，为促进植被更替提供了理论依据。

从生物多样性指标Margalef指数、Shannorr-Wiener指数和Pielou指数综合分析，侧柏林较其他人工植被群落更为稳定，且经过40多年的生长过程，已基本达到本区域该生境的顶级群落，而山毛桃(侧柏)-紫花苜蓿模式要达到其稳定平衡状态还需要一定的时间。

通过对不同生境植物组成的分析，结合生产实际，辅以适当的人为措施(引入物种、抚育)可使演替速度加快，促进植被恢复进程，能在较短的时间内形成稳定的次生林分和林相结构。

第八章　流域土壤水分时空演化及异质性研究

在黄土高原地区,水分是植物生长的主要限制因子,特别是自然条件较为严酷的半干旱黄土丘陵沟壑区,水分更具有特殊的生理生态意义,严重影响着该区林木的生长发育、结构类型和分布特点。而植被又是影响土壤水分最活跃最积极的因素,在黄土高原对土壤水分影响较大的主要是人工林草植被,在大气降水不足的时候,由于蒸腾对土壤水分的强烈消耗,使得土壤水分严重亏缺,往往接近凋萎湿度。因此,对黄土高原现有植被与土壤水分状况的研究,不仅有利于认识二者的作用规律,而且对黄土高原土壤水分的有效利用及区域植被恢复将提供重要的理论依据。对小流域尺度而言,随着退耕还林(草)工程生态效益的日益凸显,在水土保持治理度、植被盖度和农田生产力日益提高的情况下,水分小循环大幅度增强,导致流域水分存在形式、循环和转化路径发生了改变。与此同时,在黄土高原地区出现了生物利用型土壤干层,表现为林草植被退化,影响整个小流域的植被恢复和重建。基于此,课题对小流域综合治理的水分环境效应做了系统的研究,从流域土地利用方式和土壤水分差异规律、植被类型及生物利用型土壤干层等方面,定量评价黄土丘陵沟壑区小流域综合治理对流域的水文环境的影响,从而为黄土高原丘陵沟壑区土地的合理利用和区域生态环境的良性循环提供理论依据。

一、土壤水分分异的研究尺度及影响因子

(一) 土壤水分空间差异性的研究尺度

土壤水分异质性的主导影响因子会因研究尺度改变而改变。研究尺度主要分为坡面尺度、小流域尺度和区域尺度。坡面尺度和小流域尺度是研究区域生态系统的桥梁,具有大尺度的概括性和小尺度的精确性,是土壤水分研究的主要尺度。

(1)坡面尺度可大可小,既可以是单一土地利用类型,也可以是多土地利用

类型。本研究发现,在人工植被的作用下,半干旱黄土丘陵沟壑区的土壤水分从梁峁顶部到坡脚具有递减的趋势,土地利用的复杂性是土壤水分沿坡面分布复杂性的基础。

(2)小流域是一个独立的产沙和输沙系统。阐明小流域尺度上的水分变异,在实践上对水土流失的控制也有一定的意义。国内外许多学者运用传统统计方法分析了流域尺度上的土壤水分异质性,分析了小流域植被盖度、土壤特性和地形对土壤水分分布的影响。结果证明,相对海拔高度是主控因子,植被倾向于减小这种影响,而土壤特性对土壤水分的影响最小。国内在黄土丘陵区开展了很多小流域土壤水分的空间异质性及其影响因子的研究。结果表明,其空间异质性是多重尺度上的环境因子共同作用的结果。这些因子对土壤水分异质性的影响表现出显著的剖面变化和时间变化规律。

(3)区域尺度。利用实测的土壤水分数据研究其时空变异难度较大,因此多是利用多年的水分平均值或遥感测得的数据分析。与小流域相比,区域尺度放大了研究范围,从宏观角度研究土壤水分变化的大趋势,模糊了区域内的小差异(如地形、植被和耕作方式等),而区域的多年降水特征、气候特征和大的地形特征等影响因子便突显出来。

(二) 土壤水分的时间动态研究

实际上,土壤水分的差异性不仅体现在空间尺度上,还体现在时间尺度上。研究表明,无论在大尺度上还是在小尺度上,土壤水分的时空异质性均存在。土壤水分的时间动态,即土壤水分随时间而发生的动态变化。土壤水分不是静止不变的,在时间尺度上有土体与外界之间不断地输入和输出,在土体内部也有水平的扩散和垂直方向上下传输。土壤水分的时间变化可分为稳定期、消耗期和补偿期,但不同地区,由于土质、地形和气候等因素不同,各个时期土壤水分在空间上(垂直剖面)和时间上(年内分配)都存在着明显差异。

(三) 土壤水分异质性影响因子

相对海拔高度、土壤特性、坡向、坡位和坡型等因素都会影响土壤水分的异质性。除了土壤本身的性质以外,所有对土壤水分产生影响的因子统称为环境因子。

环境因子在时间和空间上存在动态变化性和区域空间的差异性。如温度有日变化、年内季节性变化、年际变化、纬度变化和海拔高度变化等一系列变化;降水有雨强变化、雨型变化、降雨历时变化、区域变化、季节变化和年际变化等。还有地形和太阳辐射等诸多影响因子,这些因子动态多变,并与其他因子交互作用,使其对土壤水分的影响变得异常复杂。

环境因子主要从三个方面影响土壤的水分状况。第一方面是影响土壤的水分补给状况。水分补给不仅与降水的本身性质相关,在相同降水条件下,地形、地表植被状况和整地措施等不同时,土壤的补水情况大不一样。这类影响因子通过两条途径左右补给情况,即改变产流在土壤表面的滞留时间和改变土壤的入渗环境。在入渗率不变的条件下,地表水分滞留时间越长,水分补给条件越好;入渗环境包括入渗时地表水流速度、温度、水的浑浊程度和地表积水厚度等,通过改变土壤的入渗环境进而影响土体的入渗速率,以达到改变水分补给的目的。第二方面是改变土壤本身的入渗和储水能力。如耕作措施、整地措施、土地利用类型和地表植被状况等,都在不同程度上改变了或改变着土壤的物理性质和入渗性能。第三方面是改变土壤的消耗水平。环境因子的时空差异性深刻影响着土壤水分的渗、蒸散和壤中流等水分运动途径,它包含直接作用和间接影响两个层面,如地表覆盖物减少蒸发、植物根系裂隙增加深层渗漏等属于直接作用;环境因子通过改变土壤物理性质或结构状态(如团粒结构、非毛管孔隙度、结皮和紧实犁底层等),间接影响土壤水分现状损失状况。

综上所述,土壤水分时空变异是由多重尺度上的土地利用(植被)、气象(降水)、地形、土壤、人为活动等多因子综合作用的结果。环境因子的时空差异性决定了土壤水分的时空异质性。土壤水分的时空差异性是多重尺度上的各种环境因子共同作用的结果,这些不同尺度上的因子对土壤水分时空异质性的影响表现出显著的空间变化和时间变化规律。

二、土壤水分研究方法

(一)监测样点

土壤水分监测样点的选择,同时考虑了研究区内人工植被特征、土地利用类型、整地方式以及微地形条件等。强调流域尺度的完整性,共选取了63个土壤水分监测样点(表8-1),植被类型包括:侧柏林地、山杏林地、油松林地、柠条林地、山毛桃林地、青杨林地、山杏×柠条混交林地、侧柏×柠条混交林地、侧柏×青杨混交林地和油松×青杨混交林地、退耕紫花苜蓿草地、农耕地、退耕撂荒草地和荒草地等。各种植被建植时间:青杨于1960年开始栽植,林龄约为50 a; 侧柏、油松、山杏于20世纪70年代开始栽植,林龄约为40 a;柠条于1984年种植,林龄约为25 a; 山毛桃种植时间约为30 a; 紫花苜蓿于2003年种植, 种植年限6 a; 撂荒草地为2003年退耕以后撂荒; 荒草地为天然生长的草灌植被群落。

(二) 数据获取

土壤水分采用烘箱法和ThetaProbe ML2x土壤水分速测仪同时测定。于2007—2010年每个生长季节(4月上旬至10月下旬)对各监测样地土壤水分进行了测定,测定深度为200 cm,每20 cm为一个测层,每次每层重复测定3个样点并取平均值作为该次该层的土壤含水量(%)。本研究以各样点全年14次土壤水分测量结果的平均值作为该样点土壤水分的平均状态,由于研究区同一植被类型不同样点200 cm剖面土壤含水量差异较小。因此,同一植被类型取各样地各层次土壤水分含量的平均值,作为该类植被相应层次土壤水分含量,进行不同人工植被恢复模式土壤水分相对亏缺特征的研究。

表8-1　龙滩流域野外监测样地信息表

序号	地点	模式类型	植被类型	整地方式	坡位	坡度（°）	坡向	树高（m）	冠幅（m×m）	乔木层盖度(%)	草本层盖度(%)	灌木层盖度(%)	平均含水量(%)
1(1)	径流小区	紫花苜蓿+山毛桃	紫花苜蓿	隔坡	上	13	W64°N				100		8.65
1(2)	径流小区	紫花苜蓿+山毛桃	山毛桃	水平沟	上	13	W64°N		1.23×1.43		30		9.16
2(1)	大沟里东坡	柠条+荒草	荒草	隔坡	上	36	E				75		7.94
2(2)	大沟里东坡	柠条+荒草	柠条	水平台	上		E	1.02	1.62×1.47		35	40	8.03
3(1)	大沟里东坡	柠条+荒草	荒草	隔坡	中	27	N12°E				45		7.81
3(2)	大沟里东坡	柠条+荒草	柠条	水平台	中		N12°E	1.28	1.72×1.32		40		7.97
4(1)	大沟里东坡	柠条+荒草	荒草	隔坡	下	29	N12°E				45		8.15
4(2)	大沟里东坡	柠条+荒草	柠条	水平台	下		N12°E	1.02	2.43×1.83		55	55	8.28
10(1)	天保碑	侧柏+荒草	侧柏	深水平沟	上		E17°S		1.50×1.60		20	20	9.72
10(2)	天保碑	侧柏+荒草	荒草	隔坡	上	23	E17°S				35		11.64
11(1)	天保碑	侧柏+荒草	侧柏	深水平沟	下		E30°S		1.63×1.66		20	15	8.53
11(2)	天保碑	侧柏+荒草	荒草	隔坡	下	25	E30°S				35		9.81
12(1)	朱家店更新林	青杨	青杨	水平阶	下	14	E80°S	3.59	2.75×2.47	35	15		10.79
12(2)	朱家店退耕地	山毛桃	紫花苜蓿	梯田	下	0	E84°S				90	45	9.3
13	朱家店退耕地	山毛桃	山毛桃	水平沟	下	0	E	2.81	1.4×1.8	40	10		9.29
14	朱家店混交林	油松+青杨	油松	水平阶	上	15	N40°E	3.39	2.25×2.31	40	10		11
15	朱家店农田	农田	马铃薯	梯田	中	0	N25°E						14.35
16	朱家店前山	油松/柠条+荒草	荒草	隔坡	上	15	N56°E				100		12.99

续表

序号	地 点	模式类型	植被类型	整地方式	坡位	坡度(°)	坡向	树高(m)	冠幅(m×m)	乔木层盖度(%)	草本层盖度(%)	灌木层盖度(%)	平均含水量(%)
17(1)	朱家店前山	油松/柠条+荒草	柠条	反坡梯田	上	15	N57°E	3.4	2.73×2.57		5	10	12.23
17(2)	观音嘴东坡	侧柏+荒草	荒草	梯田	上	0	N25°E				15		11.7
18(1)	观音嘴东坡	侧柏+荒草	侧柏	深水平沟	上	0	N25°E		1.94×1.62	75			10.53
18(2)	观音嘴东坡	侧柏+荒草	荒草	梯田	中	0					30		11.87
19(1)	观音嘴东坡	侧柏+荒草	侧柏	深水平沟	中	0	N25°E			65			10.71
19(2)	观音咀西北坡中	侧柏+荒草	荒草	梯田	中	6	W30°N				65		8.86
21(1)	观音咀西北坡中	侧柏+荒草	侧柏	深水平沟	中	6	W30°N			35			8.86
21(2)	观音咀西北上	山毛桃	山毛桃	水平阶	上	0	W30°N		1.43×1.76		75	50	11.67
22	张古家湾东北上	青杨+荒草	荒草	隔坡	上	19	N45°E			15	45		10.81
23(1)	张古家湾东北上	青杨+荒草	青杨	反坡梯田	上	19	N45°E	4.48	3.57×3.87	15	45		12.69
23(2)	张古家湾东南上	山杏+荒草	荒草	隔坡	上	24	E57°S			30	30		10.87
24(1)	张古家湾东南上	山杏+荒草	山杏	反坡梯田	上	24	E57°S	3.13	2.86×2.74	30	30		10.27
24(2)	志彪林	侧柏+荒草	荒草	隔坡	中	23	E			36	5		8.05
25(1)	志彪林	侧柏×荒草	侧柏	水平台	中	23	E			36	5		7.89
25(2)	李家湾退耕地下	紫花苜蓿×侧柏	紫花苜蓿	窄梯田	下	14	N				100		8.98
26(1)	李家湾退耕地下	紫花苜蓿×侧柏	侧柏	水平沟	下	14	N						8.9
26(2)	李家湾耕地1	农田	马铃薯	梯田	中	8	N						15.29

续表

序号	地点	模式类型	植被类型	整地方式	坡位	坡度(°)	坡向	树高(m)	冠幅(m×m)	乔木层盖度(%)	草本层盖度(%)	灌木层盖度(%)	平均含水量(%)
27	李家湾北上	紫花苜蓿	紫花苜蓿	隔坡	上	14	N45°E				100		9.06
28(1)	李家湾北上	紫花苜蓿	仁山杏	水平沟	上	14	N45°E		2.35×2.4		100		9.68
28(2)	李家湾耕地2	农田	马铃薯	坡耕地	中	14	N82°E						12.3
29	李家湾荒草地	荒草	荒草	自然坡面	梁峁	2	N				90		8.94
30	剪子岔西北上	侧柏+山杏+荒草	荒草	隔坡	上	14	W65°N			15	80		10.24
31(1)	剪子岔西北上	侧柏+山杏+荒草	侧柏+山杏	水平沟	上	14	W65°N	2.71		15			10.01
31(2)	剪子岔西北中	山杏+柠条	山杏+柠条	反坡梯田	中	19	W40°N	2.67		45	5	5	8.99
32	剪子岔东北下	山毛桃+紫花苜蓿	紫花苜蓿	窄梯田	下	0	N74°E				100	10	9.27
33(1)	剪子岔东北下	山毛桃	山毛桃	水平沟	下	0	N74°E		1.51×1.41			10	9.36
33(2)	剪子岔东北上	山杏+荒草	荒草	隔坡	上	24	N24°E						8.28
34(1)	剪子岔东北上	山杏+荒草	山杏	水平沟	上	24	N24°E		2.88×2.4				8.44
34(2)	沟口上山杏林	山杏	山杏		上	30	W35°N	1.44	2.12×2.16	75	80		9.72
35(1)	观景台上	山毛桃+紫花苜蓿	苜蓿	隔坡	上	8	E				95	20	9.96
35(2)	观景台上	山毛桃+紫花苜蓿	山毛桃	水平沟	上	8	E		1.45×1.51			20	11.18
36	观景台中上	山毛桃+紫花苜蓿	苜蓿	隔坡	中上	0	E80°S				80	30	10.07
37(1)	观景台中上	山毛桃+紫花苜蓿	山毛桃	水平沟	中上	0	E80°S		1.59×1.47			30	10.48
37(2)	大沟里南上	柠条+荒草	荒草	隔坡	上	32	S				35	40	8.89
38(1)	大沟里南上	柠条+荒草	柠条	水平台	上	×	S	1.33	1.67×1.35		40	40	8.94

续表

序号	地 点	模式类型	植被类型	整地方式	坡位	坡度（°）	坡向	树高（m）	冠幅（m×m）	乔木层盖度(%)	草本层盖度(%)	灌木层盖度(%)	平均含水量(%)
38(2)	大沟里南中	柠条+荒草	荒草	隔坡	中	32	×				20	40	8.32
39(1)	大沟里南中	柠条+荒草	柠条	水平台	中	32	S	1.29	1.83×1.37		20	40	8.51
39(2)	大沟里南下	柠条+荒草	荒草	隔坡	下	30	S				20	40	7.64
40(1)	大沟里南下	柠条+荒草	柠条	水平台	下	30	S	1.67	1.48×1.16		20	40	7.56
40(2)	塘窑梯田	农田	马铃薯		中上	0	E5°S				100		11.93
41(1)	塘窑退耕地下	山毛桃+紫花苜蓿	荒草	隔坡	中下	11	E				100	5	10.34
41(2)	塘窑退耕地下	山毛桃+紫花苜蓿	山毛桃	水平沟	中下	11	E		2.35×2.8			5	10.58
42	塘窑水平梯田上	山毛桃+紫花苜蓿	荒草	梯田	中上	0	E15°S				95	35	9.37
43(1)	塘窑水平梯田上	山毛桃+紫花苜蓿	山毛桃	水平沟	中上	0	E15°S		2.45×2.78			35	10.36
43(2)	朱家店上	山杏+荒草	山杏	水平台	上	26	E15°S	3.31	3.09×2.59	25	15	15	7.65
44(1)	朱家店中	山杏+荒草	山杏	水平台	中	22	E54°S	1.93	2.10×2.19	30	25		7.29
44(2)	朱家店下	山杏+荒草	山杏	水平台	下	21	E45°S	1.32	1.84×1.57	35	25		7.07
45	南湾上	柠条+荒草	柠条	水平沟	上	30	W30°N	1.05	1.05×10.2		30	40	8.15
46	南湾中	柠条+荒草	柠条	水平沟	中	27	W84°N	1.21	1.72×1.32		25	40	7.88
47	南湾下	柠条+荒草	柠条	水平沟	下	24	W60°N	1.37	1.42×1.13		35	40	8.16
48	剪子岔西坡上	山毛桃+紫花苜蓿	紫花苜蓿	隔坡	上	15	W71°N				95		8.6
49	剪子岔西坡上	山杏+紫花苜蓿	山毛桃	水平沟	上	15	W71°N		1.42×1.47	35			9.06
50	剪子岔西坡中	山毛桃+紫花苜蓿	紫花苜蓿	隔坡	中	26	W72°N				45		9.17
52(1)	剪子岔西坡中	山杏+紫花苜蓿	山毛桃	水平沟	中		W72°N		1.38×1.42	40			9.44

续表

序号	地 点	模式类型	植被类型	整地方式	坡位	坡度（°）	坡向	树高（m）	冠幅（m×m）	乔木层盖度(%)	草本层盖度(%)	灌木层盖度(%)	平均含水量(%)
52(2)	沟口油松林下	油松	油松	水平沟	下	23	W20°N	4.9	2.81×2.33	40	10		7.73
53(1)	沟口油松林中	油松	油松	水平沟	中	20	W20°N	4.43	2.27×1.89	40	10	15	8
53(2)	沟口油松林上	油松	油松	鱼鳞坑	上	7	W20°N	4.67	2.65×2.39	35	5		8.65
54	侧柏林上	侧柏	侧柏	反坡梯田	上	23	E6°S	3.81	1.2×1.21	30	25	5	8.15
55	侧柏林中	侧柏	侧柏	反坡梯田	中	25	E31°S	3.15	1.72×1.32	30	20	5	9.68
56	侧柏林下	侧柏	侧柏	反坡梯田	下	20	E30°S	3.51	2.43×1.83		10	5	7.4
57	覆膜玉米	玉米	玉米	梯田	中上	0	S						17.94
58	对照	水平梯田	小麦	梯田	中上	0	S						15.94
59	新梯田	裸地	裸地	梯田	上	0	S						16.79
60(1)	黑人山	侧柏+山杏	山杏	反坡梯田	上	20	E	2.81			80	30	8.66
60(2)	黑人山	侧柏+山杏	侧柏	反坡梯田	上	20	E	2.81	1.85×1.66		80	30	8.66
61(2)	黑人山	侧柏+青杨	侧柏	反坡梯田	上	10	E45°S	2.83	1.83×1.95		55	45	9.9
62(1)	黑人山	山杏+柠条	山杏	反坡梯田	中	12	S		3.95×3.5		40	35	8.29
62(2)	黑人山	山杏+柠条	柠条	反坡梯田	中	12	S		1.3×1.22		40	35	8.29
63(1)	黑人山	侧柏+山杏+柠条	山杏	反坡梯田	梁峁	10	W	1.88	2.86×2.65		60	75	7.93
63(2)	黑人山	侧柏+山杏+柠条	侧柏	反坡梯田	梁峁	10	W	1.88	2.7×2.4		60	75	7.93
63(3)	黑人山	侧柏+山杏+柠条	柠条	反坡梯田	梁峁	10	W	1.88			60	75	7.93

三、人工植被的土壤水分差异性研究

(一) 人工植被土壤水分垂直变化

1. 土壤水分垂直变化

对于土壤水分垂直变化层次的划分，依据黄土区土壤剖面的水分分布特征，将其分为速变层、活跃层、次活跃层和相对稳定层四个层次；考虑了人工植被的作用，根据土壤含水量标准差(*SD*)判别法，将人工植被土壤水分分布分为活跃层(*SD* > 1.5)、次活跃层(*SD*在1~1.5)和相对稳定层(*SD* < 1)三个层次。

由表8-2可见，阳坡紫花苜蓿、阴坡紫花苜蓿和阴坡林地活跃层均为0~80 cm，阳坡林地活跃层为0~100 cm，阳坡紫花苜蓿、阴坡紫花苜蓿、阴坡林地和阳坡林地次活跃层均在120 cm左右；除阳坡林地140 cm土壤水分含量标准差*SD*为1.08外，阳坡紫花苜蓿、阴坡紫花苜蓿和阴坡林地140 cm以下均为次活跃层。

从表8-3可以看出，阳坡柠条、阳坡侧柏和半阳坡山杏人工林地土壤水分活跃层在0~40 cm，而半阴坡柠条林和阴坡油松林土壤水分活跃层在0~60 cm。除阳坡柠条林土壤水分稳定层在80 cm以下之外，阳坡侧柏林、半阳坡山杏林、半阴坡柠条林和阴坡油松林的土壤水分稳定层均为100 cm以下。

由此可以看出，退耕还林(草)地比人工林地(包括灌木林地和乔木林地)土壤活跃层要深；人工林土壤活跃层深度为：阴坡 > 半阴坡 > 半阳坡 > 阳坡。植被盖度、坡度和坡向与土壤水分分层没有明显的关系。

表8-2　人工林草地0~200 cm土壤水分含量标准差*SD*

土层深度(cm)	紫花苜宿(阳坡)	林地(阳坡)	紫花苜宿(阴坡)	林地(阴坡)
20	3.38	4	3.61	4.35
40	2.62	3.35	3.07	3.83
60	1.87	2.66	2.29	2.82
80	1.63	2.11	1.58	1.98
100	1.47	1.67	1.44	1.31
120	1.31	1.38	1.05	1
140	0.8	1.08	0.46	0.52
160	0.66	0.8	0.43	0.65
180	0.52	0.73	0.5	0.56
200	0.53	0.58	0.47	0.46

表8-3 人工林地0~200 cm土壤水分含量标准差*SD*

土层深度(cm)	紫花苜宿(阳坡)	林地(阳坡)	紫花苜宿(阴坡)	林地(阴坡)	油松(阴坡)
20	3.81	4.17	3.66	3.60	3.87
40	2.14	2.99	2.15	1.92	2.87
60	1.04	1.68	1.34	1.22	1.54
80	0.52	1.24	1.07	1.04	1.12
100	0.47	0.76	0.75	0.79	0.85
120	0.47	0.75	0.47	0.72	0.64
140	0.41	0.46	0.51	0.73	0.65
160	0.42	0.45	0.49	0.69	0.54
180	0.53	0.51	0.37	0.70	0.50
200	0.58	0.43	0.41	0.73	0.37

2. 土壤水分的垂直变化

为了反映土壤水分在整个生长季节的垂直变化，用变异系数(*CV*)表示其变化情况。在4月中旬至10月中旬，不同人工林地和退耕还林地土壤剖面水分的平均值和变异系数见表8-4和表8-5。

从表8-4和表8-5可以看出，0~200 cm土层内，柠条(阳坡)、柠条(阴坡)、山杏(半阴坡)、侧柏(阳坡)、油松(阴坡)表层土壤水分平均值(0~40 cm)明显高于40 cm以下各层土壤水分值。100 cm以上土壤水分的变异相对人工草地较大，而100 cm以下各层人工林地土壤水分之间的差异性不显著。人工草地土壤水分变异系数明显高于人工林地，尤其是阳坡人工草地在0~200 cm土层内，整个生长季节的土壤水分值波动比较大，变异系数(*CV*)均大于8.2。这是由于人们对人工草地实施除草、施肥等管理措施，使紫花苜蓿有比较大的生长量，造成土壤水分平均值随深度变化而波动。灌木林地阳坡柠条60~140 cm土壤水分值 < 5.0%，出现了明显的土壤浅层干燥化，而变异系数在10%左右。说明对于阳坡柠条来说，60~140 cm土壤干化，并不是临时和偶尔的土壤干化现象，而是相对稳定的浅层土壤干化层。

由此可见，影响土壤水分差异的主要因素并不是唯一的，除了立地条件外，植被类型对土壤水分的分布也同样具有决定性的作用。退耕坡地0~200 cm的土壤含水量都较高，其平均值呈递减趋势，变化平缓。所有植被类型表层(20 cm)土壤水分变异系数均较大，一般接近50%。因为该层土壤受降水、气温、风力等气象因子影响较大，其水分变化剧烈。与其他植被类型相比，退耕坡地整个土壤剖面的土壤水分变异系数明显较大，其他植被下*CV*差异规律不明显。

表8-4　不同人工林地各层次土壤水分的平均值与变异系数

土层深度(cm)		20	40	60	80	100	120	140	160	180	200
柠条(阳坡)	平均值	7.78	6.01	4.99	4.65	4.65	4.72	4.81	5.00	5.17	5.33
	CV	49.01	35.56	20.91	11.16	10.09	10.04	8.42	8.50	10.22	10.93
柠条(阴坡)	平均值	9.48	8.92	6.95	6.10	5.73	5.64	5.56	5.58	5.59	5.67
	CV	43.98	33.56	24.11	20.27	13.19	13.22	8.36	8.07	9.09	7.56
山杏(半阴坡)	平均值	9.06	7.14	6.12	5.81	5.65	5.53	5.54	5.54	5.51	5.53
	CV	40.37	30.08	21.86	18.45	13.29	8.50	9.30	8.77	6.80	7.40
侧柏(阳坡)	平均值	7.00	5.72	5.16	5.05	5.05	5.18	5.23	5.47	5.59	5.81
	CV	51.48	33.5	23.64	20.54	15.63	13.86	14.02	12.54	12.51	12.62
油松(阴坡)	平均值	10.65	8.99	7.19	6.70	6.26	5.98	5.88	5.75	5.75	5.66
	CV	36.31	31.92	21.38	16.67	13.57	10.73	11.11	9.44	8.78	6.58

表8-5　不同人工林草地各层次土壤水分的平均值与变异系数

土层深度(cm)		20	40	60	80	100	120	140	160	180	200
紫花苜蓿(阳坡)	平均值	10.86	10.14	8.98	8.24	7.64	7.26	6.96	6.84	6.58	6.45
	CV	31.14	25.82	20.82	19.79	19.25	17.99	11.55	9.67	7.86	8.20
林地(阳坡)	平均值	11.07	10.37	9.49	8.70	7.83	7.52	6.97	7.06	6.82	6.70
	CV	36.12	32.26	28.06	24.23	21.36	18.38	15.45	11.36	10.75	8.63
紫花苜蓿(阴坡)	平均值	12.13	11.32	9.14	7.90	7.64	7.09	6.80	6.48	6.31	6.33
	CV	29.72	27.11	25.03	20.01	18.83	14.78	6.70	6.57	7.97	7.50
林地(阴坡)	平均值	12.25	11.34	9.89	8.56	7.65	7.12	6.89	6.85	6.69	6.54
	CV	35.49	33.73	28.5	23.14	17.15	14.09	7.54	8.45	8.36	7.0

(二)人工植被土壤水分坡位差异性分析

对侧柏林、油松林、山杏林、柠条林、山毛桃林、青杨林和混交林分上坡位、中坡位、下坡位及梁峁顶的土壤水分进行方差分析(图8-1和表8-6)。可以看出，平均土壤水分为上坡位 > 中坡位 > 梁峁顶 > 下坡位，方差分析结果：F=2.078、P=0.103 > 0.1。结果表明，流域人工植被不同坡向土壤水分之间不存在显著差异。一般研究认为，在均匀的地表条件下，土壤水分为下坡位 > 中坡位 > 上坡位。土壤水分受植被生长、土壤性质、坡位、坡度、坡向等因子的影响，为了剔除其他影响因子的干扰，增强可比性，选择同一植被类型柠条林、油松林完整的坡面作为研究对象，分为上坡位、中坡位和下坡位进行对比分析。在同一坡面内，阳坡柠条和阳坡油松林土壤含水量在整个生长季节下坡位明显低于中坡位和上坡位。一般情况下，从坡顶到坡脚，由于重力引起的下渗作用，土壤含水量会有逐渐增大的趋势。黄土丘陵区土壤水分消耗的最主要的方向之一是植物蒸腾耗水。通常情况下，由于水分在重力作用下向下渗透，下破位的植被发育优于上坡位，生物量和生产力均高于上坡位。同时下坡位植物蒸腾耗水也比上坡位多，遇丰水年时，由于土壤重力水丰富，由坡上向坡下运移；欠水年、平水年都可能因为植被强烈的蒸腾耗水，土壤剖面整个生长季都达不到田间持水量，重力水仅在降雨后短期内的浅层土壤中存在，坡面水分运移主要表现为暴雨时的地表径流和浅层土壤水分的小范围运移，根际及深层土壤水分变化主要决定于植被蒸腾。同时，整地措施、植被盖度对降雨的拦截也抵消坡位对土壤水分造成的影响。

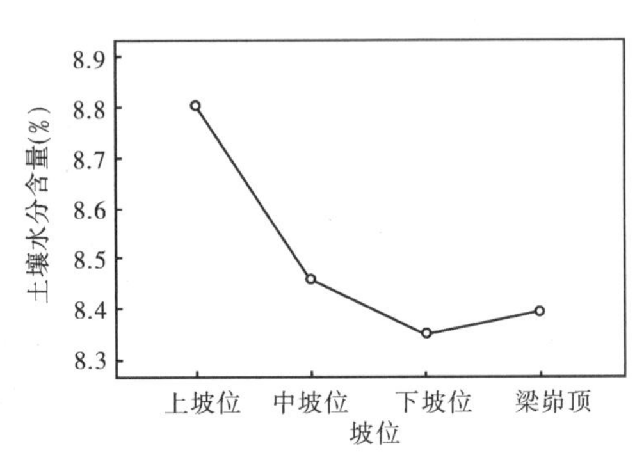

图8-1 不同坡位土壤水分状况

表8-6 土壤水分坡位影响的方差分析

坡位	*N*	平均数	标准差	*F*	*Sig.*
上坡位	121	8.803	1.516	2.078	0.103
中坡位	99	8.459	1.436		
下坡位	88	8.349	1.568		
梁峁顶	44	8.395	1.013		

从图8-2和图8-3可以看出，阳坡柠条和侧柏在上、中、下三坡位的季节性波

动，总体来看变化趋势是一致的，从树体萌动开始土壤水分迅速降低，直至7月份雨季来临，植被生长减缓，土壤水分开始回升，9月份达最高。地形地貌、土壤物理性质和测点周围环境也可影响土壤水分在坡面尺度的分布，如凹形坡容易使水分下渗，凸形坡不利于水分积累；紧实度高的土壤比疏松的土壤更容易形成径流而跑水等。总之，土壤水分在某一特定地点特定时间的状况是由各种影响因子综合作用的结果，植被是其中的主导因子。

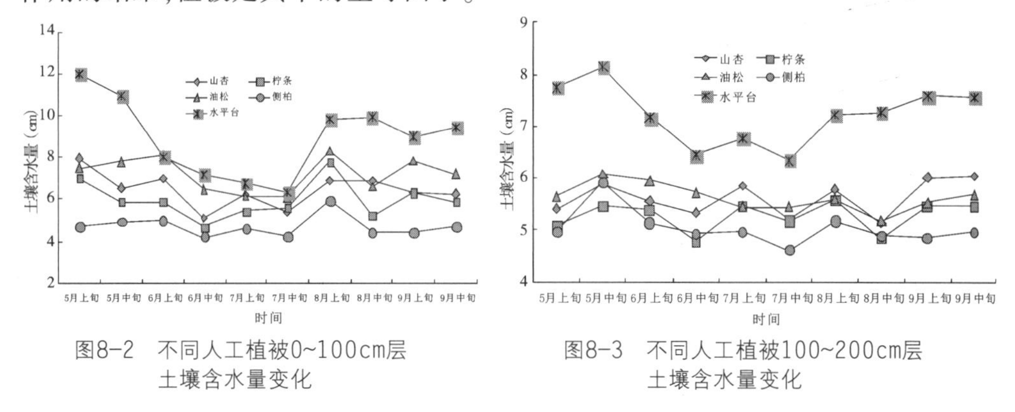

图8-2　不同人工植被0~100cm层土壤含水量变化

图8-3　不同人工植被100~200cm层土壤含水量变化

（三）人工植被土壤水分坡向差异性分析

对阳坡、半阳坡（半阴坡）、阴坡和梁峁顶的土壤水分进行统计分析，从图8-4和表8-7可以看出，平均土壤水分为阴坡8.846% > 半阳坡（半阴坡）8.531% > 梁峁顶8.395% > 阳坡8.370%，方差分析结果：F=1.404、P=0.241 > 0.1。说明流域人工植被不同坡向土壤水分之间不存在显著差异。一般研究认为，在均匀的地表条件下，土壤水分阴坡显著高于阳坡。该研究虽说平均值阴坡土壤水分大于阳坡，但差异并不显著，说明地表植被对土壤水分的作用是具有决定性的。

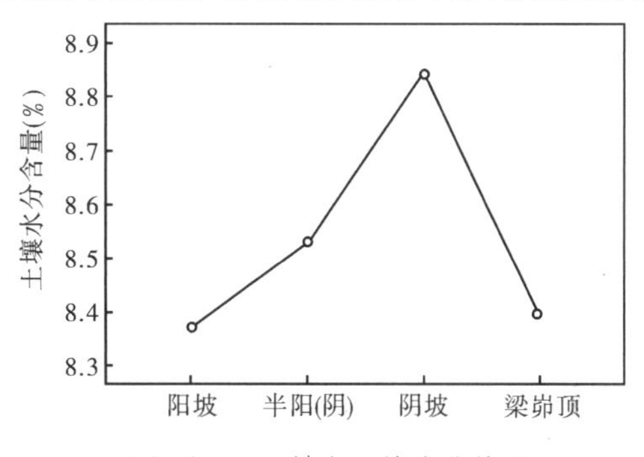

图8-4　不同坡向土壤水分状况

表 8-7 不同坡向土壤水分的方差分析

坡向	*N*	平均值	标准差	*F*	*Sig.*
阳坡	67	8.370	1.326		
半阳(半阴)	176	8.53	1.572		
阴坡	65	8.846	1.517	1.404	0.241
梁峁顶	44	8.395	1.013		
Total	352	8.542	1.461		

(四) 不同人工植被类型土壤水分差异及季节动态

1. 植被类型土壤水分影响方差分析

对半阳坡山杏林、阴坡油松林、阳坡柠条林、阳坡侧柏林、阳坡混交林、梁峁顶山毛桃林、梁峁顶荒草地、半阳坡青杨林、半阳坡改造林(退化青杨林下定植油松)对土壤水分影响进行统计分析(表8-8),山杏林、油松林、柠条林、侧柏林、混交林、山毛桃林、荒草地、青杨林和改造林土壤含水量分别为:7.968%、8.124%、8.234%、8.539%、8.707%、8.827%、8.936%、10.541%和10.991%。方差分析结果:山杏林、油松林、柠条林、侧柏林、混交林、山毛桃林和荒草地之间(P=0.162 > 0.1)不存在显著性差异,青杨林和改造林之间(P=0.246 > 0.1)不存在显著性差异,但前者和后者之间的F=15.164、P=0.000 > 0.1,其土壤水分差异显著。青杨林和改造林均属于退化人工林,其树木叶片的光合仅维持生物的异化消耗,年净生物产量几乎为零。对土壤水分的需求集中在4月—5月叶幕的形成和初期的光合,从6月份就开始恢复。

表8-8 不同植被类型土壤水分影响的方差分析

植被类型	*N*	平均数(1)	平均数(2)	*F*	*Sig.*
山杏林	66	7.968			
油松林	33	8.124			
柠条林	110	8.234			
侧柏林	44	8.539			
混交林	44	8.707		15.164	0.000
山毛桃林	11	8.827			
荒草地	11	8.936			
青杨林	22		10.541		
改造林	11		10.991		
Sig.		0.162	0.246		

2. 人工植被土壤水分季节动态变化

由于研究区降水多集中在6月—9月，春季降水相对较少，土壤水分呈现从4月—7月基本走势为全面下降，尽管有波动，但下降为主要特征。对于黄土丘陵区土壤水分的动态研究已经比较深入，尽管明确了在植被参与下(农作物和林草植被)土壤水分的季节动态会产生显著差异，但由于全年降水的分布变异而引起地上净生物量产量的差异，对于同期和第二年土壤水分的影响很少有研究。本研究认为，生长前期降水量相对较充足，促进林草植被生长会较往年为盛，全年土壤水分下降，不利于土壤水分的恢复。生长季节中后期降水量充沛，一方面能够使因生长季节前期植被生长导致的土壤水分亏缺能迅速恢复，另一方面也为第二年植被生长奠定了充沛的水分条件，从而导致第二年生长季节初期土壤水分较一般年份更为迅速的降低。

不同植被类型土壤水分的季节变化有着较一致的趋势。在2010年降水条件下，土壤水分在生长季节初期的4月—7月没有呈现总体下降的趋势，反而从5月份开始回升，直到8月份达到最大值。说明植被与土壤水分互动作用中降水特征对土壤水分影响的重要性。7月—8月由于高温天气，使得植被进入到一个相对生长缓慢的时期，高温使得叶片气孔关闭的时间变长，蒸腾作用变弱，对土壤水分消耗量降低。由于5月—6月的强降雨季节，此时段土壤水分补给大于消耗，在一定程度上使土壤水分得以恢复；8月份土壤水分达到最大值，9月—10月土壤水分表现出一定的回升。在此期间，一般年份降雨量显著增多，降雨入渗使得土壤水分得到补给，但由于2010年气候的特殊性，以及在此期间的高温使植物的生理活动机能下降，因此降水的补偿使土壤水分恢复。同时，因植被类型不同，加之坡向、坡位和植被覆盖度的影响，消耗期和补给期的时间界限并不严格一致。乔木林土壤水分5月—7月持续回升，至7月份达到最高，整个土壤剖面水分平均值低于9%，以后逐渐恢复。灌木林地自5月—8月土壤水分持续回升，8月份达到最高，9月份又稍有下降。人工草地6月份土壤含水量最低，以后根据龙滩流域2008年不同林草植被0~200 cm土壤含水量测定分析，不同植被土壤水分在波动中逐渐上升，与其他灌丛植被差异明显，这可能是因为柠条前期生长迅速，耗水量大、蒸腾耗水量下降，故土壤含水量逐渐升高。土壤水分状况为退耕地8.08% > 农田7.67% > 油松林地6.43% > 山杏林地6.08% > 柠条林地5.6% > 侧柏林地4.91%。阳坡林地浅层土壤干化十分明显，侧柏林地0~40 cm、40~80 cm、80~120 cm、120~160 cm、160~200 cm土壤含水量分别为5.28%、4.42%、4.60%、4.59%、5.29%，均低于测定的凋萎系数5.40%；柠条林地80~120 cm、120~160 cm、160~200 cm土壤含水量分别为5.32%、5.22%、5.34%，也低于测定的凋萎系数5.40%。对生长季节土壤水分进行分析，从图8-5和图8-6可以看出，总体上0~100 cm土壤含水量隔坡林地 > 山杏林 > 油松林 > 柠条林 > 侧柏林，5月、8月、9月隔坡林地土壤水分条件明显优于其他四种人工植被，而7月、8月这种优势不太明显；100~200 cm隔坡林地土壤水分条件在整个生长季节均明显优于其他四种人工植被。

从整个季节分析发现（图8-5和图8-6），土壤含水量变化为紫花苜蓿6.29%~8.94%、隔坡林地6.34%~9.87%，农田6.69%~9.07%。总体来看，隔坡林地 > 农田 > 紫花苜蓿地。从变化曲线来看，具有相似的变化趋势。从这一分析结果我们初步认为，影响土壤含水量的主要因素是降雨的季节性分布和造林整地的工程措施。50~200 cm平均土壤含水量隔坡林地 > 农田 > 紫花苜蓿地，无论从土壤水分的季节变化还是垂直变化，均说明隔坡林地对水分利用的叠加效应明显。

对侧柏、柠条、油松林地对比分析研究表明，隔坡水平沟作为当地最主要的退耕还林造林整地方式，对天然降雨的水分二次分配及利用效率有明显作用。随着立地条件和耕作强度的不同，土壤水分条件也存在一定的差异。水平沟林地阳坡树种配置为山毛桃、半阳坡树种配置为山杏-侧柏、阴坡树种配置为山杏、半阴坡树种配置为山毛桃-侧柏。半阳坡和半阴坡的土壤含水量随土层深度变化幅度不大，且具有相似的变化趋势，阳坡和阴坡的土壤含水量随土层深度变化也具有相似的变化趋势；总体上土壤含水量表现为半阴坡>阳坡>阴坡。以上分析结果显示，土壤水分条件除立地条件影响外，与年净生物量、地上植被盖度有明显的相关性。

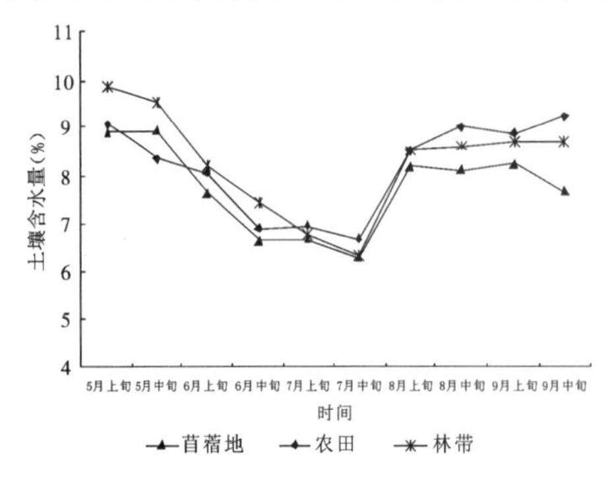

图8-5 退耕地/坡耕地生长季节土壤含水量变化

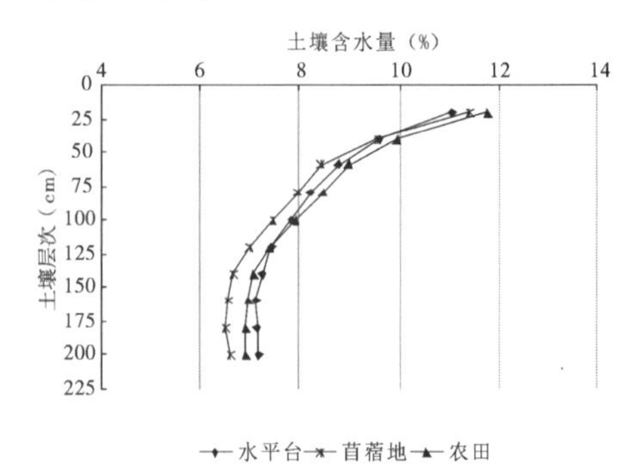

图8-6 退耕地/坡耕地土壤含水量垂直变化

四、丰水年和欠水年流域土壤水分平衡状况

由2008—2010年生长季节人工林地土壤水分与当年的降水量和蒸发量曲线图(图8-7和图8-8)可以看出,2008年(丰水年,降水量为488.1 mm)流域人工林土壤含水量峰值与2009年(欠水年,降水量为267.4 mm)土壤水分峰值相比,高峰值分别为6.96% (8月份)和6.90% (9月份),低谷值分别为5.39% (6月份)和5.42% (7月份)。2010年作为第二个欠水年(降水量为278.6 mm),其高峰值和低谷值分别为6.46%和5.60%。与丰水年相比,生长季节土壤水分变化幅度变小,但最小值和平均值之间差异性不显著。说明植物蒸腾和地表蒸发抵消了降水的影响。一个地区特定植被的土壤含水量在一定变幅内是相对稳定的,它是诸多因素综合影响的结果。

由2008—2010年生长季节退耕地土壤水分与当年的降水量和蒸发量曲线图可以看出,各生长季节高峰值和低谷值,由于连续欠水年的影响,变化趋于平缓,但各年的平均土壤含水量总体并没差异性。

从土壤含水量的变化曲线可以看出来,随着时间序列呈现出“W”变化规律,只不过是由于降水、蒸发、植被类型对峰值出现的时期和平缓程度造成一定影响。

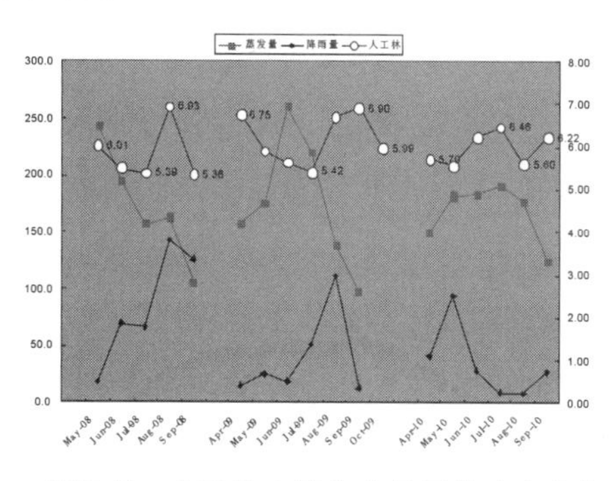

图8-7 人工林土壤含水量季节动态变化

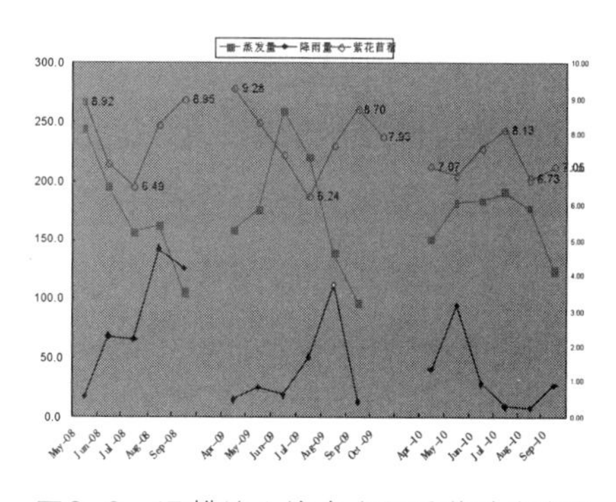

图8-8 退耕地土壤含水量季节动态变化

为了进一步了解丰水年和欠水年流域内不同植被类型土壤水分的总体情况,对63个土壤水分观测点2008年、2009年生长季节内的监测数据(0~200 cm土层),按照植被类型求平均数,并对其进行T检验。方差齐性检验F=0.061、P=0.807 > 0.05,认为两样本方差相等,方差齐性时的T检验结果T=-0.030、df=26,P=0.977,由此可得

2008年、2009年生长季节内各植被类型土壤水分监测数据的平均值差异不显著。2009年土壤水分的平均值为7.377%大于2008年的7.365%，而同期的降水量分别为276.4 mm(2009年1月—9月)和453.0 mm(2008年1月—9月)。说明一个区域内当年土壤水分的总体状况，由植被、土壤、气候等因子长期作用的结果，特别和上一年度末土壤水分状况和上一年度植被生长状况有显著的相关性。而短期内降水量的变化，对同期流域(区域)土壤水分总量的影响意义不大。

五、不同土地利用类型土壤储水量特征

水分是限制黄土高原植被恢复的主导因子，降水难以满足林木的正常生长，林木生长所需的部分水分来源于土壤水库的调控，人工植被土壤水分储量制约着人工林生长。在干旱半干旱地区，充分有效利用土壤水分是当地水资源利用的关键，植物对土壤水分利用产生的土壤干层成为人工林植被生长的制约因素。当土壤含水量低于凋萎系数时，植物无法正常生长，土壤中水分成无效水，土壤水分有效性与植物生长密不可分，以“小老树”为特征的人工植被退化问题，成为人工植被建设的严重隐患。从植物生长角度出发，研究土壤水分的有效性才更具有实际意义。土壤储水量并非完全可供植物利用，土壤水库储水受多种因素制约，植被的生长状况影响着土壤储水量，而土壤水分是制约植物生长发育的主要生态因子，其供水状况直接影响着植物的生长。本课题对不同人工植被土壤水分亏缺及生长季节内的水分补偿进行了研究。

(一) 土壤储水亏缺状况与补偿恢复的量度指标

黄土高原土层厚度一般为50~150 m，地下水位通常很低，不仅植被难以吸收利用，也无助于土壤水分的恢复。因此，黄土高原土壤水分的补偿与恢复，更多地与降水及土壤水分的蒸散消耗相联系。关于降水对土壤储水亏缺的补偿与恢复问题，是近年来水循环及土壤水分生态研究中的热点问题之一。相关指标如下：

土壤水分储量(mm)=∑测层土壤水分储量(mm)

测层土壤水分储量=土壤质量含水量(%)×分层厚度(cm)×干容重(g/cm^3)

土壤相对含水量(%)=土壤质量含水量(%)/田间持水量(%)×100%

田间持水量(g)=田间持水量(%)×土壤容重(g/cm^3)×土壤层次(cm^3)×10

凋萎持水量(g)=凋萎湿度(%)×土壤容重(g/cm^3)×土壤层次(cm^3)×10

土壤储水亏缺度*DSW*(%)=[土壤田间持水量(mm)-土壤实际储水量(mm)]/田间饱和持水量(mm)×100%

土壤储水亏缺补偿度*CSW*(%)=[雨季初土壤实际储水量(mm)-雨季末土壤实际储水量(mm)]/[土壤田间持水量(mm)-雨季初土壤实际储水量(mm)]×100%

(二)不同植被类型各土层储水量及亏缺量

由表8-9、表8-10和图8-9可以看出,各林地土壤水分亏缺量都较大,侧柏林、油松林、阳坡柠条林、阴坡柠条林、紫花苜蓿地、隔坡林地、山杏林、农田土壤储水量分别为122.43 mm、150.14 mm、133.47 mm、160.14 mm、180.48 mm、196.69 mm、144.61 mm、172.69 mm, 土壤水分亏缺量分别为382.26 mm、322.07 mm、408.52 mm、381.85 mm、300.74 mm、338.26 mm、331.48 mm、303.36 mm。其中,阳坡柠条林、阴坡柠条林和侧柏林土壤水分亏缺量最为严重。阳坡柠条林0~200 cm共五层,除第一层为73.64 mm,其他各层均大于82.46 mm;阴坡柠条林第一层为63.80 mm,其他各层均大于75.42 mm;侧柏林各层均大于72.88 mm。如此巨大的亏缺量是由于逐年吸取土层储水以补充地上植被需水的结果,且在一般情况下很难得到完全恢复,而且容易在入渗层之下形成土壤干层,这也是黄土高原特有的水文现象。

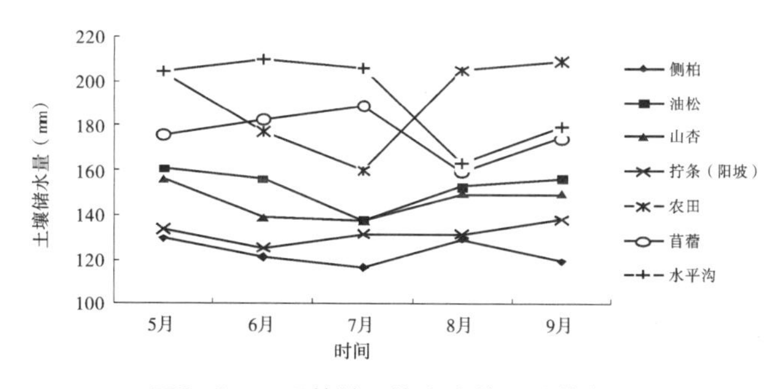

图8-9 不同植被土壤水分储量季节变化

表8-9 不同植被类型的各土层储水量及亏缺量变化

土层(cm)	侧柏林				油松林			
	田间持水量(mm)	相对含水量(%)	储水量(mm)	亏缺量(mm)	田间持水量(mm)	相对含水量(%)	储水量(mm)	亏缺量(mm)
0~40	98.67	0.26	25.79	72.88	90.41	0.42	38.29	52.12
40~80	100.29	0.22	21.93	78.36	93.64	0.33	30.76	62.87
80~120	101.91	0.23	23.20	78.71	96.06	0.29	28.17	67.89
120~160	101.91	0.24	24.86	77.04	96.06	0.28	26.61	69.45
160~200	101.91	0.26	26.64	75.27	96.06	0.27	26.32	69.73
合计	504.69		122.43	382.26	472.21		150.14	322.07
土层(cm)	阳坡柠条林				阴坡柠条林			
	田间持水量(mm)	相对含水量(%)	储水量(mm)	亏缺量(mm)	田间持水量(mm)	相对含水量(%)	储水量(mm)	亏缺量(mm)
0~40	103.71	0.29	30.08	73.64	103.71	0.38	39.91	63.80
40~80	107.06	0.23	24.48	82.58	107.06	0.30	31.64	75.42
80~120	110.40	0.23	25.02	85.38	110.40	0.27	29.76	80.64
120~160	110.40	0.24	25.95	84.46	110.40	0.27	29.30	81.10
160~200	110.40	0.25	27.94	82.46	110.40	0.27	29.52	80.88
合计	541.99		133.47	408.52	541.99		160.14	381.85
土层(cm)	紫花苜蓿地				隔坡林地(侧柏-山毛桃)			
	田间持水量(mm)	相对含水量(%)	储水量(mm)	亏缺量(mm)	田间持水量(mm)	相对含水量(%)	储水量(mm)	亏缺量(mm)
0~40	90.49	0.48	43.71	46.78	99.31	0.46	45.97	53.33
40~80	94.60	0.39	37.25	57.35	104.85	0.40	42.01	62.84
80~120	98.71	0.35	35.00	63.71	109.46	0.35	38.06	71.41
120~160	98.71	0.33	32.79	65.93	110.66	0.33	35.60	75.06
160~200	98.71	0.32	31.73	66.98	110.66	0.32	35.04	75.62
合计	481.22		180.48	300.74	534.95		196.69	338.26
土层(cm)	山杏林				农田			
	田间持水量(mm)	相对含水量(%)	储水量(mm)	亏缺量(mm)	田间持水量(mm)	相对含水量(%)	储水量(mm)	亏缺量(mm)
0~40	91.86	0.37	33.94	57.93	88.16	0.500 3	49.97	44.06
40~80	94.26	0.30	28.36	65.90	93.20	0.370 3	40.16	58.68
80~120	96.65	0.28	27.52	69.14	98.23	0.335 3	35.79	65.29
120~160	96.65	0.29	27.97	68.68	98.23	0.314 0	33.55	67.39
160~200	96.65	0.28	26.82	69.83	98.23	0.308 3	31.94	67.94
合计	476.08		144.61	331.48	476.05		191.41	303.36

表8-10 不同植被类型生长季节土壤水分亏缺情况

项目	植被类型	5月	6月	7月	8月	9月	平均
土壤含水量(%)	侧柏	5.13	4.81	4.62	5.12	4.74	4.89
	油松	6.75	6.55	5.78	6.41	6.57	6.41
	山杏	6.45	5.73	5.67	6.17	6.17	6.04
	柠条(阳坡)	5.06	4.74	4.98	4.98	5.22	5.00
	农田	8.71	7.57	6.82	8.76	8.94	8.16
	紫花苜蓿	8.92	7.14	6.49	8.15	7.96	7.73
	水平沟	7.95	6.81	6.55	7.24	7.58	7.23
土壤储水量(mm)	侧柏	129.28	121.21	116.42	129.02	119.45	123.23
	油松	160.65	155.89	137.56	152.56	156.37	152.56
	山杏	156.09	138.67	137.21	149.31	149.31	146.17
	柠条(阳坡)	133.71	125.08	131.56	131.45	137.80	131.92
	农田	203.81	177.14	159.59	204.98	209.20	190.94
	紫花苜蓿	176.00	182.82	188.76	159.38	174.56	176.30
	水平沟	204.24	209.76	205.92	162.96	179.52	192.48
土壤水分亏缺量(mm)	侧柏	373.97	382.03	386.82	374.22	383.80	380.02
	油松	319.63	324.39	342.72	327.73	323.92	327.73
	山杏	327.18	344.61	346.06	333.96	333.96	337.11
	柠条(阳坡)	418.32	426.94	420.46	420.58	414.22	420.10
	农田	287.35	314.03	331.58	286.18	281.97	300.22
	紫花苜蓿	352.00	345.18	339.24	378.62	363.44	355.70
	水平沟	371.76	366.24	370.08	413.04	396.48	383.52

注：土壤水分亏缺量=土壤持水能力-土壤储水量。

(三)不同生长季节各土层储水量及亏缺量

由图8-10至图8-13可以看出，侧柏林、油松林、山杏林、紫花苜蓿地及农田的土壤储水量在季节变化上趋于一致，土壤储水量在7月中旬出现低谷，而在8月中旬回升后稳定在一个相对较高的水平。隔坡林地和紫花苜蓿地土壤储水量在整个生长季节具有一致的变化趋势，8月中旬出现低谷，之后开始稳定回升。而农田在整个生长季节，土壤储水量正好与隔坡林地和紫花苜蓿地变化趋势相反。除隔坡林地和紫花苜蓿地之外，柠条林、油松林、侧柏林、山杏林及农田土壤储水量的强烈消耗期从生长季初期开始，尽管这一时期有一定量的降水补偿(2008年5月—7月降水量总计为116.7 mm)，但由于生长季节初期地上植被强烈的蒸腾作用，土壤储水量逐渐下降，直到7月下旬降雨明显增加(2008年8月降水量为110.2 mm)，土壤储水量开始回升。隔坡林地和紫花苜蓿地没有出现明显的低谷。生长季末各林地储水量变化量为：阳坡柠条6.37 mm、油松林-3.33 mm、侧柏林7.81 mm、山杏林10.64 mm、紫花苜蓿地22.22 mm及农田27.84 mm。可以初步说明，各植被类型的耗水量接近同期的降水量，即当地各植被类型的年生长主要依赖于当年降水。

由图8-10和图8-12可以看出，油松林和山杏林全年的储水量都大于凋萎湿度时的储水量，6月—7月出现一个低谷，生长结束后比较稳定。由图8-11可以看出，侧柏全年储水量基本都没有超过凋萎湿度时的储水量。由图8-13可以看出，柠条林全年储水量变化均在凋萎湿度时的储水量上下浮动。

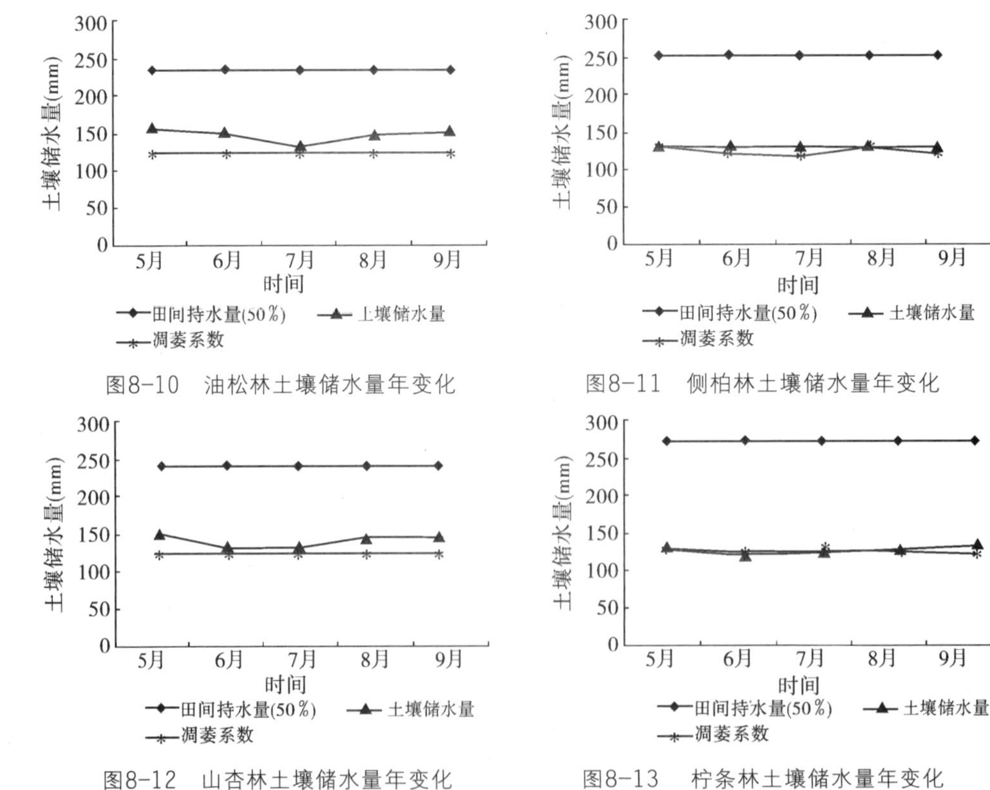

图8-10 油松林土壤储水量年变化

图8-11 侧柏林土壤储水量年变化

图8-12 山杏林土壤储水量年变化

图8-13 柠条林土壤储水量年变化

（四）不同人工植被土壤水分补偿

在研究区域，土壤水资源有限，并且土壤水分的正、负补偿主要取决于同期降水量，土壤调节水分能力较弱，难以满足其植物生理需水。有研究指出，在黄土丘陵区很难建成乔木林。其次，农田相对紫花苜蓿地的土壤含水量高（表8-11），农田为8.16%，紫花苜蓿地为7.73%；耗水量农田（296.31 mm）相对紫花苜蓿地（326.44 mm）也小。在相同立地条件下，试验测定人工紫花苜蓿草地的年净生物量较农田要高2.3倍。说明紫花苜蓿地的水分利用效率高于农田，改变单一种植粮食的生产方式，对耕作条件比较差的缓坡地进行人工种草或草粮轮作，可提高水分利用效率和土地生产力，优化土地利用结构，改善区域生态环境。尽管侧柏和柠条林土壤含水量和储水量都相对较小，甚至小于凋萎湿度，但总耗水量侧柏林301.27 mm、阳坡柠条林306.97 mm，与半阴坡山杏林312.3 mm、油松林302.36 mm、农田296.31 mm相当，小于隔坡林地331.9 mm和紫花苜蓿地326.44 mm。

研究结果表明，无论是阳坡还是阴坡，乔灌木造林密度、造林整地方式和树种配置对于人工植被生态系统的水分循环和有效的利用有非常重要作用，本研究人工林土壤水分测点设在定西巉口林场所管辖林区内，其管理和抚育投入都比较大，长期以来形成适应当地干旱的群落结构，有发达的根系层，有利于减少水分的无效消耗。至于这种人工林的生态效益和生态稳定性还需进一步研究。

表8-11　不同植被类型的储水变化量及耗水量

项目	山杏	柠条（阳）	油松	侧柏	隔坡林地	紫花苜蓿地	农田
5月上旬土壤含水量	6.68	5.4	6.57	4.85	9.87	8.89	9.07
9月上旬土壤含水量	6.19	5.6	6.69	4.63	8.29	7.67	9.21
5月中旬土壤储水量	161.65	142.47	156.38	97.19	236.89	195.64	199.47
9月中旬土壤储水量	148.85	135	153.52	95.42	204.49	168.7	202.66
有效储水量（mm）	28.89	9.71	39.27	−10.73	55.03	60.02	87.21
储水变化量（mm）	−12.8	−7.47	−2.86	−1.77	−32.4	−26.94	3.19
降水量（mm）	299.5	299.5	299.5	299.5	299.5	299.5	299.5
总耗水量（mm）	312.3	306.97	302.36	301.27	331.9	326.44	296.31

由表8-12可以看出，经过整个生长季节，侧柏林、隔坡林地、油松林、柠条林、农田0~120 cm土壤储水量均有所减少。油松林仅在160~200 cm土层得到补偿，侧柏林在0~40 cm、160~200 cm略有补偿，山杏林在120~200 cm有所补偿，柠条

林0~200 cm土壤储水量都有所减少。林地在生长季节土壤储水量减少,说明气候干旱土壤蒸发潜力较大。土壤水分作用深度达90 cm,经过雨季也很少得到补偿,维持在较低的水平。农田0~200 cm土壤储水量增加,说明7月份小麦收割后,土壤水长季节降水的补偿。其他林地0~80 cm的土壤水分补偿量均小于农田和紫花苜蓿地,而紫花苜蓿地和隔坡林地较其他林地,土壤储水量降低最多。整个生长季节,紫花苜蓿地和隔坡林地平均土壤储水量最高,有一定强度的人类经营活动的介入, 有更多的生物量产出, 而且有较好的入渗条件,在9月中旬后,还有一定的降雨,土壤水分储量会很快得到补偿。农田水分活跃层达80cm,与紫花苜宿地相同,因为紫花苜宿地生长期较长

表8-12　各植被不同深度有效水变化量

土地利用类型	土层深度(cm)	(月-日) 05-01 实际储水量(mm)	(月-日) 05-01 有效储水量(mm)	(月-日) 09-15 实际储水量(mm)	(月-日) 09-15 有效储水量(mm)	不同深度有效水变化量(mm)
油松林地	0~40	40.92	16.91	38.57	14.55	-2.36
	40~80	32.86	8.85	32.62	8.61	-0.24
	80~120	28.56	4.54	28.40	4.38	-0.16
	120~160	27.96	3.95	27.58	3.57	-0.38
	160~200	26.07	2.06	26.35	2.34	0.28
	合计	156.38	36.31	153.52	33.45	-2.86
侧柏林地	0~40	25.02	-0.45	26.92	1.44	1.90
	40~80	22.95	-2.53	21.78	-3.70	-1.17
	80~120	23.60	-1.88	22.91	-2.56	-0.68
	120~160	24.48	-1.00	24.21	-1.26	-0.27
	160~200	26.17	0.69	26.51	1.03	0.35
	合计	97.19	-4.72	95.42	-6.49	-1.77
山杏林地	0~40	39.05	14.88	33.45	9.28	-5.60
	40~80	40.22	16.06	28.70	4.54	-11.52
	80~120	31.09	6.92	27.11	2.94	-3.98
	120~160	25.62	1.46	32.03	7.87	6.41
	160~200	25.66	1.50	27.56	3.39	1.90
	合计	161.65	40.82	148.85	28.02	-12.79

续表

土地利用类型	土层深度（cm）	（月－日）05-01 实际储水量（mm）	（月－日）05-01 有效储水量（mm）	（月－日）09-15 实际储水量（mm）	（月－日）09-15 有效储水量（mm）	不同深度有效水变化量（mm）
柠条林地（阳坡）	0~40	37.25	9.65	29.02	1.42	-8.24
	40~80	29.22	1.62	24.87	-2.73	-4.35
	80~120	24.65	-2.95	24.73	-2.87	0.08
	120~160	24.19	-3.42	27.19	-0.41	3.00
	160~200	27.16	-0.45	29.18	1.58	2.02
	合计	142.47	4.45	135.00	-3.02	-7.48
柠条林地（阴坡）	0~40	47.96	20.35	41.97	14.36	-5.99
	40~80	43.03	15.43	31.31	3.71	-11.72
	80~120	29.68	2.08	29.97	2.37	0.29
	120~160	27.91	0.31	30.25	2.64	2.34
	160~200	28.66	1.05	30.35	2.74	1.69
	合计	177.24	39.22	163.85	25.83	-13.39
隔坡林地	0~40	63.99	35.19	53.82	25.02	-10.16
	40~80	56.67	27.87	40.87	12.07	-15.80
	80~120	43.11	14.31	37.45	8.65	-5.66
	120~160	37.32	8.52	35.51	6.71	-1.81
	160~200	35.81	7.01	36.83	8.03	1.02
	合计	236.89	92.89	204.49	60.49	-32.41
紫花苜蓿地	0~40	46.47	23.72	45.38	22.63	-1.09
	40~80	49.85	27.11	35.20	12.45	-14.65
	80~120	40.54	17.79	29.90	7.16	-10.64
	120~160	30.44	7.70	28.76	6.01	-1.68
	160~200	28.33	5.58	29.52	6.77	1.19
	合计	195.64	81.90	168.76	55.02	-26.88
农田	0~40	55.13	32.04	56.71	33.62	1.57
	40~80	50.44	27.34	43.07	19.98	-7.36
	80~120	39.73	16.63	36.16	13.07	-3.56
	120~160	27.90	4.81	35.03	11.94	7.13
	160~200	26.28	3.19	31.69	8.59	5.41
	合计	199.47	84.02	202.66	87.20	3.19

与农作物相比具有较强的耗水能力，80~120 cm土壤水分减少的有效储水量较多，主要供给根系，有较高的水分利用率。对于紫花苜蓿地可持续经营有研究提出，人工草地与农作物轮作将能有效解决土壤水的可持续利用。

由表8-12可以看出，柠条、油松、侧柏、山杏人工林土壤储水量明显亏缺，柠条、油松林较为突出。在整个生长季，柠条林土壤水分亏缺417.25 mm，油松、侧柏林分别亏缺414.96 mm、406.44 mm，如此巨大的亏缺在入渗层以下容易形成土壤干层。在整个生长季节(5月—9月)，柠条林地土壤含水量逐渐下降，其最高值出现在生长季以前。油松、侧柏林土壤含水量的高峰值出现在5月—6月，柠条的蒸腾耗水量大于油松和侧柏。生长季末(9月中旬)各林地土壤储水量低于生长初期(5月上旬)，说明在该区域人工林的生长主要依靠当年的降水，甚至上年的储水。柠条、油松、侧柏对土壤水分的利用规律基本相同，均可分为三个层次：土壤水分微弱利用层、土壤水分利用层、土壤水分调节层。在土壤水分严重亏缺的半干旱黄土丘陵沟壑区，油松林的土壤含水量明显高于柠条和侧柏林，这是由于生长季柠条的蒸腾耗水量大于油松、试验样地侧柏林为侧柏-山杏-柠条的混交林，其生长季的蒸腾耗水量也大于油松。但柠条根系发达，侧柏有较为发达的侧根系，尤其侧柏对于浅层水分的补充能够迅速有效地吸收利用，水分利用范围大于油松，对干旱的适应性强。所以，在黄土高原半干旱区要迅速建造植被、保持水土，促进生态环境良性发展，柠条和侧柏仍是首选树种，但在造林密度、造林整地方式、经营管理上要有科学的技术体系，以降低其蒸腾耗水量，增加土壤储水量，从而缓和土壤层干化。

(五) 欠水年和丰水年土壤水分动态平衡研究

生长季节土壤水分亏缺状态如图8-14所示。退耕还林阴坡水平沟、阴坡油松、半阴坡和阳坡柠条均为欠水年土壤水分储量亏缺，丰水年土壤水分储量盈余，土壤水分储量丰水年和欠水年分别为24.35 mm和-85.05 mm、18.80 mm和-38.49 mm、12.00 mm和-36.73 mm、9.97 mm和-6.87 mm；而阴坡紫花苜蓿地、阳坡紫花苜蓿地、退耕还林阳坡水平沟和半阴坡山杏，土壤水分储量丰水年和欠水年均表现为亏缺，两年累计土壤水分亏缺量分别为64.25 mm、64.83 mm、66.72 mm和46.19 mm；而阳坡侧柏林土壤水分储量丰水年和欠水年均表现为升高。

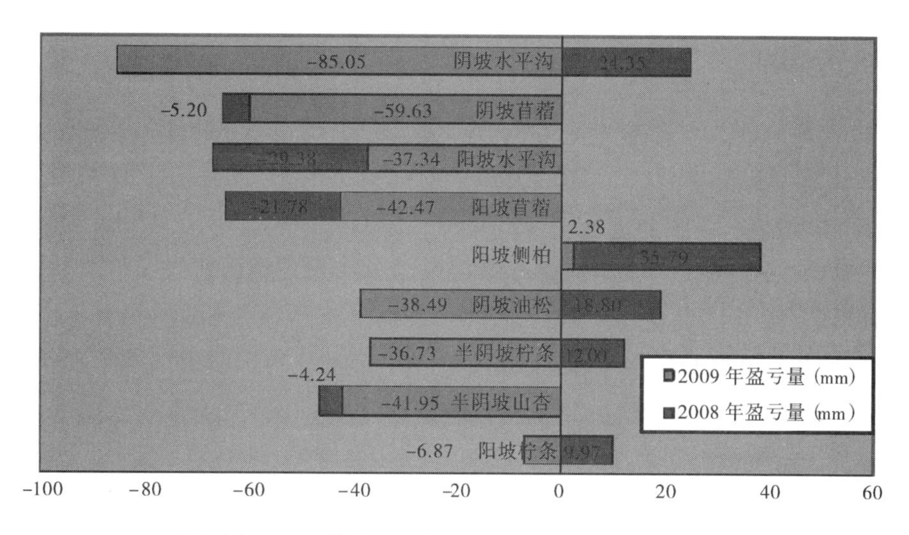

图8-14　人工植被欠水年/丰水年土壤储水量盈亏情况

不同测层土壤水分亏缺状态见图8-15。半阴坡柠条林、半阴坡山杏林和阴坡油松林在1~120 cm土层内丰水年和欠水年5月—9月土壤水分储量表现为亏缺，120~200 cm土层内土壤水分储量基本保持平衡；而阳坡柠条林在1~200 cm土层内均基本保持平衡，丰水年侧柏林0~200 cm土层水分储量全面回升，欠水年侧柏林0~200 cm土层水分储量也略有回升。在丰水年和欠水年退耕紫花苜蓿地和阳坡水平沟0~200 cm土层水分储量均亏缺，而退耕阴坡水平沟丰水年盈余、欠水年亏缺。

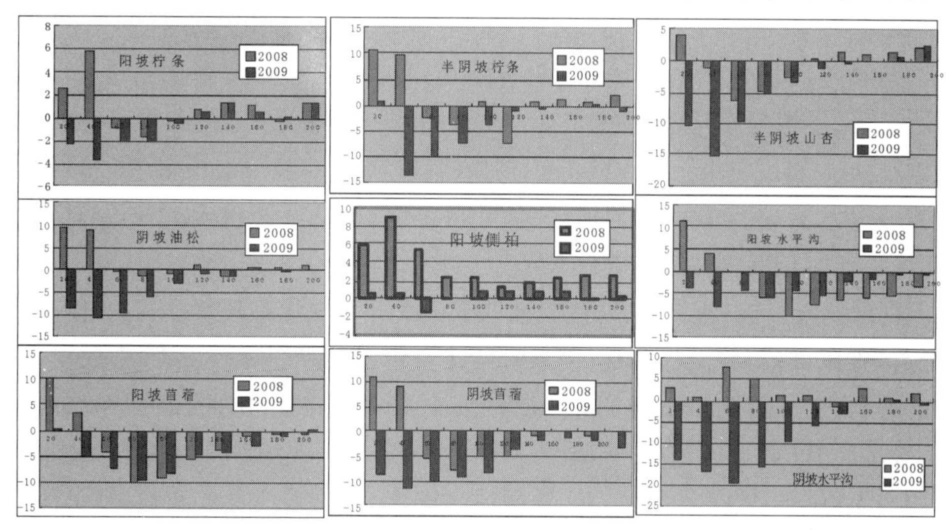

图8-15　欠水年/丰水年0~200 cm各测层土壤储水量盈亏情况

六、小结

(1)欠水年由于土壤水分的亏缺抑制植物生长,植物对土壤水分的蒸腾消耗降低;丰水年较充沛的土壤水分保持了植物的旺盛生长,从而导致了较大程度的土壤水分的蒸腾消耗。分析显示,丰水年和欠水年人工林(25 a以上)土壤含水量差异并不显著,这说明在半干旱黄土丘陵沟壑区成熟人工林已建立了林木生长和降水平衡关系。

(2)在人工植被的作用下,坡向和坡位对土壤水分的影响表现并不显著,这说明地表的植被状况(包括植被类型、密度、盖度和生产能力)是影响土壤水分的主导因子。

(3)通过定位监测并引入土壤水分亏缺补偿度指标,对黄土丘陵沟壑区不同水土保持、土壤水分动态和雨季前后土壤水分亏缺与补偿情况进行了分析。结果表明,5月—9月退耕坡紫花苜蓿地和水平沟的土壤储水量在欠水年和丰水年均为亏缺,而人工林地土壤储水量基本保持了平衡。这说明退耕地旺盛的紫花苜蓿和水平沟幼林生长使0~200 cm土壤逐年干燥化,人工林地水分循环已达到平衡状态。

(4)阳坡柠条林和侧柏林0~200 cm的土壤含水量曲线呈现出“<”形状,其中柠条林60~160 cm土壤含水量<5%,侧柏林60~140 cm土壤含水量<5%,出现明显的土壤干层。

(5)研究区干旱少雨,天然降水补充不足,而栽植密度和配置物种的不合理是形成土壤干层的主要原因。研究认为,柠条(阳坡)成林密度应小于1 850丛/hm^2,侧柏(阳坡)成林密度应小于1 250株/hm^2,油松(阴坡)成林密度一般不超过1 530株/hm^2为宜,在降水量400~500 mm的地区,针叶树密度以1 200~2 000株/hm^2为宜,阔叶林密度以750~1 000株/hm^2或更低为宜。

(6)经调查分析,流域内各乔、灌林地土壤水分亏缺量都较大。其中,侧柏林、油松林、柠条林(阳坡)、柠条林(阴坡)、紫花苜蓿地、隔坡林地、山杏林、农田土壤水分亏缺量分别为382.26 mm、322.07 mm、408.52 mm、381.85 mm、300.74mm、338.26 mm、331.48 mm、303.36 mm。

(7)无论是阳坡还是阴坡,乔、灌木造林密度、造林整地方式和物种配置对于人工植被生态系统的水分循环和有效利用有非常重要的相关性。

第九章　土壤干化效应研究

一、浅层土壤干化效应

对黄土高原地区人工植被引起的土壤水分亏缺程度的评估，目前缺乏一个较为合理的针对同一地区不同植被类型土壤水分亏缺的定量化评估方法。在定量化研究方面，李军等采用土壤稳定湿度和凋萎湿度作为土壤有效水分的上下限，构建了土壤干化指数作为定量化评价方法；段建军等则以田间持水量和凋萎湿度作为土壤有效水分的上下限，构建了定量化的土壤干化评价指标。相比而言，这两种方法在定量化评估方面取得了较大进展，但土壤稳定湿度难以直接测定，野外测定条件不易满足。土壤含水量一般也难以达到田间持水量，尤其是受降水影响较小的深层土壤，且土壤稳定湿度与田间持水量之间的水分亏缺，一般认为是干旱环境下土壤正常状态的水分亏缺。因此，这两种方法在实际应用中略有不足。在探讨不同植被的土壤水文效应方面，不少学者以多年荒草地或撂荒地为对照，进行不同植被土壤水分的对比研究。王力等提出以当地顶级演替群落为参照，研究人工植被的土壤干化效应。顶级演替群落是经自然选择后长期稳定的植被群落，其土壤水分是气候、植被长期作用的结果，能反映某一地区土壤水分的背景情况。本研究区属典型草原带，多年生针茅、阿尔泰狗娃花、百里香群落是该地区长期稳定的植被群落，根据走访农户及植被调查，选取流域内三块多年荒草地作为对照，以其各层平均土壤水分含量作为参照，进行不同人工植被土壤水分相对亏缺的比较研究。

结合以上讨论，在土壤水分亏缺程度的评价中引入对照样地土壤水分和凋萎湿度（6.5%），构建了土壤水分相对亏缺指数$CSWDI$（Compared Soil Water Deficit Index），来定量评价不同土层土壤水分相对于对照样地的亏缺程度。

$$CSWDI_i=\frac{CP_i-SM_i}{CP_i-WM}$$

式中：$CSWDI_i$为土壤水分相对亏缺指数，CP_i为对照样地i土层土壤湿度，SM_i为样地i土层土壤湿度，WM为凋萎湿度。$CSWDI_i$可明确表示出同一样地土壤剖面上不同层次土壤水分相对亏缺程度，适用于单个样地不同土层土壤水分亏缺程度的评价。$CSWDI_i$值越大，表明该层土壤水分相比对照样地亏缺程度越高。若$CSWDI_i < 0$，则表示相比没有土壤水分亏缺，反而对土壤水分有所补充；若$CSWDI_i > 1$，则表明该层土壤水分含量低于凋萎湿度，土壤水分亏缺严重。

$CSWDI$适用于同一样地不同土层之间的比较，为进行不同样地之间土壤水分相对亏缺程度的比较研究，采用土壤储水量结合土壤水分相对亏缺指数$CSWDI$，构建了样地土壤水分相对亏缺指数$PCSWDI$（Plot Compared Soil Water Deficit Index）。

$$PCSWDI=\frac{\sum_{0}^{k}\frac{SWScp_i-SWS_i}{SWScp_i-SWSwm}}{\sum_{0}^{k} i}$$

式中:$PCSWDI$为样地土壤水分相对亏缺指数，$SWScp_i$为对照样地i土层土壤储水量，SWS_i为样地i土层土壤储水量，$SWSwm$为凋萎湿度对应的土壤储水量，k为样地总土层数。$PCSWDI$适用于进行不同样地之间土壤水分亏缺程度的对比，$PCSWDI$值越大，表明样地土壤水分相对亏缺程度越高。若$PCSWDI < 0$，则表明相比而言土壤水分有所补充。

结合土壤水分相对亏缺的剖面分布特征，构建了土壤水分相对亏缺趋势判定指数$TSWDI$（Trend of Soil Water Deficit Index），来判定土壤水分亏缺的剖面分布是趋向严重还是减缓。

$$TSWDI=\frac{\sum_{0}^{k}\frac{SWScp_i\times i-SWS_i\times i}{SWScp_i-SWSwm}-\sum_{0}^{k}\frac{SWScp_i-SWS_i}{SWScp_i-SWSwm}}{\sum_{0}^{k} i}$$

式中:$TSWDI$为土壤水分相对亏缺趋势判定指数，i为土层深度。若$TSWDI > 0$，则表明在k层土壤剖面上，底层土壤水分亏缺程度高于表层；反之，表层土壤水分亏缺比底层严重。$TSWDI$绝对值越大，底层和表层土壤水分亏缺程度的差异越大。

为量化分析不同植被恢复模式土壤水分状况，采用土壤有效储水量和相对亏缺量来表示。当土壤含水量介于田间持水量和凋萎湿度之间时，才是有效含水量。土壤含水量低于凋萎湿度和高于田间持水量的部分，均为无效水。据此，土壤有效储水量的表达式为：

$$ESWS=\begin{cases}\sum_{0}^{k}SWS_i-\sum_{0}^{k}WM_i \quad (SM_i<FC)\\ \sum_{0}^{k}SWS_{FC}-\sum_{0}^{k}WM_i \quad (SM_i\geq FC)\end{cases}$$

式中：$ESWS$为土壤有效储水量，SWS_i为i土层土壤储水量，WM_i为i土层凋萎湿度对应储水量，SWS_{FC}为田间持水量对应土壤储水量，SM_i为i土层土壤水分含量，FC为田间持水量，k为土层深度（本研究中取值为200 cm）。

以多年荒草地作为参照，土壤水分相对亏缺量的表示为：

$$DSWS=\sum_{0}^{k}SWScp_i-\sum_{0}^{k}SWS_i$$

式中：$DSWS$为土壤水分相对亏缺量，$SWScp_i$为对照样地i土层储水量，SWS_i为样地i土层土壤储水量，k为土层深度（本研究取值为200 cm）。

图9-1表示不同植被类型200 cm土壤储水状况。可以看出，除青杨林地和马铃薯农地外，其他人工植被均存在不同程度的土壤水分亏缺。其中，柠条、山杏、油松、侧柏林地最为严重，200 cm土壤有效储水量均不足50 mm，仅占其总土壤储水量的17.21%、18.17%、18.25%和20.21%，呈现出土壤严重水分亏缺现象。山毛桃林地有效储水量也仅为44.6 mm，苜蓿草地土壤水分亏缺则相对较轻。较为特殊的是，与其他乔灌林地相比，青杨林地200 cm土层内并未出现明显的土壤水分亏缺，其土壤储水量略高于多年荒草地。程积民和万素梅等分别指出，造成土壤干化的植被生长一定年限后，土壤水分能得到一定程度的恢复。青杨受干旱缺水的影响，生长受到限制，平均树高仅3.59 m，平均胸径12 cm，是典型的“小老树”。且树龄达50 a，生长已严重衰退，其对200 cm土层土壤水分已没有强烈的消耗作用，在受降水补充的情况下，相比其他乔灌林地已没有明显的土壤水分亏缺。撂荒草地和马铃薯农地受原有耕作的影响，土质疏松，降雨入渗能力强，而蒸腾蒸发量相对较少，因此土壤水分含量高，相比没有土壤水分亏缺，两者土壤有效储水量分别占总储水量的47.95%和49.80%。

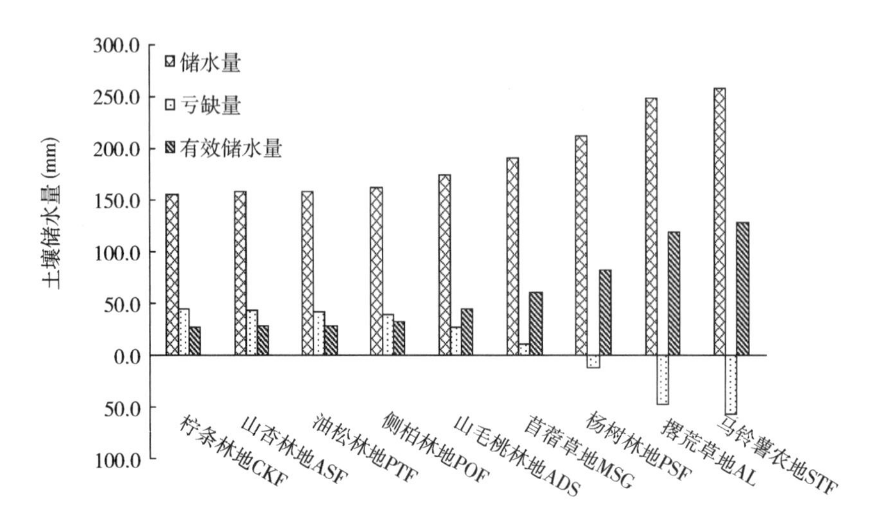

图9-1　不同植被类型土壤储水量

图9-2是不同土地利用类型土壤水分的箱线图。可以看出，不同土地利用类型下土壤水分的平均值及变化范围。覆膜玉米农地平均土壤水分含量最高，而山杏林地平均土壤水分含量最低。多年荒草地和撂荒草地均有较高的土壤含水量；但人工乔木林地和灌木林地土壤水分含量相对较低，且变异幅度较小。通过对不同土地利用类型不同层次土壤含水量进行方差分析，结果见表9-1。

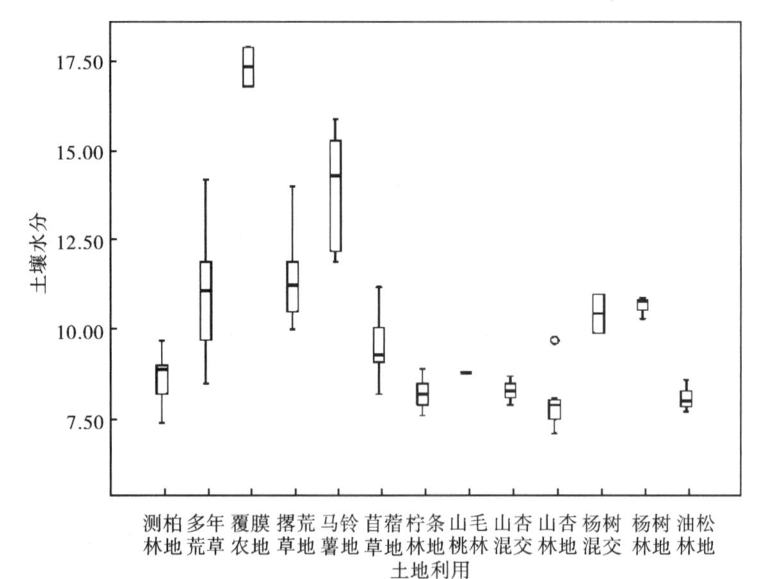

图9-2　不同土地利用类型土壤水分的箱线图

表9-1　不同土地利用类型土壤水分的方差分析

	平方和	均方	*F*	显著性
平均土壤含水量	331.773	27.648	26.537	0.000
PCSWDI	14.198	1.183	26.431	0.000
土壤储水量(0~200cm)	143 161.795	11 930.150	26.414	0.000
土壤储水量(0~40cm)	281.036	23.420	17.639	0.000
土壤储水量(40~200cm)	386.117	32.176	24.121	0.000

由方差分析可知，不同土地利用类型下平均土壤含水量、*PCSWDI*、0~200 cm土壤储水量、0~40 cm土壤储水量以及40~200 cm土壤储水量均存在显著性差异。可见，土地利用是造成土壤水分差异的最主要原因。

通过对不同土地利用类型不同层次土壤含水量以及不同层次土壤水分变异系数进行方差分析，结果见表9-1、表9-2。

表9-2　不同土地利用类型不同层次土壤水分的方差分析

土壤水分					土壤水分变异系数			
土层深度(cm)	平方和	均方	*F*	显著性*	平方和	均方	*F*	显著性*
10	104.373	8.698	4.013	0.000	0.290	0.024	3.867	0.000
20	401.017	33.418	20.329	0.000	0.071	0.006	1.263	0.257
40	493.650	41.138	24.007	0.000	0.162	0.013	2.308	0.014
60	456.339	38.028	24.024	0.000	0.055	0.005	1.034	0.427
80	448.049	37.337	23.627	0.000	0.026	0.002	0.656	0.787
100	457.334	38.111	23.796	0.000	0.027	0.002	0.907	0.544
120	435.344	36.279	23.395	0.000	0.025	0.002	1.043	0.419
140	387.780	32.315	20.099	0.000	0.041	0.003	1.758	0.07
160	350.651	29.221	19.936	0.000	0.053	0.004	2.235	0.018
180	324.007	27.001	19.047	0.000	0.074	0.006	3.157	0.001
200	302.701	25.225	18.967	0.000	0.077	0.006	4.026	0.000

注：*为显著性水平$\alpha=0.05$。

通过对不同土地利用类型下不同层次土壤水分的单因素方差分析，说明不同土地利用类型0~200 cm各个层次土壤水分均有显著差异。说明土地利用是土壤水分空间变异和层次变异的主要因素。土壤水分年内变异系数单因素方差分析表明，在20~140 cm土层内年内土壤水分变异系数差异不大，而140 cm以下的土层在不同的土地利用类型下存在显著性差异。140 cm以上的土层达到了降雨入渗及下渗深度，其年内变异系数受降水影响较大，在不同土地利用类型中没有显著差异。但140 cm以下土层降雨入渗及下渗均难以达到，其土壤水分的年内变异主要受植被作用影响，降水对其没有显著性影响，从而在不同土地利用类型下存在显著性差异。

图9-3表示不同植被类型0~200 cm土层土壤水分相对亏缺情况。由图9-3(A)可以看出，柠条、山杏和油松林地200 cm土壤水分亏缺剖面分布特征较为相似，土壤水分亏缺程度除表层受降水影响较轻以外，40 cm以下均出现较严重的土壤水分亏缺现象，且随深度的增加而加重，100 cm以下最为严重，*CSWDI*平均达到0.75。图9-3（B）显示出侧柏林地表层土壤水分亏缺严重，120 cm以下则相对较轻，40 cm处*CSWDI*达到0.86，土壤水分接近凋萎湿度，40 cm以下土壤水分亏缺程度则随深度增加而降低。这种现象主要是由于侧柏根系主要集中在0~90 cm土层，尤其是40 cm土层附近根系分布最为密集，侧柏的根系分布特征使其对20~100 cm土层的土壤水分有强烈的消耗作用，土壤水分亏缺在这一层次最为严重，其他土层则相对较轻。另一方面，侧柏林地位于阳坡，太阳辐射强烈，表层土壤蒸发旺盛，一定程度上也加剧了侧柏林地表层的土壤水分亏缺。山毛桃林地土壤水分亏缺程度相对较轻，*CSWDI*随深度增加而增加，相对较严重的部位主要是100 cm以下土层，但对比柠条、油松、山杏和侧柏林地，其土壤水分亏缺程度相对较轻。龙滩流域紫花苜蓿种植6 a，在200 cm土层内已造成中度土壤水分亏缺，且程度随深度而增加。由于紫花苜蓿根系较深，对深层土壤水分消耗强烈，相比而言，表层土壤受原有耕作影响，降雨入渗较好。因此，表层土壤含水量较高，土壤水分亏缺主要集中在深层。图9-3（C）显示出，青杨林地总体上没有明显的土壤水分亏缺，但100 cm以下仍存在轻微的亏缺现象，其土壤水分的恢复主要在0~100 cm土层，*CSWDI*随深度增加而增大。可见50 a青杨林地0~100 cm土壤水分已有所恢复，100~200 cm土壤水分亏缺也较轻微。马铃薯农地和撂荒草地的土壤容重分别为1.08和1.05，土质疏松、利于降雨入渗，加上其本身蒸腾作用远弱于乔灌木，土壤水分消耗量少。因此，土壤水分含量高于多年荒草地，且在60~80 cm深度达到最高值。马铃薯农地和撂荒草地在

0~60 cm土层*CSWDI*相对较大，这主要由于旱气候下的强烈土壤蒸发所致。

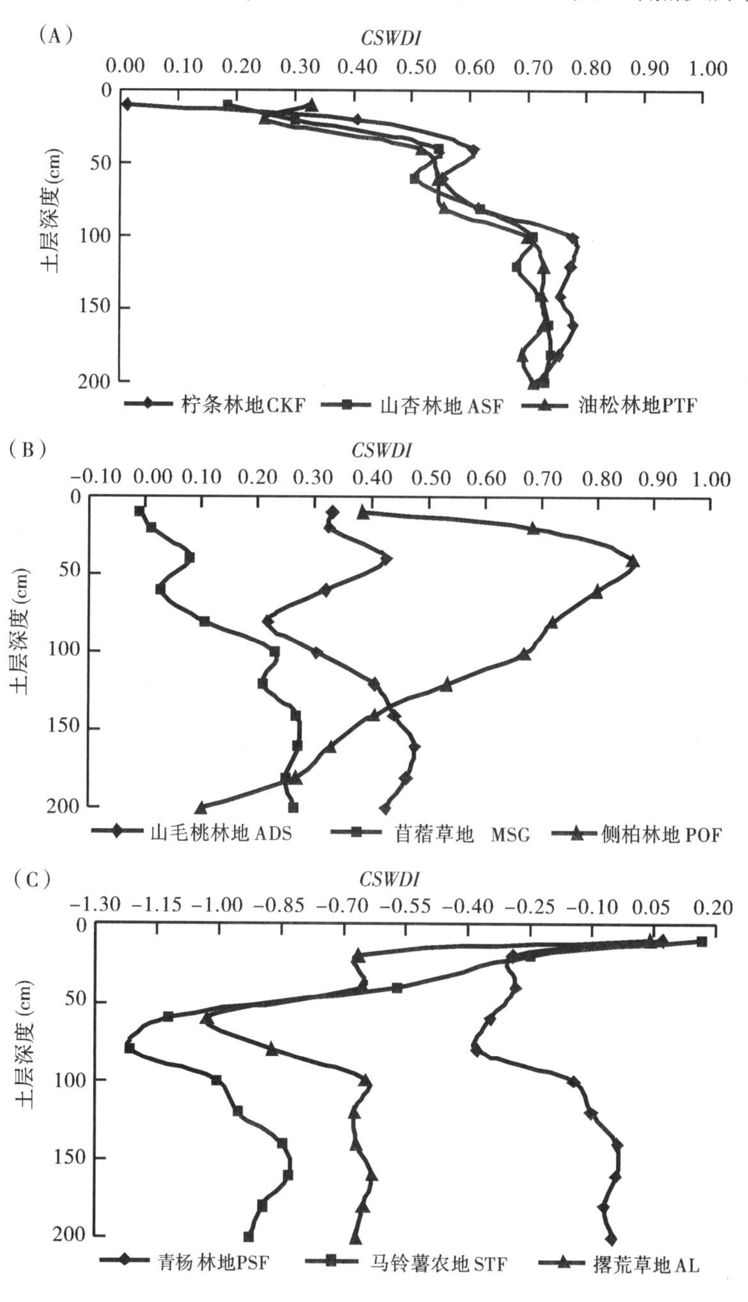

图9-3 不同植被类型*CSWDI*

表9-3　不同植被类型*PCSWDI*

植被类型	柠条林地	山杏林地	油松林地	侧柏林地	山毛桃林地	紫花苜蓿草地	青杨林地	撂荒草地	马铃薯农地
PCSWDI	0.65	0.62	0.62	0.52	0.38	0.17	–0.16	–0.68	–0.84
$PCSWDI_{100}$*	0.55	0.52	0.52	0.72	0.32	0.09	–0.25	–0.70	–0.79
$PCSWDI_{200}$**	0.76	0.72	0.71	0.38	0.42	0.25	–0.07	–0.66	–0.91

注：*为$PCSWDI_{100}$：0~100 cm土层*PCSWDI*，**为$PCSWDI_{200}$：100~200 cm土层*PCSWDI*。

从表9-3可以看出，柠条林地土壤水分亏缺最为严重，*PCSWDI*达到0.65。山杏和油松林地均为0.62，土壤水分亏缺的程度相同，结合图9-3也可以看出，山杏和油松林地200 cm内土壤水文效应较为一致，但油松林地的种植密度和生物量要大于山杏林地，相比而言，山杏林地土壤水分亏缺更为严重。侧柏林地*PCSWDI*为0.52，属较严重的土壤水分亏缺，但主要集中在0~100 cm这一层次($PCSWDI_{100}$达到0.72)。山毛桃林地和紫花苜蓿草地也有一定的土壤水分亏缺现象，*PCSWDI*分别为0.38和0.17，但相比柠条、山杏、油松和侧柏林地，土壤水分亏缺程度相对较轻。青杨林地、撂荒草地和马铃薯农地均能增加土壤水分蓄积，其中马铃薯农地*PCSWDI*为–0.84，土壤水分蓄积作用最强。可见，该区域人工林草植被均存在不同程度的土壤水分亏缺现象，故在植被恢复中，应根据当地土壤水分背景情况，调整种植密度以达到合理的植被配置，实现土壤水资源的可持续利用。

结合不同土层的*PCSWDI*（表9-3），通过计算不同植被类型*TSWDI*（表9-4），来研究不同植被类型土壤水分亏缺在0~200 cm土层的剖面分布趋势。

表9-4　不同植被类型*TSWDI*

植被类型	柠条林地	山杏林地	油松林地	侧柏林地	山毛桃林地	紫花苜蓿草地	青杨林地	撂荒草地	马铃薯农地
TSWDI	0.06	0.06	0.05	–0.10	0.02	0.05	0.04	–0.01	–0.06
类型	深层	深层	深层	浅层	深层	深层	深层	浅层	浅层

由图9-3可知，柠条、山杏、油松、山毛桃、青杨林地和紫花苜蓿草地相对土壤水分亏缺程度均随深度增加而增加，$PCSWDI_{200}$比$PCSWDI_{100}$分别高出37.67%、37.28%、36.90%、31.53%、71.23%和180.78%。这几类均为深根性植物，在半干旱

地区，在降水不能满足其生长的情况下，其根系依靠消耗深层土壤储水以维持生长，从而造成一定深度土层土壤水分严重亏缺而难以恢复。该地区降雨入渗深度小，2009年最大降雨入渗深度仅60 cm，60 cm以下土壤水分亏缺很难及时恢复，从而造成长期的土壤水分亏缺现象。撂荒草地和马铃薯农地*TSWDI*值<0，即表层土壤水分低于底层，其主要原因：一是由于撂荒地荒草和马铃薯均为浅根性植物，以消耗浅层土壤水分为主；二是定西地区气候干旱，浅层土壤蒸发旺盛，加之植被盖度低，极易引起表层土壤干化，两种生态水文过程的叠加使得0~100 cm土壤水分亏缺严重，而100 cm以下则相对较弱。侧柏林地的土壤水分亏缺虽然也集中在0~100 cm土层，但主要由根系强烈耗水引起，从侧柏林地*CSWDI*的剖面分布特征（图9-3B）可以看出。侧柏的根系分布特征使其能较好地吸收和利用当年降水，可以作为降水稀少的半干旱地区的植被恢复适宜树种，但应严格控制其密度，以免造成严重的土壤水分亏缺。通过对比表9-3中$PCSWDI_{100}$和$PCSWDI_{200}$可知，*TSWDI*可有效反映土壤水分亏缺的剖面分布特征。

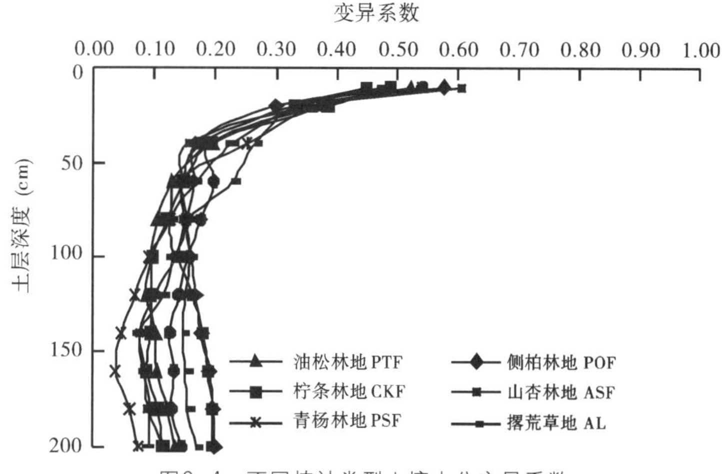

图9-4　不同植被类型土壤水分变异系数

由图9-4各植被类型0~200 cm土壤水分变异系数可以看出，土壤水分年内变异主要集中在0~40 cm土层，属土壤水分速变层；40~100 cm土壤水分变异相对较小，属于次活跃层；而100~200 cm内土壤水分含量较为稳定，属相对稳定层。由于100 cm以下土壤水分变异较小，可以认为$PCSWDI_{200}$可有效反映不同植被类型稳定的土壤水分亏缺情况。由表9-3可以看出，柠条林地$PCSWDI_{200}$达到0.76，山杏和油松林地则分别为0.72和0.71，这三种植被类型在100 cm以下土壤水分亏缺已相当严重。侧柏林地土壤水分亏缺主要在浅层，$PCSWDI_{100}$为0.72，$PCSWDI_{200}$则减少为

0.38，土壤水分亏缺程度减少了46.32%。同样，山毛桃林地和紫花苜蓿草地也是100 cm以下土壤水分亏缺较0~100 cm严重。青杨林地的土壤水分补充则主要集中在表层，100 cm以下相对较干。

二、深层土壤干化效应

为了使不同土地利用方式土壤含水量之间具有可比性，各样点的地形部位均选在梁峁坡顶部或中上部，坡度较为接近，排除了坡度、坡向等因素对土壤水分的影响，各样地环境因子基本一致。在每个样地钻取8 m深土壤样品测量每个样地的土壤水分，每20 cm取样一次。土壤含水量在烘箱105 ℃下烘干12 h测定。测定结果见图9-5。

图9-5可反映出各植被类型深层土壤水分含量存在着随土层深度增加而升高的趋势。其中，覆膜玉米农地、马铃薯农地和撂荒草地各层土壤水分含量均高于多年荒草地。半干旱黄土丘陵区2 m深度土壤水分受降水影响较大，而定西地区降水入渗一般很难达到2 m，2 m以下土壤水分没有显著的年际变化，因此2 m以下土壤水分含量可以作为多年土壤水分的常态。表9-5为对各植被类型0.2~2 m及2 m以下土层的水分含量的统计。

由表9-5可知，油松-侧柏混交林地和山杏纯林地浅层（0.2~2 m）土壤水分含量最低，变化于4.91%~5.64%和5.16%~5.97%，平均值仅为5.34%和5.36%，低于当地凋萎湿度，有效水分含量极少。侧柏、柠条、油松、山杏-侧柏混交、青杨-侧柏混交林地这些乔灌木植被，在0.2~2 m平均土壤水分低于多年荒草地6.31%，而山毛桃、青杨林地、紫花苜蓿草地和撂荒草地、玉米及马铃薯农地平均土壤含水量则高于多年荒草地，说明相比多年荒草地这几类植被在同样降水条件下土壤水分有较好的补充。相比0.2~2 m土层，深层（2~8 m）土壤水分则有所不同，紫花苜蓿草地平均土壤水分含量仅6.60%，变化于5.45%~8.47%；而其浅层土壤水分则相对较高，变化于6.57%~11.03%（表9-5）。这可能是由于耕地退耕以后种植的紫花苜蓿受原有耕作管理的影响，浅层土质疏松，降雨入渗较好，因此土壤水分相对较高。深层土壤水分含量最高的为覆膜玉米农地，变化于11.55%~15.96%，平均达到13.55%。相比而言，玉米生长期耗水量高于马铃薯，因此玉米农地浅层土壤水分低于马铃薯农地，但在2 m以下则高于马铃薯农地（方差检验存在显著性差异，见表9-5），这可能主要受耕地覆膜的影响，大幅度减少了土壤物理蒸发，保蓄水分。对深层土壤水分的对比可知，除撂荒草地、马铃薯农地和覆膜玉米农地以外，其他各植被类型深层土壤水分均低于多年荒草地，部分土层深度甚至不及多年荒草地的50%。

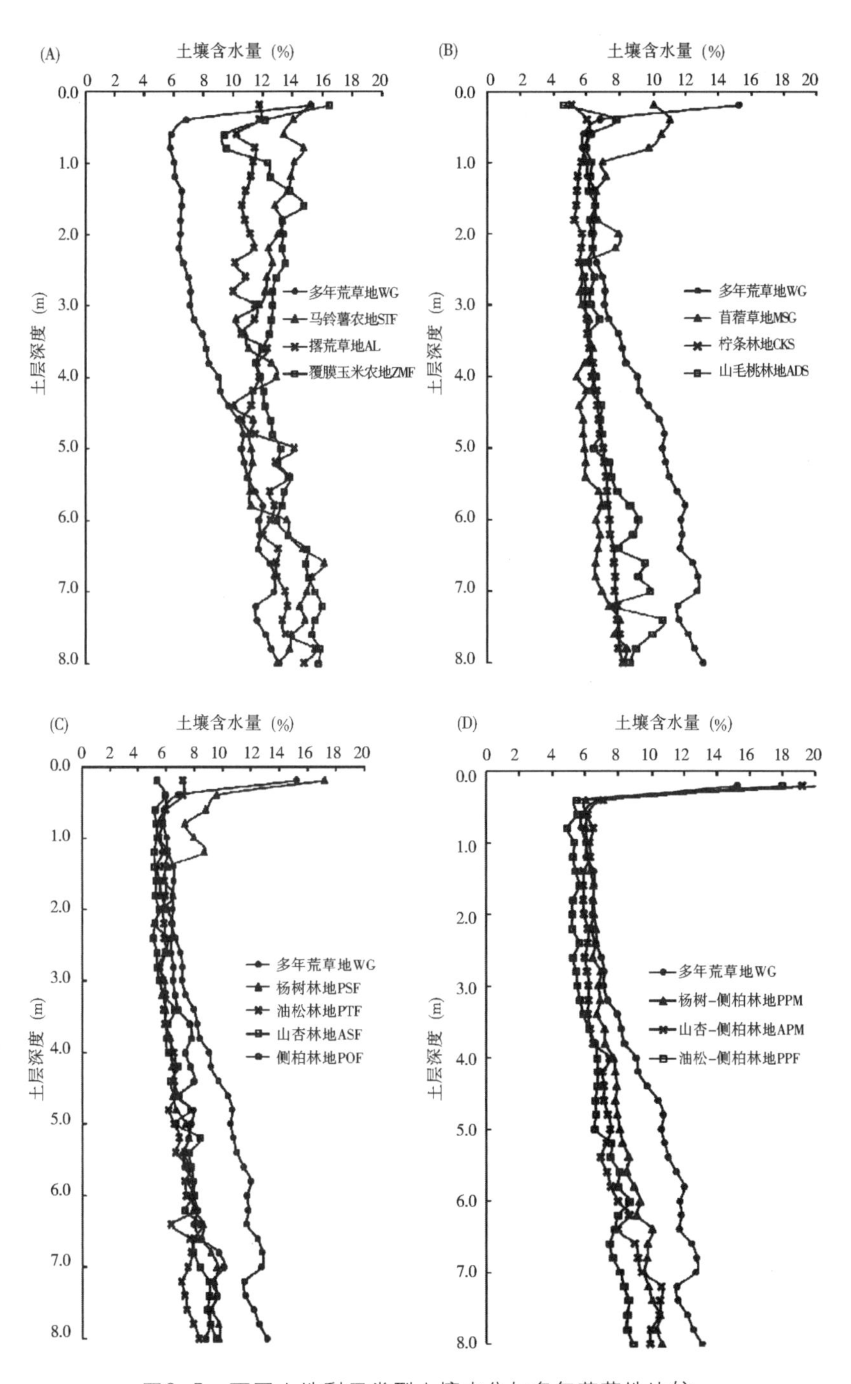

图9-5　不同土地利用类型土壤水分与多年荒草地比较

表9-5 不同植被类型土壤水分含量及多重比较

植被类型	0.2~2 m				2~8 m			
	最小值(%)	最大值(%)	均值(%)	*CV*	最小值(%)	最大值(%)	均值(%)	*CV*
紫花苜蓿草地	6.57	11.03	8.16jklm	0.22	5.45	8.47	6.60a	0.13
油松林地	5.53	7.24	6.04abcd	0.08	5.62	8.37	6.80abc	0.12
柠条林地	5.31	6.23	5.71anop	0.06	5.62	8.30	6.95ah	0.12
油松-侧柏林地	4.91	5.64	5.34cfjot	0.04	5.22	8.91	7.08a	0.17
山杏林地	5.16	5.97	5.36as	0.05	5.11	9.56	7.18cbdh	0.19
青杨林地	5.75	9.66	7.46jqr	0.19	5.22	9.79	7.39bdhi	0.20
山毛桃林地	5.99	7.82	6.45ak	0.08	6.13	10.57	7.60dhj	0.18
山杏-侧柏林地	5.89	7.14	6.24belnq	0.06	5.93	10.58	7.71fi	0.19
侧柏林地	5.34	6.10	5.68aefg	0.05	6.10	10.09	7.80def	0.14
青杨-侧柏林地	6.07	6.59	6.28aj	0.03	6.50	10.62	8.36e	0.16
多年荒草地	5.80	6.87	6.31dgmpr	0.06	6.41	13.12	10.07j	0.22
撂荒草地	10.26	11.78	11.05ist	0.04	10.03	15.49	12.29g	0.11
马铃薯农地	12.82	14.73	13.68h	0.04	10.06	16.14	12.59g	0.13
覆膜玉米农地	9.47	14.74	12.35hi	0.15	11.55	15.96	13.55k	0.10
F			12.33**				95.36**	

注：*不同植被类型之间如有一个字母相同表示差异不显著（$P<0.05$，LSD）。
**表示极显著（$P<0.01$）。

对土壤水分变异系数的分析可知，除紫花苜蓿草地和覆膜玉米农地外，浅层土壤水分变异程度均低于深层。定西地区日照辐射强，潜在蒸发量达到1 438.8 mm，土壤物理蒸发作用强烈，0~2 m土壤水分受植被蒸腾和土壤物理蒸发两个生态水文过程的叠加影响，土壤水分因消耗严重而迅速降低，变化幅度也较小。油松、柠条、油松-侧柏、山杏、青杨、山毛桃、山杏-侧柏、侧柏和青杨-侧柏等林地常年保持低湿状态，这一层次变异较小；耕作对土壤水分的变异有重要影响，撂荒草地和马铃薯农地受耕作管理等影响浅层土壤水分含量相对较高，这一层次变异较小。2 m以下土壤水分剖面分布趋势为随深度增加而增大，例如：油松林地由2 m的5.71%增至8 m的8.37%，柠条林地由2 m的5.77%增至8 m的8.30%，而多年荒草地则由2 m的6.51%增至8 m的13.12%。土壤水分由于存在随深度增加的趋势，2~8 m的变异系数则相比浅层有所增加。方差分析表明，各植被类型0.2~2 m以及2 m以下土壤水分含量均存在极显著差异（表9-5，$P<0.01$），植被是深层土壤水分差异的主要因素。

由图9-6可以看出，各植被类型深层土壤水分含量存在着随深度增加的趋势，但因土壤质地等因素的影响，存在一定范围的波动，为剔除这种波动的影响，更好地反映各人工植被类型深层土壤水文情况，本研究以多年荒草地为参照，采用回归分析的方法研究土壤水分与深度的关系。由于三块多年荒草地深层土壤水分含量基本一致（方差检验无显著性差异，$P<0.01$），所以将这三块多年荒草地1 m以下土壤水分与土层深度一起进行回归分析，以获得土壤含水量与土层深度的关系式。相关分析发现，多年荒草地1 m以下土壤含水量与土层深度相关系数达到0.957，呈极显著正相关（F=0.01）。将多年荒草地1 m以下土壤水分含量与土层深度进行曲线拟合，发现二者存在很好的线性关系，所以采用多年荒草地与土层深度进行线性回归，所得模型为：

$$y=1.117x+4.535,\quad n=108,\quad R=0.915,\quad P<0.01$$

式中：y为土壤含水量，x为土层深度（$1.0\leqslant x\leqslant 8.0$）。

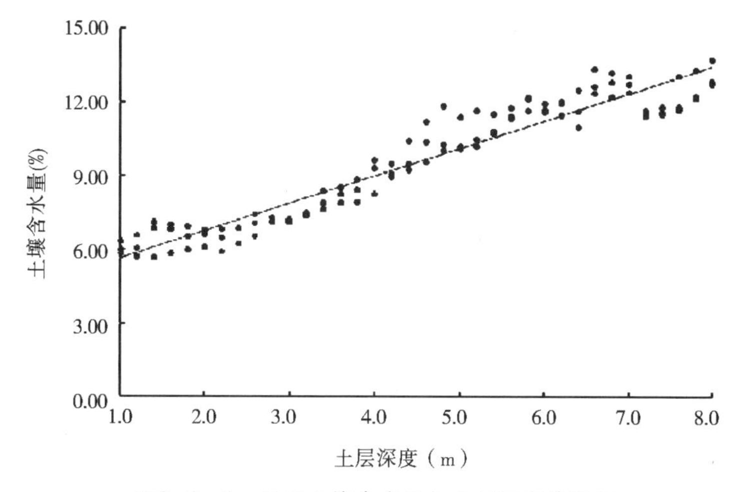

图9-6　1 m以下土壤含水量与土层深度的变化

用*CSWDI*公式计算1~8 m土壤水分含量作为研究区土壤水分本底值，并用公式来计算各植被类型2 m以下土壤水分相对亏缺指数，如图9–7所示。

如前所述，覆盖玉米农地、马铃薯农地和撂荒草地因受耕作管理活动的影响，在整个2~8 m土层都不存在干化现象，尤其是3.6 m以上土壤水分含量相对较高，降雨入渗补充土壤水分作用明显（图9–5）。紫花苜蓿草地除在2.2 m以上受原农地耕作的影响而土壤水分含量较高以外，其下土层干化严重，在4~5.6 m范围内平均*CSWDI*达到0.9，接近凋萎湿度，在5.6 m以下才随深度增加而有所减缓。柠条林地2 m 以下土层干化程度基本一致，平均达到0.69，说明该地区柠条根系分布已经超过8 m深度。山毛桃林地在1.6 m以上土层还有一定的土壤水分补充，但在3.4~5.0 m这一层次干化程度基本与柠条相同，其下土层稍有降低。山杏、油松、侧柏、青杨四种植被类型深层土壤均有严重的干化现象，但剖面分布存在差异。青杨林地因年限较长，2 m以上土壤水分有所恢复，但在2~4.8 m这一层次干化较为严重，平均*CSWDI*达到0.76，4.8 m以下由0.57减小至0.45。侧柏由于根系分布浅，浅层土壤干化严重，1.4 m处$CSWDI > 1.0$，2 m以下平均值为0.48。油松林地深层土壤严重干化，虽然随着深度递减，但*CSWDI*总体偏高，平均达到0.72，8 m土层有效土壤水分极少，亟需降低林木密度，以减少蒸腾耗水，维持油松的可持续生长。山杏林地2~2.8 m土层$CSWDI > 1.0$，土壤水分低于凋萎湿度，其主要原因：一是由于山杏属于阔叶树，蒸腾作用强烈，对该层次土壤水分的消耗极其严重；二是由于该深度还受上层土壤蒸发作用的影响，两种生态水文过程的叠加造成这一层次土壤水分严重亏缺。可见，山杏林地土壤水分消耗严重，深层水分难以恢复，不适宜在半干旱地区大面积种植。图9–7（D）显示三种混交植被配置模式区别较为明显，土壤干化均随深度增加而减小，油松–侧柏混交干化较为严重。

表9-6　不同植被类型*PCSWDI*

植被类型	*PCSWDI*(1~2 m)	*PCSWDI*(2~8 m)
油松林地	0.460	0.726
油松-侧柏林地	1.088	0.705
山杏林地	1.208	0.699
柠条林地	0.708	0.683
紫花苜蓿草地	−1.720	0.568
侧柏林地	0.694	0.492
山毛桃林地	−0.556	0.464
山杏-侧柏林地	−0.282	0.458
青杨林地	−2.394	0.324
青杨-侧柏林地	−0.477	0.316
撂荒草地	−8.692	−1.394
覆膜玉米农地	−11.859	−1.865
马铃薯农地	−13.147	−1.866

表9-6列出了不同植被类型1~2 m和2~8 m的*PCSWDI*值。由表9-6可以看出，不同植被深层土壤干化程度依次为：油松林地 > 油松-侧柏林地 > 山杏林地 > 柠条林地 > 紫花苜蓿草地 > 侧柏林地 > 山毛桃林地 > 山杏-侧柏林地 > 青杨林地 > 青杨-侧柏林地，撂荒草地和农地相对多年荒草地没有干化现象。油松林地*PCSWDI*最高，达到了0.726；土壤干化最为严重，其1~2 m土层也有中度干化现象。油松-侧柏混交林地、山杏林地、柠条林地和紫花苜蓿草地*PCSWDI* 2~8 m都超过了0.5，说明其有效土壤水分不及多年荒草地的50%。相比而言，撂荒草地和马铃薯、覆膜玉米农地土壤水分状况较好。相关研究发现，混交配置模式土壤水分状况要好于纯林地。图9-7为混交林地与纯林地土壤水分的对比。

青杨-侧柏混交林地2~8 m平均土壤含水量为8.36%，而青杨纯林地和侧柏纯林地分别为7.39%和7.80%。方差检验表明，青杨-侧柏混交林地深层土壤水分与青杨林地存在显著性差异，与侧柏林地差异不显著（表9-5）。山杏-侧柏混交林地平均土壤含水量为7.71%，高于山杏林地而低于侧柏林地。方差分析表明，山杏-侧柏混交林地深层土壤水分与侧柏林地差异不显著，与山杏林地存在显著性差异。油松-侧柏混交林地土壤水分高于油松林地、低于侧柏林地，其与油松

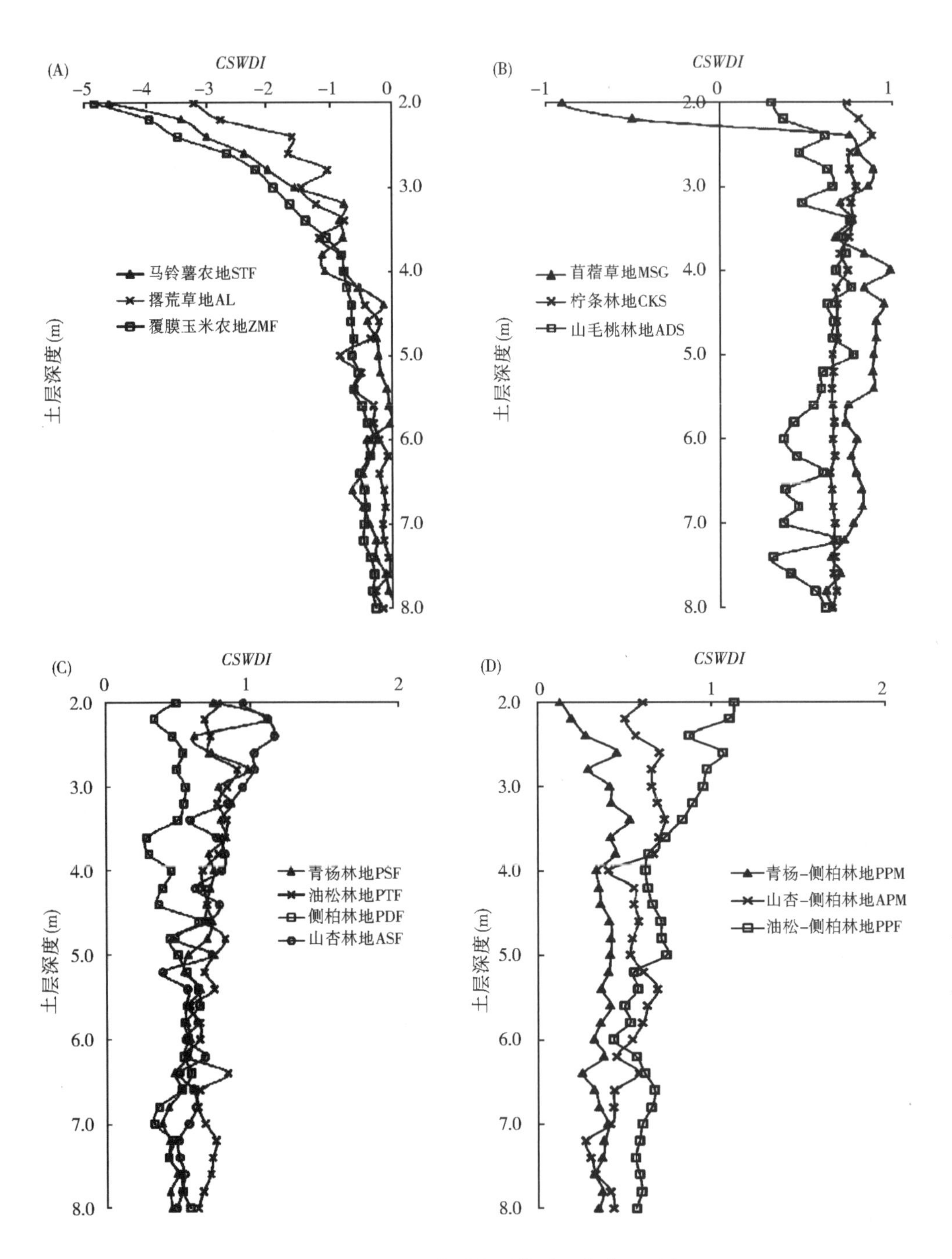

图9-7　混交林地与纯林地土壤水分对比

林地差异不显著而与侧柏林地存在显著性差异。青杨–侧柏和山杏–侧柏两种针阔叶混交模式的深层土壤水分状况要显著高于阔叶纯林地。可见，针阔叶混交模式相比阔叶纯林地可有效改善土壤水分状况。而油松–侧柏混交林地深层平均土壤水分虽略高于油松林地，但经方差检验差异不显著。说明油松–侧柏的混交并未改善油松林地土壤水分状况。由于侧柏根系相对较浅，对上层土壤水分消耗较多，所以油松–侧柏混交林地在1~3.4 m深度土壤水分含量要低于油松和侧柏纯林地，平均*CSWDI*达到了1.02，土壤水分过度消耗严重，应采取集水措施对土壤水分进行补充。

（一）深层土壤水分的空间变异

有效土壤水分是半干旱和干旱地区生态系统最重要的驱动力，尤其是在降水稀少、地下水埋藏深的黄土丘陵区，土壤储水几乎成为维持地表植被生长的唯一有效水资源。黄土土层深厚、土质疏松，地上植被一般根系较深，以利用深层土壤储水维持正常生长。尤其是人工植被，对深层土壤水分的依赖更为强烈，深层土壤水分成为维持该地区生态系统健康的极为重要的水分来源。然而，近年来缺乏科学指导的人工植被恢复造成的深层土壤干化，已经对这一重要的水资源形成了严重的威胁。尤其是20世纪80年代以来，西北地区气候的暖干化趋势，更进一步加剧了有效土壤水分的亏缺，已经成为这一地区一个严峻的生态问题。针对这一现象，已有不少学者就不同植被、不同区域的土壤干化特征，以及苜蓿、柠条、油松等典型人工植被深层土壤干燥化的时间动态进行了一系列的研究。土壤水分的空间格局对农业生产、土壤侵蚀等有重要影响，其空间变异又是人工植被恢复与合理配置的科学基础。黄土丘陵区地形破碎、沟壑纵横，特殊的地貌导致了降雨、太阳辐射等微域差异，加上土地利用等方面的影响，造成了土壤水分及其剖面特征在空间上的差异。因此，针对这一地区土壤水分的研究及相应的植被配置，必须考虑地形及土地利用的影响。然而，目前的研究以浅层土壤水分居多，深层土壤水分及其空间变异，由于取样困难一直鲜有研究，仅有一些初步的探讨和论述。例如，何福红等认为坡度、坡向和坡位等地形因子对土壤干层的分布有影响，王力等研究发现阴坡林地和草地土壤储水量高于阳坡。但总体而言，目前还极其缺乏较为系统的对深层土壤水分空间变异的探讨，是黄土高原土壤水分研究非常薄弱的一个方面。本课题以不同

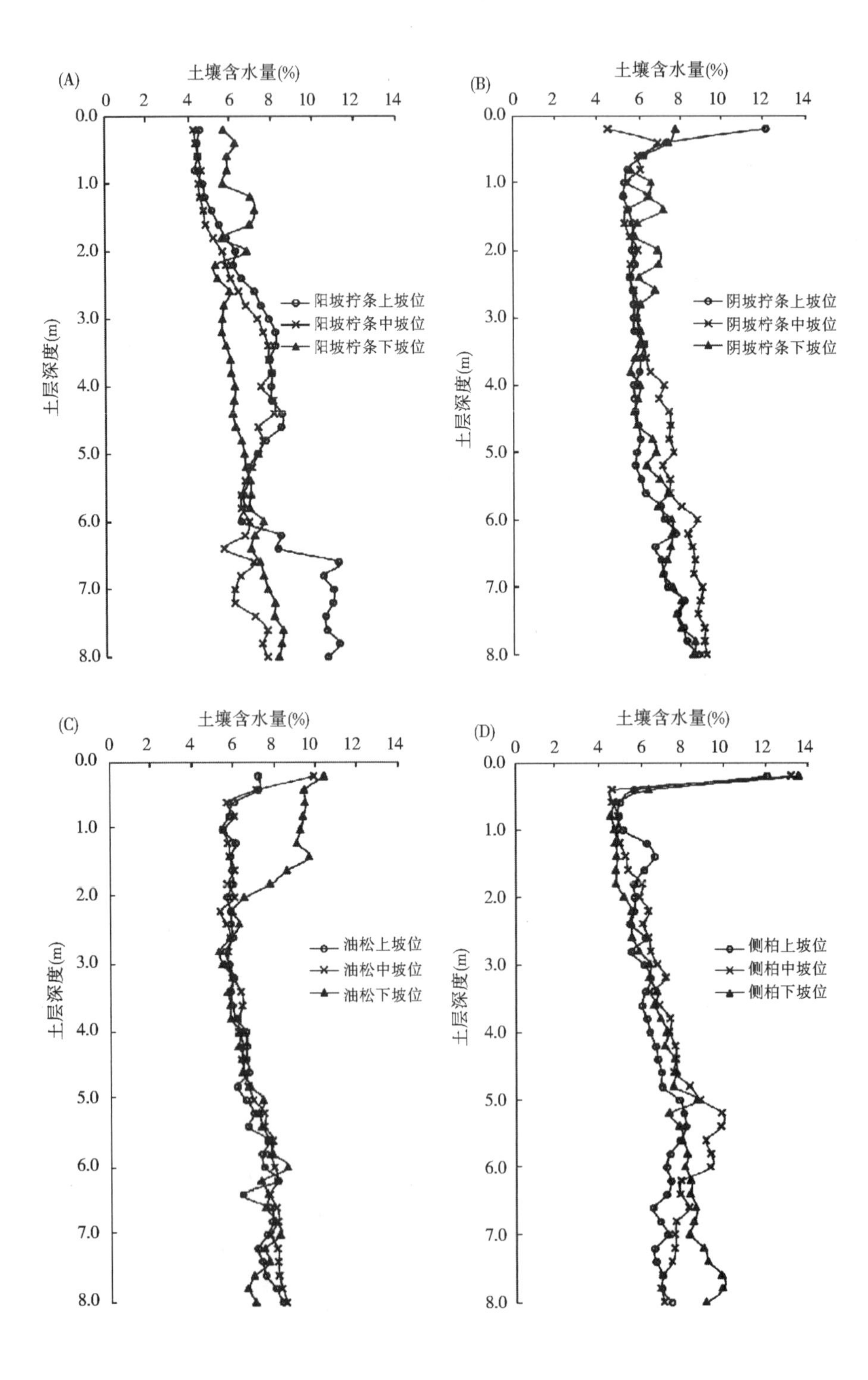
(A)
土壤含水量(%)
0 2 4 6 8 10 12 14
0.0 1.0 2.0 3.0 4.0 5.0 6.0 7.0 8.0
土层深度(m)
阳坡拧条上坡位
阳坡柠条中坡位
阳坡柠条下坡位
(B)
土壤含水量(%)
0 2 4 6 8 10 12 14
0.0 1.0 2.0 3.0 4.0 5.0 6.0 7.0 8.0
土层深度(m)
阴坡拧条上坡位
阴坡柠条中坡位
阴坡柠条下坡位
(C)
土壤含水量(%)
0 2 4 6 8 10 12 14
0.0 1.0 2.0 3.0 4.0 5.0 6.0 7.0 8.0
土层深度(m)
油松上坡位
油松中坡位
油松下坡位
(D)
土壤含水量(%)
0 2 4 6 8 10 12 14
0.0 1.0 2.0 3.0 4.0 5.0 6.0 7.0 8.0
土层深度(m)
侧柏上坡位
侧柏中坡位
侧柏下坡位

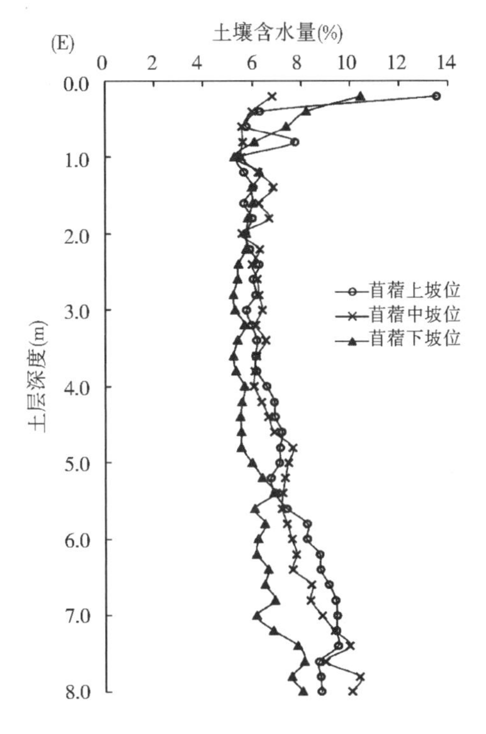

图9-8　土壤水分的坡位对比

坡位、坡度和坡向的柠条林地、油松林地、侧柏林地、苜蓿草地、荒草地和农地0~8 m土壤水分为研究对象，对不同植被类型深层土壤水分空间变异进行了初步研究，以期为半干旱黄土丘陵区合理植被恢复的空间配置提供科学依据。

由图9-8可以看出，各植被类型不同坡位土壤水分含量的剖面分布特征较为一致，即除浅层受降雨影响而相对较高以外，均随土层深度的增加而升高。黄土丘陵区浅层0~2 m土壤水分受降雨影响较大，尤其是0~0.2 m更属于速变层，2 m以下深层土壤水分则相对稳定，所以本文将浅层（0.2~2 m）和深层（2~8 m）土壤水分分别进行分析。表9-7为不同坡位浅层土壤水分及方差分析。

由浅层土壤水分的方差分析可知，除阴坡柠条林地和苜蓿草地，其他人工林地不同坡位浅层土壤水分均存在显著性差异。一般而言，土壤水分含量的坡位分异规律为上坡位 < 中坡位 < 下坡位，土壤储水量除侧柏林地外基本可以反映这一规律。侧柏林地上坡位土壤水分含量最高，中、下坡位无显著性差异，中坡位土壤储水量略低于下坡位。苜蓿草地土壤储水量虽然存在由上而下逐渐增加的现象，但土壤水分并无显著性差异。总体而言，浅层土壤储水量在坡面

上存在由上而下递增的趋势，土壤水分坡位分异一般为上、中坡位无显著性差异，但明显低于下坡位。

表9-7　不同坡位0.2~2 m土壤水分及多重比较

坡位	阳坡柠条林地		阴坡柠条林地		油松林地		侧柏林地		苜蓿草地	
	平均值(%)	储水量(mm)	平均值(%)	储水量(mm)	平均值(%)	储水量(mm)	平均值(%)	储水量(mm)	平均值(%)	储水量(mm)
上坡位	5.08a	100.53	5.78a	127.87	6.04a	109.79	5.64a	109.73	6.03a	115.11
中坡位	4.79a	98.31	5.88a	133.38	6.03a	113.97	4.98b	101.26	6.04a	118.55
下坡位	6.41b	135.02	6.45b	142.72	8.85b	140.18	5.16b	107.76	6.32a	125.17
F	19.889**		3.270		46.892**		3.480**		0.470	

注：*表示不同坡位间如有一个字母相同表示差异不显著（$P<0.05$，LSD）。
**表示极显著($P<0.01$)。

深层土壤水分的坡位分异与浅层有所不同。方差分析表明，除油松林地外，不同坡位深层土壤水分均存在显著性差异（表9-8），不同坡位之间对比差异较大，但不同植被类型之间深层土壤水分差异更为显著。阳坡柠条林地中、下坡位土壤水分和储水量无显著差异，均低于上坡位；而阴坡柠条林地则是中坡位最高。研究发现，植被生长可弱化地形对土壤水分的影响。阳坡柠条林地上坡位受太阳辐射和风等影响较多，土壤物理蒸发强烈，导致柠条生长受限。植被调查发现，上坡位柠条平均高度为1.02 m，而中、下坡位平均高度达到了1.28 m和1.23 m，上坡位柠条生长较差，减少了对深层土壤水分的消耗，从而呈现出上坡位深层土壤水分含量最高的现象，阴坡柠条中坡位也是类似现象。下坡位油松林浅层土壤水分相对较高，但深层土壤储水量最低。下坡位油松平均高度为4.90 m，平均胸径为25.29 cm；而中、上坡位油松平均高度和胸径分别为4.48 m、

表9-8　不同坡位2~8 m土壤水分及多重比较

坡位	阳坡柠条林地		阴坡柠条林地		油松林地		侧柏林地		苜蓿草地	
	平均值(%)	储水量(mm)	平均值(%)	储水量(mm)	平均值(%)	储水量(mm)	平均值(%)	储水量(mm)	平均值(%)	储水量(mm)
上坡位	8.44a	557.11	6.56a	484.16	6.84a	451.19	6.76a	438.28	7.49a	476.10
中坡位	7.09b	484.62	7.47b	564.87	7.10a	447.35	7.66b	519.48	7.46a	487.82
下坡位	6.94b	487.08	6.83a	504.01	6.89a	363.61	7.65b	532.13	6.19b	408.38
F	15.439**		6.292**		0.742		7.771**		12.007**	

注：*表示不同坡位间如有一个字母相同表示差异不显著（$P<0.05$，LSD），**表示极显著（$P<10.01$）。

21.56 cm和4.55 m、23.10 cm，下坡位油松生长状况最好，对深层土壤水分消耗较多，从而导致下坡位深层土壤储水分别比上、中坡位低19.14%和18.72%。侧柏林地上坡位深层土壤水分低于中、下坡位，中、下坡位土壤水分无显著性差异，储水量由上而下逐渐增加。苜蓿草地下坡位深层土壤水分含量最低，下坡位苜蓿草地为水平梯田整地方式，上、中坡位为水平沟整地方式，水平梯田相比水平沟可更好地拦蓄降水，提高浅层土壤水分含量（表9-7）。但苜蓿作为深根性植物仍以消耗深层土壤水分为主，对地上生物量的分析发现，上、中坡位苜蓿鲜重分别为246.31 g/cm^{2}和248.06 g/cm^2，而下坡位则达到674.00 g/cm^2，下坡位苜蓿生物量较高，严重消耗深层土壤水分，从而导致其土壤储水分别比上、中坡位低14.22%和16.28%。深层土壤水分的坡位分异主要受深根性植被耗水的影响，这类植被能严重消耗深层土壤储水，导致下坡位浅层土壤虽可积蓄较多的水分但深层土壤储水却相对较低。由此可见，植被生长可弱化地形对土壤水分的影响，尤其是深层土壤水分，浅层土壤水分则受地形影响较为强烈。

为探讨坡度对土壤水分的影响，分别选取了9°和25°荒草地、12°和23°侧柏林地、8°和14°苜蓿草地三组样地进行对比。三组样地均位于梁顶，坡向基本一致，对照组内侧柏林地和苜蓿草地种植年限和密度一致。

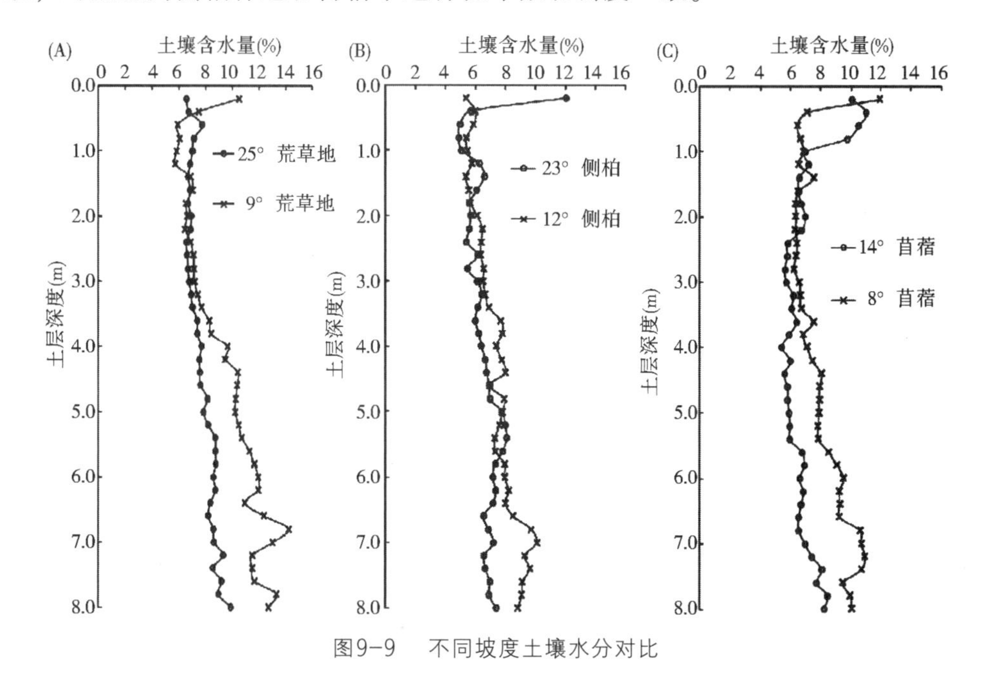

图9-9　不同坡度土壤水分对比

由图9–9不同坡度土壤水分对比可明显看出，不同植被在不同坡度条件下深层土壤水分剖面分布虽有差异，但在整个8 m土层的剖面分布特征基本一致，即上层土壤水分有一定的差异，土层中部水分含量较为接近，其下层次土壤水分差异变大，并且坡度越小土壤水分含量越高。不同植被类型，因根系分布、耗水程度等差异使得这三个分层的深度有所不同。

表9–9　不同坡度深层土壤水分及多重比较

坡度	0.2~2 m		2~8 m	
	平均值（%）	储水量（mm）	平均值（%）	储水量（mm）
9°荒草地	6.45	143.95	10.22	43.28
25°荒草地	6.96	160.40	7.99	561.18
F	5.030**		26.615**	
12°侧柏林地	5.68	147.05	7.85	551.26
23°侧柏林地	5.64	131.96	6.76	426.11
F	0.028		22.089**	
8°苜蓿草地	6.74	152.42	8.32	523.91
14°苜蓿草地	8.16	169.84	6.55	457.58
F	5.507**		31.912**	

注：**表示极显著（$P<0.01$）。

方差分析（表9–9）表明，不同坡度林地和草地深层上壤水分存在显著性差异，反映了坡度是深层土壤水分空间变异的一个重要原因。同时也可看出，坡度对浅层土壤水分也有一定的影响。就深层土壤水分而言，9°荒草地平均土壤水分为10.22%，而25°荒草地仅为7.99%，土壤储水量较25°荒草地高14.6%；12°侧柏林地比23°侧柏林地深层土壤储水量高29.4%；8°苜蓿草地深层土壤储水也比14°苜蓿草地高出14.5%。坡度越小，深层土壤水分含量就越高。浅层土壤水分则有所不同，12°侧柏林地0.2~2 m土层土壤储水比23°侧柏林地高出11.4%，但土壤水分并无显著性差异。荒草地和苜蓿草地浅层土壤水分坡度分布一致，坡度越大，浅层土壤水分含量反而越高。对荒草地地上生物量分析表明，9°荒草地地上生物量平均鲜重226.00 g/m²、干重106.56 g/m²，25°荒草地平均鲜重139.70 g/m²、干重83.27 g/m²。荒草地地上植被根系较浅，对浅层土壤水分影响较大，坡度小则地上生物量相对较大，消耗更多水分，导致浅层水分反而低于坡度较大的草地，深层土壤水分则主要受坡度影响，坡度越大，越不利于降雨入渗，从而土壤水分含量越低。

以两组阳坡和阴坡柠条林地为对照，分析同种植被下土壤水分的坡向差异，两组柠条林地坡度基本一致，位于中、下坡位，相比上坡位受太阳辐射和风的影响较小。图9-10（A）为中坡位不同坡向柠条林地土壤水分对比，图9-10(B)为下坡位不同坡向柠条林地土壤水分对比。

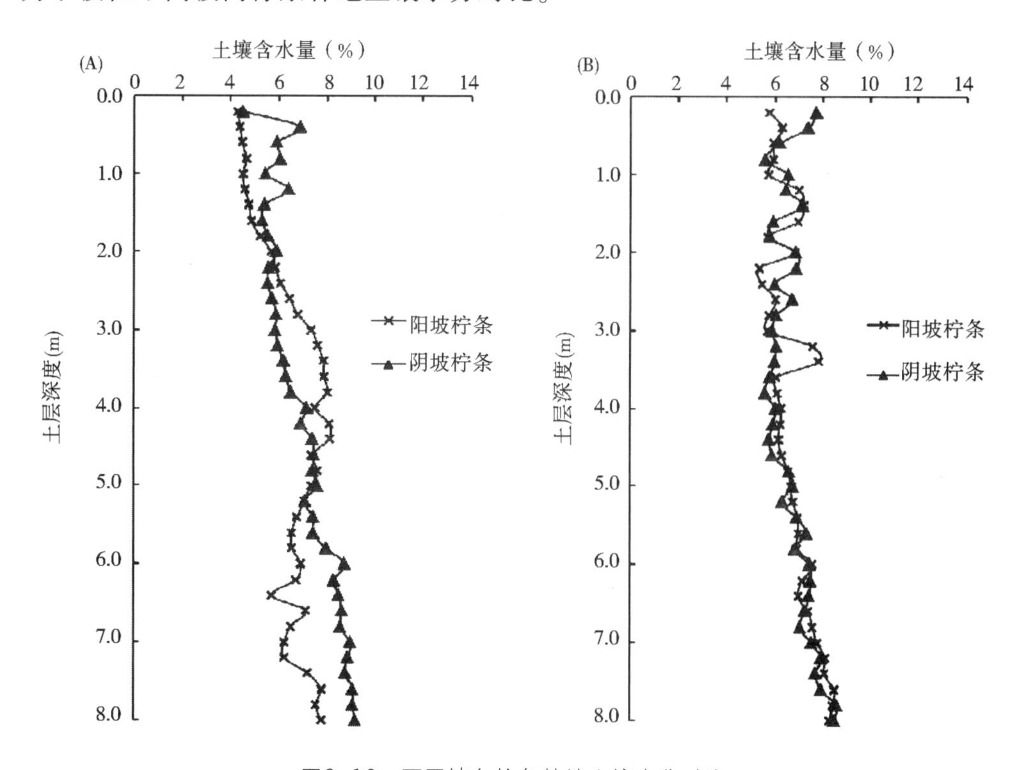

图9-10　不同坡向柠条林地土壤水分对比

由图9-10可以看出，中坡位不同坡向柠条林地土壤水分差异比较明显，而下坡位则差异不大，尤其是深层土壤水分，阴坡和阳坡基本一致。表9-10对不同坡向柠条林地土壤水分进行了统计与对比分析。

通过阳坡和阴坡柠条林地土壤水分及储水量的对比可知，阴坡柠条林地浅层和深层土壤储水量均高于阳坡，仅下坡位阴坡柠条林地深层土壤水分平均值略低于阳坡，但从方差检验二者并无显著性差异。由这两组对比数据可以发现，坡向对浅层土壤水分有一定程度的影响，但并没有造成柠条林地土壤水分尤其是深层土壤水分的差异，两组深层土壤水分的对比均没有通过方差检验，表明坡向并非深层土壤水分空间变异的一个重要因子。

表9-10　不同坡向土壤水分及T检验

坡向	中坡位0.2~2 m		下坡位0.2~2 m		中坡位2~8 m		下坡位2~8 m	
	平均值（%）	储水量（mm）	平均值（%）	储水量（mm）	平均值（%）	储水量（mm）	平均值（%）	储水量（mm）
阳坡	4.79	98.31	6.41	135.02	7.09	484.62	6.94	487.08
阴坡	5.88	133.38	6.44	142.72	7.47	564.87	6.83	504.01
t	−4.062**		−0.772		−1.519		0.469	

注：**表示极显著（$P < 0.01$）。

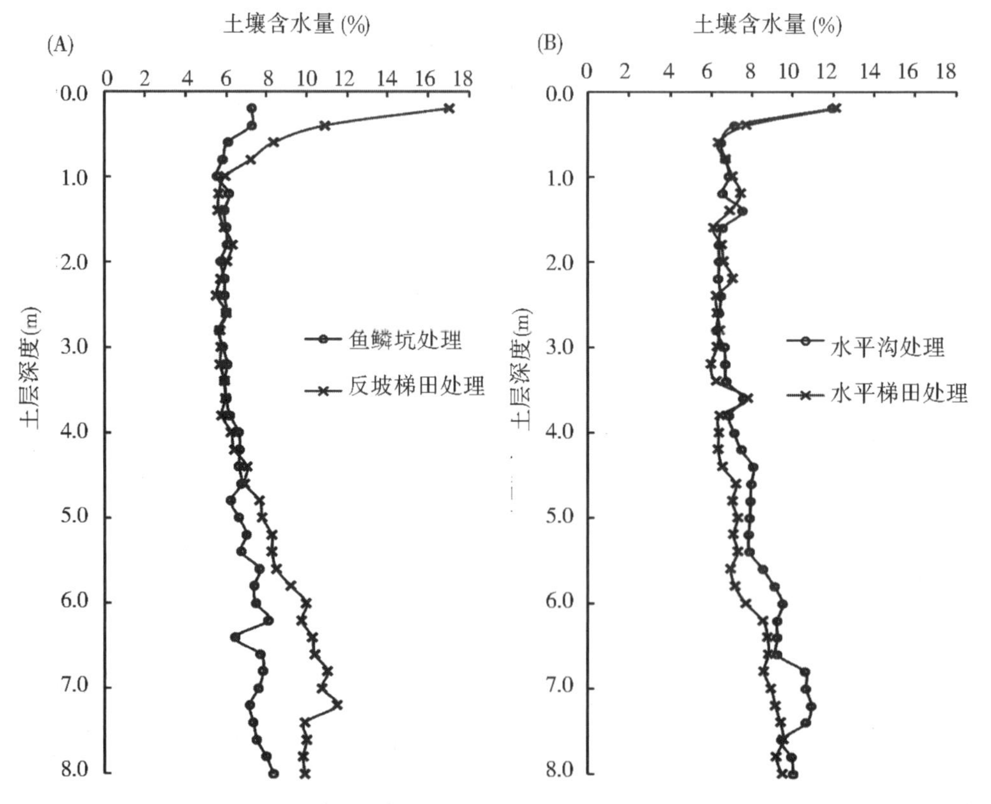

图9-11　不同水土保持措施土壤水分对比

水土保持工程和耕作管理等管理措施可在坡面上有效拦截降雨，增加降雨汇集和入渗，提高土壤水分含量。本研究以不同整地处理的油松林地（图9-11A，鱼鳞坑处理和反坡梯田处理）和苜蓿草地（图9-11B，水平沟处理和水平梯田处理）为例分别进行讨论其深层土壤水分效应。

由图9-11可以明显看出，不同水土保持措施处理下，0~8 m深土壤水分剖面分异与不同坡度条件下的变异较为相似。反坡梯田处理和鱼鳞坑处理的油松林地在1~4.6 m处土壤水分无显著差异，在0~1 m和4.6~8 m处差异明显，反坡梯田处理的油松林地土壤水分在这两个层次明显高于鱼鳞坑处理的油松林地，尤其是4.6 m以下，反坡梯田处理油松林地土壤储水量比鱼鳞坑处理高出30%。油松的主根和副主根粗壮发达，可以利用较深层次土壤贮水。在1~4.6 m深度，平均土壤水分仅为6.06%（鱼鳞坑处理）和5.99%（反坡梯田处理）；在其下深度，土壤水分随深度增加而增加。相比鱼鳞坑处理，反坡梯田整地可更为有效地拦截降水，增加入渗。因此，0~1 m土壤水分含量较高，只是在1~4.6 m处土层由于根系的密集分布造成的土壤水分消耗较多，弱化了二者的差异；但在更深的层次，二者的差异就比较明显。不同处理的苜蓿草地在0.2~3.8 m处土壤水分无明显差异（图9-11），土壤水分在3.8 m以下随土层深度增加而增加。经T检验，水平沟处理和水平梯田处理苜蓿草地在0.2~3.8 m处土壤水分无显著性差异，在3.8~8 m土层有显著性差异。由此可见，水平梯田处理方式可更为有效地拦截降雨，增加入渗，土壤水分状况要好于水平沟处理方式，尤其是深层土壤水分，更能反映这一差异。

图9-12显示了不同种植与管理方式农地深层土壤水分状况。其中，阴坡马铃薯农地2010年轮歇，无耕作活动；亚麻农地则在种植以后未加以翻土、锄草等耕作管理活动。由图9-12可以看出，亚麻农地和阴坡马铃薯农地土壤水分剖面特征为随深度增加而增加，其他三种农地土壤水分则大致在4 m以上随深度增加而减少，4 m以下随深度增加而增加，与亚麻农地和阴坡马铃薯农地一致。

方差分析和多重比较（表9-11）表明，农地因种植和管理措施不同，土壤水分差异较大。阴坡马铃薯农地和胡麻农地由于没有任何耕作措施，表层土壤板结，不利于降雨入渗，且浅层土壤蒸发强烈，4 m以上土层平均水分仅为8.50%和8.36%，4 m以下土壤水分与其他农地相比则无显著差异。多重比较表明，玉米农地4 m以下土壤水分显著高于其他农地，平均土壤水分14.07%，平均储水量达到624.78 mm。这是由于玉米是覆膜种植，降雨几乎全部从作物根部附件渗入，而土壤水分受覆膜的影响蒸发极少，仅作物蒸腾和生长耗水，从而很好地保蓄土壤水分，使得玉米农地土壤水分要远高于其他耕作的农地。

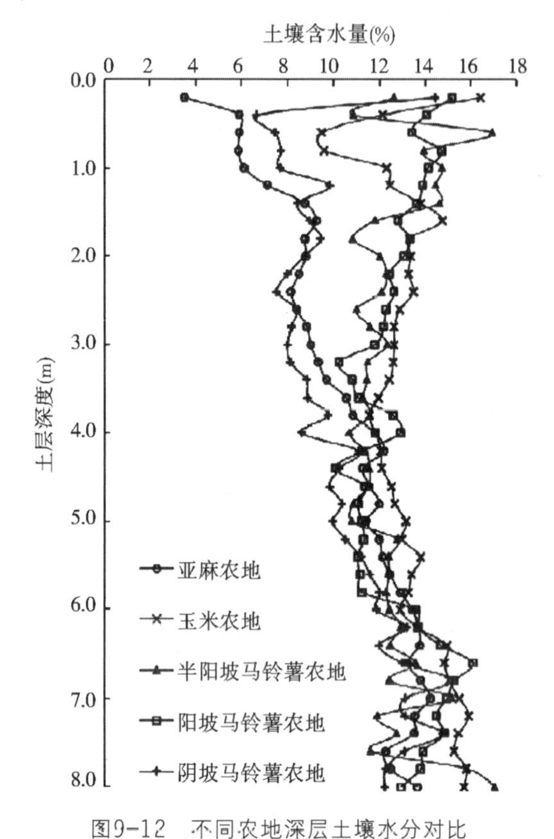

图9-12　不同农地深层土壤水分对比

表9-11　不同类型农地土壤水分及多重比较

农地类型	0.2~4 m		4~8 m	
	平均值(%)	储水量(mm)	平均值(%)	储水量(mm)
亚麻农地	8.50a	369.62	12.79a	572.75
玉米农地	12.44b	561.39	14.07b	624.78
半阳坡马铃薯农地	12.43b	542.36	12.73a	554.98
阴坡马铃薯农地	8.36a	364.08	12.03a	505.48
阳坡马铃薯农地	12.74b	493.73	12.91a	542.27
F	50.641**		4.940**	

注：*表示不同坡位间如有一个字母相同表示差异不显著（$P<0.05$，LSD），**表示极显著（$P<0.01$）。

（二）土壤水分与环境因子的关系

由不同坡形和坡位条件下平均土壤储水量和平均土壤水分的方差分析（表9-12）可以看出，不同坡形条件下土壤水分差异显著，但不同坡位条件下土壤水分无显著性差异。一般而言，凹坡能蓄积更多的土壤水分，而凸坡易造成土壤水分流失。因此，凹坡条件下土壤水分含量一般较高，土壤水分状况较好；凸坡条件下土壤水分蓄积不如凹坡，从而土壤水分含量一般较低。由于该地区在进行水土流失治理时，在坡面上都已经修建了水平沟、水平阶、隔坡反坡梯田、水平梯田等水土保持工程措施，在一般降水条件下，天然降雨一般直接拦蓄在坡面上，已经不存在坡面径流从上坡位向下坡位的流动，所以造成不同坡位条件下土壤水分没有显著性差异。

表9-12　不同坡形和坡位土壤水分的方差分析

	坡形				坡位			
	平方和	均方	*F*	显著性	平方和	均方	*F*	显著性
土壤储水量	19 080.829	9 540.415	5.250	0.007	11 848.280	2 962.070	1.523	0.203
平均土壤水分	43.674	21.837	5.181	0.007	29.503	7.376	1.646	0.170

注：*表示显著性水平$F\alpha$=0.05。

表9-13　土壤水分与环境因子的相关分析

	土地利用	坡度	东西坡向	南北坡向	海拔
PCSWDI	0.713**	0.550**	0.035	–0.244*	–0.385**
土壤水分	–0.733**	–0.565**	–0.043	0.276*	0.388**
土壤储水量0~200 cm	–0.713**	–0.551**	–0.034	0.244*	0.384**
土壤储水量0~40 cm	–0.780**	–0.578**	–0.112	0.462**	0.375**
土壤储水量40~200 cm	–0.653**	–0.510**	–0.017	0.183	0.360**
	黏粒	粉粒	砂粒	全磷	全氮
PCSWDI	–0.259*	0.003	0.062	–0.076	–0.214
土壤水分	0.272*	–0.003	–0.065	0.081	0.220*
土壤储水量0~200 cm	0.261*	–0.005	–0.060	0.076	0.214
土壤储水量0~40 cm	0.289**	0.040	–0.115	0.096	0.205
土壤储水量40~200 cm	0.239*	–0.016	–0.043	0.071	0.206
	全碳	容重	速效磷	有机质	速效氮
PCSWDI	–0.135	0.303**	–0.278*	–0.043	0.106
土壤水分	0.152	–0.303**	0.273*	0.052	–0.111
土壤储水量0~200 cm	0.136	–0.302**	0.279*	0.043	–0.104
土壤储水量0~40 cm	0.248*	–0.266*	0.139	0.093	–0.173
土壤储水量40~200 cm	0.103	–0.293**	0.296**	0.033	–0.082

注：*表示在0.05的水平上显著相关，**表示在0.01的水平上显著相关。

通过平均土壤水分及土壤储水量等土壤水分含量指标与环境因子进行相关分析（表9-13）发现，坡度与土壤水分含量呈显著负相关关系。其中，坡度与平均土壤水分含量相关系数为-0.565，说明坡度越大、土壤水分含量越低；反之，坡度越小，土壤水分含量越高。相关分析表明，东西坡向与土壤水分含量没有显著性相关；而南北坡向与土壤水分含量存在显著性相关，尤其是0~40 cm土壤水分含量相关系数达到了0.462。由此可见，东坡和西坡的坡向土壤水分无显著性差别，而南坡和北坡差异较大。南坡由于受到较多的太阳辐射，地面温度较高，土壤蒸发作用强烈，土壤水分耗损严重；而北坡相比南坡受太阳辐射较少，地面温度相对较低，土壤蒸发作用相对较弱，土壤水分含量相对南坡较高。因此，南北坡向与土壤水分呈显著正相关关系。但是这种坡向的影响主要限于表层土壤，深层土壤由于接受不到太阳辐射，土壤水分蒸发不受太阳辐射的影响，所以南北坡向仅对表层土壤水分有显著性影响，对40 cm以下土壤水分没有显著性影响，40~200 cm土壤水分与南北坡向也没有显著性相关关系就反映了这一现象。相关分析表明，海拔与土壤水分存在显著正相关关系，这可能是由于海拔较高，接受迎风面降雨较多，而低海拔处相对较少。因此，高海拔地区土壤水分含量相对较高，而低海拔处土壤水分含量相对较低。

在土壤的机械组成与土壤水分的相关关系方面，土壤黏粒含量与土壤水分呈典型正相关关系，即黏粒含量越高、土壤水分含量越高。在土壤的粒径组成方面，黏粒含量是影响土壤水分的最重要部分，土壤水分主要通过黏粒才储存，砂粒和粉粒没有很好的储水效果，王志强等的研究也证实了这一点。土壤容重与土壤水分含量呈典型负相关，这在前面的研究中已有论述。在土壤的其他理化性质中，土壤速效磷含量与土壤水分呈显著正相关，尤其是40~200 cm土壤储水量与土壤速效磷含量相关系数为0.296，通过了0.01水平上的双侧检验。而全碳含量、全氮含量、有机质含量和速效氮含量与土壤水分各项指标均没有显著性相关关系。仅全氮含量在0.05水平上与平均土壤水分含量呈正相关。由此可见，该地区土壤水分的空间变异中，土壤理化性质中仅土壤容重和黏粒含量对土壤水分有显著影响，其他理化性质对土壤水分没有显著性相关。而地形因子则是土壤水分空间变异的主要影响因子，地形因子以坡形和坡度影响最大，其次为海拔和南北坡向。但土壤水分的空间变异，最主要还是受土地利用的影响。

对土壤水分有一定影响的因子进行分析，分析结果见表9-14。

表9-14　土壤水分影响因子的分析

成分因子	成分矩阵			
	1	2	3	4
土地利用	–0.484	0.771	0.165	0.032
坡度	–0.375	0.749	0.203	–0.121
南北坡向	0.680	0.005	–0.267	–0.120
坡形	0.380	0.023	0.634	0.357
海拔	0.453	–0.426	0.466	–0.070
黏粒	0.413	–0.055	0.330	–0.211
全氮	0.763	0.470	0.029	0.149
全碳	0.809	0.448	0.035	–0.084
容重	–0.561	–0.203	0.371	0.418
速效磷	0.267	0.082	–0.351	0.836

通过因子分析将影响土壤水分的环境因子列为四个主要因子，由表9-14可以看出，第一因子主要是全氮、全碳、南北坡向，可以总结为植被因子；第二因子主要是土地利用和坡度，可以总结为土地利用因子；第三因子主要为坡形，总结为地形凸凹度因子；第四因子主要是速效磷、容重也有较大作用，可以总结为土壤属性因子。第一因子（植被因子）其实是受第二因子（土地利用因子）影响，所以第一因子和第二因子可以概括为土地利用因子。

通过对不同层次土壤水分含量与环境因子矩阵进行CCA排序，可以在排序图上得到不同样点在环境梯度上的变化规律，也可以找出影响土壤水分空间变异的主要因子。图9-13即为土壤水分与环境因子的CCA分析。

从图9-13可以看出，植被、土壤容重、南北坡向、坡度、黏粒含量、水土保持工程措施是影响土壤水分的主要因子。这与前面相关分析得出的结论基本一致。其中，CCA分析中的植被因子和水土保持工程措施因子可以概括为土地利用因子。由CCA分析和相关分析的对比可以看出，CCA分析与相关分析一样，可以找出影响土壤水分的主要因子。因此，在研究与环境因子变量相关的生态过程时，可以参照CCA的分析结果提取主要影响因子。

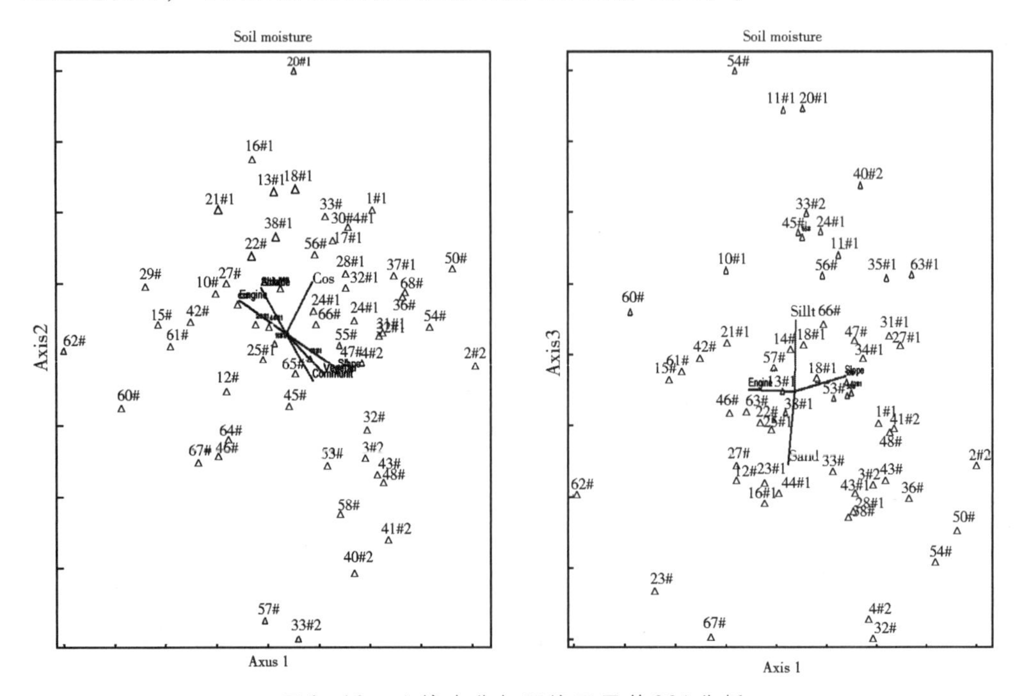

图9-13　土壤水分与环境因子的CCA分析

第十章　人工植被对土壤水分的适宜性分析

植物对干旱的抗御能力是林木生长和稳定性的主要决定因素,尤其对干旱、半干旱地区人工林,根系在不同土层的分布密度影响林木拥有土壤有效水分的量,不同土层的水分环境同时也影响到林木地上部分的生长和效益的发挥。

在干旱、半干旱黄土丘陵沟壑区,土壤水分对区域生态环境建设有特殊的生态学意义。中国实施西部大开发战略以来,研究区人工植被面积迅速扩大,同时也越来越发挥着巨大的生态效益。但也普遍存在造林成活率和保存率低、人工林生产力低下等问题,严重制约着人工植被系统生态经济功能的发挥。其主要原因是缺乏对该地区土壤水分生产力条件的研究,或者说是对不同树种适应干旱的能力缺乏全面认识。本研究在有关黄土区植物根系分布及干旱适宜度研究的基础上,根据土壤水分动态和植物根系分布,初步研究了植物对干旱条件下的适宜性,建立了数学模型,对植物根系分布区域土壤水分进行分析,以土壤水分对植物耗水满足程度作为适宜度评价指标,并以根系分布作为权重因子,对半干旱黄土丘陵沟壑区小流域微地形条件下人工植被对土壤水分的适宜性进行评价。

一、人工植被对土壤水分的适宜度模型

在干旱、半干旱地区,水分是制约植物生长发育的主要生态因子,将土壤水分监测样点在垂直梯度上不同深度的含水量分别记作$x_1, x_2, \cdots, x_n$;诸x_i($i = 1,2,\cdots,n$)是与特定植物种有关的土壤水分环境因子,则该种的适宜度函数可表示为:

$$N = f(x) = f(x_1, x_2, \cdots, x_n)$$

其中,$X = (x_1, x_2, \cdots, x_n)$,$E = \{X \mid f(x) > 0, X = (x_1, x_2, \cdots, x_n)\}$。

以上各土壤水分量化值$X(x_1, x_2, \cdots, x_n)$构成该植物种所处不同层次的土壤水分环境,若存在着一点$X_a = (x_{1a}, x_{2a}, \cdots, x_{na})$使得$f(xa) = \max\limits_{x \in En} \{f(x)\}$,则称$X_a$为该种的最适宜土壤水分环境。人工植被对土壤水分的适宜度是其最适点与实

现点之间的贴近程度的定量表征。对于干旱、半干旱地区土壤含水量经常不足，当土壤含水量大于最适含水量时，均可满足植物生长，可认为贴近度相同。据此建立如下模型：

$$y=\sum_{i=1}^{n} a_i \cdot \min(x_i / x_{ia}, 1)$$

式中：y为人工植被对土壤水分的适宜度值；α_i为第i层的权重因子（$\sum_{i=1}^{n} a_i=1$）；x_i为第i层（$i=1,2,\cdots,n$）土壤中水分生态因子实测值；x_{ia}为第i层土壤中水分生态因子最适值，土壤水分生态因子最适值应根据试验实地观测确定，在干旱、半干旱地区，土壤含水量大于田间持水量80%，植物生长旺盛，故取田间持水量80%作为土壤水分生态因子最适值。

二、研究区域典型人工植被根系分布特征

立地条件对植物根系分布有明显影响。阴坡植物根系的垂直分布深度明显较阳坡大，特别在近树干处。不同立地人工林土壤水分状况差异是造成这种差异的关键所在，也是造成人工林地阴坡林木的生产力高于阳坡林木的主要原因。除此之外，土壤种类、结构等对植物根系分布特征也有很大影响。根据巉口林场和定西水土保持研究所资料，对相同立地条件下油松、侧柏、山杏、柠条、山毛桃根系垂直分布特征的调查结果，由表10-1可以看出，各树种之间存在着很大的差异。其中，柠条的根系分布最深，在80~100 cm土层权重系数为0.09，且在各土层中分布相对均匀，较其他树种更能利用深土层的水分。侧柏和山毛桃深层土壤根系密度权重系数均明显大于油松和山杏。根据各树种根系垂直分布特征，林木根系对土壤干旱的抗御能力以及在干旱条件下对土壤水分的利用能力，直接关系到造林树种的适地性及其生产力的高低。根系活力是衡量林木根系抗御干旱能力大小的重要生理指标。在一定的土壤干旱范围内，苗木可以通过提高根系的呼吸强度，释放更多的能量来适应干旱环境，维持对水分和其他物质的吸收功能。当土壤干旱超过一定的阈值后，树木根系将逐步丧失其活力和功能，最终导致地上部分的枯死。试验调查结果显示，侧柏和柠条的根系抗旱性最强，其次是山毛桃和山杏，抗旱性最差的是油松。苗木的根系活力除受土壤干旱胁迫程度影响外，还受干旱持续时间影响。当土壤含水量降至40%的田间持水量时，土壤

干旱已经对油松的生长构成了威胁，但对侧柏及柠条的影响不大。

表10-1 不同树种的根系垂直分布特征

土层(cm)	油松		侧柏		山杏		柠条		山毛桃	
	RD	*RI*	*RD*	*RI*	*RD*	*RI*	*RD*	*RI*	*RD*	*RI*
0~20	1.29	0.28	1.71	0.45	0.49	0.29	2.26	0.46	1.97	0.52
20~40	2.07	0.45	1.14	0.30	0.23	0.14	1.20	0.24	0.90	0.24
40~60	1.14	0.25	0.36	0.09	0.21	0.12	0.53	0.11	0.38	0.10
60~80	0.07	0.02	0.28	0.07	0.76	0.45	0.45	0.09	0.25	0.07
80~100	0.04	0.01	0.33	0.09	0.01	0.01	0.48	0.10	0.27	0.07
合计	4.61	1.00	3.82	1.00	1.70	1.00	4.92	1.00	3.77	1.00

注：*RD* 为根密度(kg/m^3)，$RI = (RD/\sum RD) \times 100$。

不同生长年限紫花苜蓿的根系垂直分布，由表10-2可以看出，五年生紫花苜蓿的主、侧根均明显高于两年生紫花苜蓿。在0~40 cm土层中，总根系五年生是两年生的1.83倍，侧根五年生是两年生的1.35倍；10~20 cm土层分布密度差异最大，两年生紫花苜蓿的主、侧根分别为62.50%和58.82%，五年生紫花苜蓿的主、侧根分别为62.85%和60.86%。这说明五年生的紫花苜蓿浅层和深层根系发育比较均匀，且在主根上表现更为明显。

表10-2 不同生长年限紫花苜蓿根系垂直分布特征

土层深度(cm)	主根		侧根		总根	
	二年生	五年生	二年生	五年生	二年生	五年生
0~10	0.034	0.062	0.006	0.008	0.04	0.07
10~20	0.011	0.026	0.004	0.006	0.015	0.032
20~30	0.008	0.015	0.003	0.004	0.011	0.019
30~40	0.006	0.012	0.002	0.002	0.008	0.014
40~50	0.013	0.025	0.002	0.003	0.015	0.028
合计	0.072	0.14	0.017	0.023	0.089	0.163

三、不同区域的人工植被对土壤水分的适宜度

测得安家坡、龙滩坡面人工植被土壤含水量，采用上述公式计算出不同位置人工植被对土壤水分的适宜度，安家坡和龙滩人工植被(0~100 cm)各层土壤水分实测值为阳坡柠条、阴坡油松和紫花苜蓿的平均值，适宜度分别为

42.72%、47.9%。就不同位置而言，安家坡的人工植被对土壤水分的适宜度较高，根据实地调查，阳坡柠条密度大于2 800 丛/hm²，阳坡柠条林春季不能按时萌动，半阴坡柠条、阳坡侧柏、阴坡油松以及不同立地条件下紫花苜蓿都能正常发育，人工植被对土壤水分的适宜度平均为38.9%，在生长季节土壤水分限制树木生长，在干旱季节人工植被表现出一定的萎蔫现象；龙滩阳坡柠条对土壤水分的适宜度最低时仅为18.56%，在阳坡上、中坡位的柠条，由于水分适宜度低，植株有死亡现象。

四、不同坡向紫花苜蓿对土壤水分的适宜度

不同坡向紫花苜蓿对土壤水分的适宜度计算结果见表10-3。阴坡、半阴坡、阳坡、半阳坡四个坡面之间没有显著差异，其适宜度除半阳坡低于40%，其他三个坡向均大于40%。这说明，紫花苜蓿在丰水年、平水年和欠水年对土壤水分均能很好的适应。各月紫花苜蓿对土壤水分的适宜度也表现出较为显著的差异性，具有较为一致的规律，以阳坡7月份的适宜度最低，阴坡仅为21.76%；4月份和9月份四个坡向对土壤水分的适宜度最高，分别达51.78%和57.26%。比较不同坡位适宜度，平均值为半阴坡(46.70%) > 阴坡(42.62%) > 阳坡(42.06%) > 半阳坡(39.49%)。由此可见，紫花苜蓿对土壤水分的适宜度不仅与坡向和坡位而且与管理和经营措施都有显著的相关性。适宜度年变化主要取决于土壤水分的补给与蒸腾、蒸发消耗，年初受上一年度秋季降雨补给的影响，适宜度较高，随着土壤水分的不断消耗，适宜度逐渐降低，在8月后受降水补给的影响，适宜度才得到逐渐恢复。

表10-3　紫花苜蓿对不同坡向土壤水分的适宜度(%)

坡向	月份							
	4月	5月	6月	7月	8月	9月	10月	平均
阳坡	51.28	41.09	32.09	27.78	43.72	54.48	43.98	42.06
半阳坡	45.34	36.26	32.98	22.43	40.11	54.63	44.68	39.49
半阴坡	62.46	45.14	38.79	31.3	41.72	60.74	46.77	46.70
阴坡	48.05	30.55	29.03	21.76	70.15	59.17	39.64	42.62
平均	51.78	38.26	33.22	5.822	48.93	57.26	43.77	42.72

五、不同坡位对土壤水分的适宜度

在不同地形上、中、下部位人工林对土壤水分的适宜度随坡位的抬高而上

升,与不同地形部位土地生产能力呈现完全相反的趋势。在人工生态建设的过程中,由于采用了超自然的人工植被类型和整地措施,创造有利于植物生长的条件,对土壤水分的过分利用所致。植被在梯田和草地等治理措施后,对土壤水分的强度利用而没有得到补偿,使得土壤水分明显降低,土壤普遍出现干化层,导致其适宜度降低,成为影响植物生长发育的瓶颈。从人工植被对土壤水分的适宜度角度来看,水土保持措施的布局与实施,应首先从侵蚀沟开始,而坡度>30°的自然坡面不宜大规模整地造林(表10-4)。

六、不同季节对土壤水分的适宜度

不同生长季节人工林对土壤水分的适宜度(表10-4),各植被类型在不同生长季节表现出不同的适应性。总体来看,5月、6月和10月各植被类型对土壤水分的适宜度较低,而4月、7月、8月和9月各植被类型对土壤水分的适宜度较高。

表10-4 人工林对不同坡位土壤水分的适宜度(%)

	坡向	位坡	月份							
			4月	5月	6月	7月	8月	9月	10月	平均
柠条	阳坡	上坡位	22.95	20.85	21.58	27.12	31.06	34.46	23.71	25.96
		中坡位	29.63	23.18	22.09	25.35	38.32	42.56	26.70	29.69
		下坡位	21.41	19.65	18.56	30.99	28.53	26.35	21.00	23.78
	半阴坡	上坡位	46.33	36.80	27.62	22.35	32.22	43.41	32.40	34.45
		中坡位	44.33	34.97	27.22	19.37	30.39	37.93	29.11	31.90
		下坡位	36.82	27.68	23.68	20.66	31.26	38.37	26.14	29.23
山杏	半阴坡	上坡位	38.75	29.41	30.58	20.91	42.82	54.72	34.24	35.92
		中坡位	44.93	30.67	25.45	23.62	32.00	46.08	31.32	33.44
		下坡位	51.62	31.91	27.45	24.39	38.52	48.07	43.59	37.94
油松	阴坡	上坡位	55.83	36.14	34.62	32.68	73.04	59.37	43.35	47.86
		中坡位	47.05	38.10	30.17	27.56	58.14	58.70	37.64	42.48
		下坡位	46.75	54.06	29.75	33.54	54.83	49.44	39.19	43.94
侧柏	阳坡	上坡位	23.64	21.63	20.35	23.17	44.49	39.67	21.28	27.75
		中坡位	24.14	31.70	27.60	26.72	45.79	42.54	28.44	32.42
		下坡位	24.81	21.93	20.39	20.99	48.04	36.27	24.38	28.12
山毛桃	梁峁顶			35.34	28.45	27.26	35.90	62.38	37.91	37.87

七、不同土地利用方式对土壤水分的适宜度

因树种的生物学、生态学特性的差异，导致不同地形部位林地对土壤水分的适宜度变化(表10-5)。一般来说，林地对土壤含水量的适宜度变化阴坡高于阳坡，下部高于中部，中部高于上部。就树种而言，新造林地对土壤水分的适宜度灌木高于阔叶乔木。但是土壤水分在林地的长期利用之后，情况就发生了逆向变化，由于比较适宜的灌木，生长发育状况高于阔叶乔木，灌木对土壤水分的高强度消耗而得不到有效的补偿，致使土壤干化严重，适宜度下降；而阔叶乔木林由于风的胁迫，光合作用下降，林木生长发育不良，对土壤水分的利用能力下降，虽然土壤水分条件较灌木好，但却形成了"小老树"，出现与灌木林相反的情况。林木生长发育与土壤水分的关系，与农耕地的趋势一样，总的规律是：林木越是适应造林地立地条件，生长发育状况越好，在半干旱地区特定的降水资源条件下，引起的土壤干化程度越严重。因此，林木出现了随坡位抬升，生长量、生长势迅速下降，立地土壤水分含量上升的现象，而柠条虽生长发育良好，但造林后土壤水分严重下降。

表10-5　不同植被土地利用方式人工林对土壤水分的适宜度(%)

坡向	坡位	土地利用方式					
		侧柏	油松	山杏	青杨	柠条	山毛桃
阳坡（半阳坡）	上部	27.75		34.45	8.21	125.96	48.97
	中部	32.42		31.9	11.14	29.69	48.16
	下部	28.12		29.23		23.78	39.77
阴坡（半阴坡）	上部		47.86	36.24	19.13	22.56	44.32
	中部	30.27	42.48	31.63		27.22	31.85
	下部		43.44			28.94	29.43
梁峁顶				41.76		13.63	34.44

表10-6中农田和荒坡土壤水分的适宜度，阴坡高于阳坡。覆膜梯田土壤水分的适宜度达到了96.88%，农田、荒坡阴坡适宜度分别为51.78%和48.94%，而阴坡紫花苜蓿为36.03%。农田、荒坡阳坡适宜度为40.11%和33.47%，而阳坡紫花苜蓿为42.54%。退耕还林地在采用了水平沟和人工林草等治理措施后，对土壤水

分的过分利用，导致其适宜度降低，使原本土壤水分适宜度较高的阴坡和下坡位反而变成了最低。这就凸显了人工生态植被建设过程中的盲目性，尤其人们对牧草的过分需求，将原本是生态植被的恢复变成了更高强度的向自然索取与掠夺。截至目前，还没有有效的措施能解决人工植被土壤干燥化问题。本研究认为，局部的工程措施与在生态适宜度的基础上的物种配置将是有效的措施。针对退耕的人工林草地可持续经营方面，研究认为粗放的人工管理和对一些水土流失的区域采用适度的禁封是必要的。

表10-6 不同土地利用方式对土壤水分的适宜度(%)

坡向	坡位	农田	人工草地	荒坡
阳坡	上部	46.08	41.38	28.42
	中部	45.45	42.85	35.67
	下部	28.79	43.40	36.33
	平均	40.11	42.54	33.47
阴坡	上部	58.90	40.55	44.25
	中部	43.31	35.86	47.78
	下部	53.12	31.67	54.80
	平均	51.78	36.03	48.94

八、不同密度人工林土壤水分的适宜度

人工林密度是人们根据资源条件选择对需求的配比关系，物种配置对水分的需求构成植物对土壤水分的适宜性。治理区域土壤水分现状构成对应的植被的适宜度，二者之间的匹配或耦合关系，反映了区域物种配置对土壤水分现状的适宜程度。小流域植被建设措施对水分的需求与治理区土壤水分现状的匹配或耦合程度，可用适宜度指标来反映。小流域植被建设措施主要表现为造林密度的设计，不同密度柠条林对土壤水分的适宜度存在较大波动，总的趋势相似。当林分密度为3 300 株/hm^{2}时，对土壤水分的适宜度最大，年平均为35.92%。随林分密度增加，对土壤水分的适宜度呈现降低趋势。林分密度达4 500 株/hm^{2}时，对土壤水分的适宜度降为29.23%。由此就要求我们在进行营造坡面水土保持林时，应充分考虑到植被的密度，只有在满足坡面土壤水分承载力的条件下，保持合理的植被密度，才能保证水土保持林的可持续经营。

九、小流域植物措施的对位配置

半干旱黄土丘陵沟壑区人工植被对土壤水分的适宜度是在外部环境，包括水、热条件共同作用的结果。由于年降水量、土壤质地、水分蒸发量的时空分异，造成土壤水分的相应差异。根据现代生物气候分异原理，一定的气候条件(热量和水分条件为主导因素)必然发育与其相适应的植被类型，当气候条件发生演变时，植被类型也必然发生相应的变化。人工植被在区域自然环境的长期作用下，与其土壤水分在一定的状态下达到了平衡关系，它的存在显示了植物与自然生态条件的长期适应关系。在进行植被配置时，必须强调其地形地貌条件下的微地形，避免一点带面、以偏概全的错觉。根据干旱、半干旱黄土丘陵沟壑区植被类型对气候带的适应性，以及适地适树(草)与适地适林之间关系，遵循人工植被在不同立地条件下经过长期的自然演替，而形成人工植被和土壤水分的平衡关系，并在对这种关系分析评价的基础上，进行对应立地条件下的物种选择、物种配置。结合上述研究结果，为了方便指导水土保持综合治理，提出半干旱黄土丘陵沟壑区植物措施对位配置模式，见表10-7。

小流域水土保持植物措施对位配置技术，是水土保持措施对位配置的基础。研究小流域土壤水分与不同地形部位上人工植被生长发育情况，以根系分布和土壤水分建立模型关系，发现人工植被对土壤水分的适宜度除了与造林密度有密切关系，还与人工对其经营管理的强度和适度有密切关系。

表10-7　水土保持综合治理植物措施对位配置模式

地形部位		适宜树种
梁峁顶部		柠条、毛条、山毛桃、沙棘等
阴坡	上部	油松、山杏、侧柏、柠条、紫穗槐等
	中部	油松、侧柏、刺槐、山杏、沙棘、紫穗槐、文冠果等
	下部	油松、侧柏、青杨、刺槐、甘蒙柽柳、旱柳、华北落叶松、文冠果等
阳坡	上部	侧柏、山毛桃、柠条、狼牙刺等
	中部	侧柏、油松、臭椿、山毛桃、柠条、甘蒙柽柳、毛条等
	下部	侧柏、油松、臭椿、刺槐、山杏、山毛桃、毛条等
沟床		青杨、甘蒙柽柳、旱柳、刺槐等
四旁		侧柏、刺槐、臭椿、旱柳、山杏等

不同地形部位植被(土地利用方式)对土壤水分的适宜度,农耕地阴坡高于阳坡,随坡位的抬高而上升。人工草地、乔木林地和灌木林土壤水分明显降低,土层干化导致其适宜度降低,成为影响植物生长发育的瓶颈。梯田、草地、灌木林、农地及荒坡土壤水分的适宜度,阴坡高于阳坡,坡面上、中、下部位植物对水分的适宜度随坡位的抬高而减低。

在阳坡上部(包括梁峁顶)、中部及下部不宜营造纯乔木林,但可以选择乔灌混交或纯灌木配置类型,乔木和灌木配置以1:2.5为宜,造林密度不超过3 300 株/hm^2,一般在1 500 株/hm^2以下。

坡面一般不宜配置阔叶乔木林,阔叶乔木树种可根据地形条件在侵蚀沟头、沟道两旁的缓坡、凹型地貌等集水区域及道路村庄"四旁"与灌木进行乔灌配置。

紫花苜蓿产量呈降低趋势,但人们通过对退耕草地的施肥、除草和林地抚育管理,在一定程度上提高了产量,但明显降低了对土壤水分的适宜度。紫花苜蓿地可持续经营措施以适当的粗放经营为主,在重点水土保持区域采取必要的封禁措施。

半干旱黄土丘陵沟壑区人工林地土壤水分一般均处于亏缺状态。因此,在治理措施上,应充分注意改土、整地、集流节水技术应用,同时要选泽抗旱、耐寒植物种,以获取较高的经济效益。

第十一章　黄土丘陵沟壑区水土流失治理与生态产业一体化模式

水土流失治理与生态产业一体化模式包括流域水土流失综合治理体系、流域农林产业发展体系和农户清洁能源-循环经济发展体系。每个体系具有各自具体的组成模式及适宜的功能区。

流域水土流失综合治理体系包括五种生态治理模式:退耕地人工林草植被可持续经营模式、荒坡水土保持乔灌草配置模式、梁峁顶植被生态功能修复模式、侵蚀沟道生物+工程治理模式、农田安全与地埂保育模式。

流域农林产业发展体系包括三种产业发展模式:草畜产业发展模式、旱作农业发展模式和林果产业发展模式。

农户清洁能源-循环经济发展体系包括三种经济发展模式:清洁能源开发利用模式、土地劳资优化配置模式和水肥高效循环利用模式。

水土流失治理与生态产业一体化模式的三个体系,依据一定的关系组成一套集生态、产业、经济三者相互协调、均衡发展的有机体系。流域水土流失综合治理体系为流域农林产业发展体系提供生态安全保障，为农户清洁能源-循环经济发展体系提供环境安全保障;流域农林产业发展体系为流域水土流失综合治理体系提供治理资金保障,为农户清洁能源-循环经济发展体系提供社会发展保障;农户清洁能源-循环经济发展体系为流域水土流失综合治理体系提供人力资源保障,为流域农林产业发展体系提供资源综合开发基础。

以龙滩模式的组成、结构和功能为例,说明水土流失治理与生态产业一体化模式的组成及相互关系(表11-1)。

表11-1 龙滩模式的组成、结构和功能

模式	模式体系	经营模式	组成及结构	模式特点	模式功能	适宜范围
水土流失治理与生态产业一体化模式体系	流域水土流失综合治理体系	退耕地人工林草植被可持续经营模式	空间结构以人工林草带状隔坡配置为主，物种结构主要有侧柏-甘蒙柽柳/柠条-紫花苜蓿、山毛桃/山杏-甘蒙柽柳/柠条-紫花苜蓿、侧柏-山杏-紫花苜蓿、文冠果/仁用杏-紫花苜蓿	以林草种植取代农作物栽培，具有减少对土地的干扰、发挥生态和经济双重效益的特点	显著提高植被覆盖度，明显提高劳动生产率，增加农民收入	适宜于坡度≥20°的坡耕地
		荒坡水土保持乔灌草配置模式	空间结构为乔灌草立体配置，物种结构包括侧柏-柠条-自然草地、山杏-柠条-自然草地、柠条-自然草地	具有植被覆盖度高、水土保持功能强、人工林生态系统稳定性好的特点	采取立体配置，明显增强植被的水土保持和防护功能，增加人工林系统的稳定性	适宜于立地条件差、坡度大、不宜发展农业的所有荒坡
		梁峁顶植被生态功能修复模式	针对原有的退化人工植被，进行结构优化与修复；物种结构包括青杨-油松、山杏-柠条等	以梁峁顶退化人工植被为对象，具有更新植被结构、增加物种、增强水土保持效益的特点	通过退化植被的结构优化和修复，增加植被覆盖度，丰富生物物种，增强稳定性，提高生态防护功能	适宜于黄土丘陵沟壑区的梁峁顶
		侵蚀沟道生物+工程治理模式	该模式以工程生物措施相结合，物种结构包括侧柏-柠条-自然草地、山杏-柠条-自然草地、柠条-自然草地	以生物和工程措施相结合，以深根性、耐盐碱植物为主要树种，防护能力强	工程措施对径流形成拦截，生物措施加固土埂，形成生物+工程的沟道水土流失防御体系	适宜于降雨强度大、沟道土体易塌陷的黄土丘陵沟壑区
		农田安全与地埂保育模式	人工林与梯田呈块状镶嵌、带状镶嵌及地埂林配置几种形式；组成物种乔木有刺槐、青杨、旱柳、油松、云杉、臭椿等，灌木有甘蒙柽柳、杞柳等	防土固埂，保护农田	改善局部小气候，防止水土流失，固持土壤，有利于农作物生长，提高作物产量	所有农田

续表

模式	模式体系	经营模式	组成及结构	模式特点	模式功能	适宜范围
水土流失治理与生态产业一体化模式体系	流域农林产业发展体系	草畜产业发展模式	经营方式以分散养殖和规模养殖为主，模式组成为退耕地人工牧草/玉米秸秆–标准舍饲养羊	以暖棚化标准圈舍养羊为重点，以青贮和氨化等综合措施高效利用人工牧草和作物秸秆，明显改善养殖条件和提高农民经济收入	一是减少对环境的破坏，提高植被覆盖率；二是优化农业产业结构；三是发展清洁能源沼气，解决肥料和燃料短缺问题	适宜具有一定的养羊基础、饲草料来源充足、可靠的退耕还林(草)及作物秸秆丰富的广大山区
		旱作农业发展模式	经营形式为标准化、系统化、科学化，模式组成为玉米全膜双垄沟播/马铃薯覆膜栽培+保护性耕作+抗旱品种选用+测土配方施肥	利用现代农业新技术，实现水肥高效利用，具有集雨、增温、保墒、培肥的特点，抗旱、增产效果十分显著	一是提高旱作农业产量，解决粮食短缺问题；二是提高作物生物量，为发展畜牧业提供饲草料，扩大养殖规模，增加农民收入	适合在年降水量250~450 mm、海拔2 300 m以下的北方旱作农业区推广应用
		林果产业发展模式	经营形式为形成生态能源经济一体化的林果产业综合发展模式。荒坡柠条、退耕地文冠果/山毛桃/仁用杏、退耕地薰衣草	集生态、经济和社会效益于一体；兼顾荒坡、退耕地和耕地，有效治理和保护生态环境，增加农民经济收入	一是增加植被覆盖率，减少水土流失；二是增加林产品，提高林业经济收入；三是林业经营多样化，维持生态平衡	适宜黄土丘陵区发展推广
	农户清洁能源–循环经济发展体系	清洁能源开发利用模式	“五个一”：每户拥有一个太阳能灶，一眼沼气池，一个养殖圈，一套沼气灶，一处无公害菜园或果园	以太阳能利用为基础、以沼气能开发为重点，形成畜禽–沼气–菜(果)、畜禽–沼气–有机农业的循环发展的特点	清洁、生态、环保，有效治理农村环境污染，降低能耗，提高资源利用率	凡具有一定养殖基础、“一池三改”配套建设经济能力的农户，均可发展
		土地劳资优化配置模式	土地资源优化配置+资金优化配置+劳动力优化配置，形成家庭人、财、物合理分配和流动、资源使用效益最大化的农户资源优化模式	资源使用效率高、产出效益高的特点	提高农户资源的利用率，土地资源的可持续利用和资金的高效循环利用	适宜于半干旱黄土丘陵沟壑区的所有农户
		水肥高效循环利用模式	抗旱栽培/集雨节灌+旱农产业/庭院经济	覆膜抗旱保墒及有关农业新技术的应用	一是水肥高效利用；二是增加农业产出，提高经济效益	适宜在海拔2 300 m以下、坡度15°以下、年降雨量250~450mm的干旱和半干旱区推广

一、流域水土流失综合治理体系

(一) 退耕地人工林草植被可持续经营模式

组成及结构:物种空间结构以隔坡人工林草配置为主。物种选择:乔木有侧柏、山杏、仁用杏,灌木有山毛桃、文冠果、沙棘、甘蒙柽柳、柠条等;草种:紫花苜蓿。物种配置:侧柏-红柳/柠条-紫花苜蓿、山毛桃/山杏-红柳/柠条-紫花苜蓿、侧柏-山杏-紫花苜蓿、文冠果/仁用杏-紫花苜蓿。林木配置密度为1 200~2 400株/hm^2。带状分布,主栽树种定植在水平沟内侧,配置树种定植在水平沟外沿,且成"品"字形排列。

(二) 荒坡水土保持乔灌草配置模式

1. 组成及结构

该模式为乔灌草立体配置,主要适宜物种:乔木有侧柏、山杏、刺槐、油松;灌木有柠条、山毛桃、沙棘、毛条、甘蒙柽柳。模式结构包括侧柏-柠条-自然草地、山杏-柠条-自然草地、柠条-自然草地;针阔混交林群落密度在1 665~3 300 株/hm^2,乔灌混交林群落密度在2 400~3 300 株/hm^2。空间结构,水平带状分布。

2. 工程整地措施

整地方式主要有鱼鳞坑、水平沟、反坡梯田、水平台、漏斗式集流坑等。

3. 功能特征

采取不同植被在空间上的立体搭配配置,明显增强了植被的水土保持和防护功能,增加了人工林系统的稳定性。水土保持乔灌草配置示范区地表径流量为10.54~14.32 mm,荒坡为29.06 mm。该模式主要配置树种多年平均高生长量:侧柏为12 cm、山杏为17.6 cm、柠条为7.8 cm、山毛桃为13.5 cm,系统内植物各物候期均能正常发育,生长表现良好。2007—2009年,这种模式不同配置结构土壤水分亏缺量为1.77~2.80 mm,生长季节降雨量和土壤水分储量基本保持平衡,说明系统水分可以满足该群落生长发育。植物群落物种多样性和丰富度显著提高,其中,侧柏-柠条-自然草地分别为3.10和1.88,山杏-柠条-自然草地分别为2.02和3.44,柠条-自然草地分别为3.29和1.80,荒坡封禁型的分别为2.23和1.65。

（三）梁峁顶植被生态功能修复模式

1. 组成及结构

这种模式针对原有的退化人工植被，进行结构优化与修复，示范流域主要退化人工林有青杨、山杏以及一些人工疏林地。选择的适宜树种：乔木有刺槐、油松、云杉、侧柏，灌木有柠条、山毛桃、沙棘、毛条、甘蒙柽柳。修复后的物种结构：侧柏–柠条–自然草地、山杏–柠条–自然草地、柠条–自然草地、青杨–油松–自然草地。各种混交林群落密度以3 300~3 600 株/hm^{2}为宜。

2. 工程措施

反坡梯田+坡面，水平台，水平阶。

3. 经营与管理

造林后进行封育管理。

4. 系统功能

该模式的主要功能是通过退化植被的结构优化和修复，增加梁峁顶的植被覆盖度，丰富生物物种，增强其稳定性，提高其生态防护作用，减少梁峁顶的水土流失。梁峁顶植被生态修复示范区的侧柏–柠条–自然草地、山杏–柠条–自然草地、柠条–自然草地、青杨–油松–自然草地地表径流量为2.64~7.62 mm。2007—2009年，这种模式不同配置结构土壤水分亏缺量在0.17~3.90 mm。植物群落盖度在48%~76%，生物多样性和丰富度显著提高。其中，山杏–柠条–自然草地分别为2.23和1.42，柠条–自然草地分别为2.40和1.37，青杨–油松–自然草地分别为1.85和1.09。

（四）侵蚀沟道生物+工程治理模式

1. 组成及结构

该模式树种选择：乔木有青杨、刺槐，灌木有甘蒙柽柳、沙棘、紫穗槐、柠条。物种配置：侧柏–柠条–自然草地、山杏–柠条–自然草地、柠条–自然草地。空间结构，水平带状分布。

2. 工程措施

沟头修筑谷坊，沟道修筑淤地坝进行层层拦截，沟坡根据具体地形条件选择鱼鳞坑、反坡台和水平沟等整地。

3. 经营与管理

雨季前对谷坊、淤地坝进行修筑加固。

4. 系统功能

工程措施对径流形成层层拦截,流域沟道具有良好的土壤水分条件,通过在土埂、沟底和沟坡栽植乔灌木树种,加固土埂,使工程和生物措施有机结合,形成生物+工程的沟道水土流失防御体系。

(五) 农田安全与地埂保育模式

1. 组成及结构

这种模式以人工林与梯田成块状镶嵌、带状镶嵌,或地埂林块状或带状镶嵌林木配置与荒坡地人工林配置结构相同,地埂林一般采用甘蒙柽柳、杞柳等灌木树种。

2. 工程措施

水平沟,反坡台。

3. 经营与管理

进行定期的人工抚育管理。加强土肥管理、土壤保护耕作、作物布局与轮作等措施。

4. 系统功能

这种人工林模式具有改善局部小气候环境、保持水土、发挥水源涵养的生态功能,有利于农作物生长,提高作物产量。

二、流域农林产业发展体系

(一)草畜产业发展模式

1. 组成及结构

退耕地人工牧草/全膜玉米秸秆–标准舍饲养羊, 即以退耕还林种植的紫花苜蓿和全膜栽培玉米产生的秸秆为主要饲草来源,以其他作物秸秆和自然草地牧草为饲草补充;以流域优势商品畜种羊为重点养殖对象,以猪、鸡和獭兔为补充;以清洁养殖的标准圈舍建设为基础,以畜便清洁、有效利用和牧草与作物秸秆高效利用的沼气池、氨化池和青贮窖建设为配套，以引进优良畜种和高效养殖技术为支撑，形成以农户养殖和规模养殖为主要形式的草畜产业发展模式。

2. 模式特点

该模式以研究流域传统的养殖畜种羊和牛为重点养殖对象，以流域丰富的退耕还林牧草和旱作农业高效种植产生的大量作物秸秆为饲草来源，以新型的暖棚化标准圈舍为养殖方式，具有充分利用区域资源优势、明显改善养殖条件和村社生活环境与农业生态环境、显著提高农民经济收入的特点，是广大退耕还林区农民发家致富的生态产业发展模式。

3. 模式功能

一是通过退耕种草和舍饲养殖，避免植被破坏，提高植被覆盖率，减少水土流失，保护农业生态环境；二是利用退耕牧草来发展养殖业，优化村社产业结构，提高农业产值，增加农民经济收入。此外，发展该模式还能增加有机肥和发展清洁能源沼气，优化村社用能结构，解决村社肥料和燃料短缺问题及环境污染问题。

4. 适宜推广范围

该模式在具有一定的养殖基础、饲草料来源充足、可靠的退耕还林(草)区和农业发达、作物秸秆丰富的广大山区均能发展。

(二)旱作农业发展模式

1. 组成及结构

玉米全膜双垄沟播技术/马铃薯覆膜栽培技术+保护性耕作技术+抗旱品种选用技术+测土配方施肥技术，即以先进实用的全膜双垄沟播抗旱栽培技术为主导，以深松耕和少免耕的保护性耕作技术、抗病虫耐干旱的优良品种选用技术、测土配方施肥技术、打窖拦蓄和集雨补灌的节水灌溉技术、秸秆和根茬粉碎还田为主的培肥地力技术为补充，以主栽优势经济作物玉米和马铃薯为双垄沟播抗旱栽培技术的主要应用对象，形成标准化、系统化、科学化的旱作农业高效种植模式。

2. 模式特点

该模式综合应用了覆膜栽培、保护性耕作、抗旱品种选用、测土配方施肥和集雨节灌的抗旱技术体系，并以全膜双垄沟播抗旱技术为核心，具有集雨、增温、保墒、培肥的特点，抗旱、增产效果十分显著。其模式的开发应用，有效增加了旱作农业的可控性和稳定性，使流域农业发展实现了由被动抗旱向主动抗旱转变，由以“抗”为主向“防”“抗”并举转变，由低效抗旱种植向高效防旱种植转变。

3. 模式功能

一是通过综合应用抗旱栽培技术和大力推广良种，提高土壤墒情和土壤肥力以及作物品质，从而提高旱作农业产量，解决半干旱地区农民的粮食短缺问题；二是通过高效种植技术，提高作物生物量，为发展畜牧业提供大量饲料，扩大农户养殖规模，增加农民经济收入；三是改善了农业生态环境。随着压粮扩草、秸秆还田、秸秆氨化和沼气、舍饲养殖、水窖节水等先进技术的相互配套、综合开发，该流域初步实现了由“降水径流→水土流失→干旱低产”的恶性循环向“降雨径流→集雨节灌→高效高产”的良性循环转变，天然降水利用率有效提高，抗御自然灾害能力进一步增强，农业生态环境得到了重大改善。

4. 适宜推广范围

该模式主要针对那些地表水缺乏、降雨量少、土壤蒸发大的干旱、半干旱地区雨养农业而开发的，所以适合在降水量250~550 mm、海拔2 300 m以下的北方旱作农业区推广应用。

（三）林果产业发展模式

1. 组成及结构

荒坡柠条+退耕地文冠果/山毛桃/仁用杏+耕地薰衣草，即荒坡发展水土保持兼饲用林柠条、退耕地发展水土保持兼能源林文冠果和水土保持兼经济林仁用杏与山毛桃、耕地发展香料植物薰衣草，形成生态能源经济一体化的林果产业综合发展模式。

2. 模式特点

在经营目标上，集水土保持、发展生物质能源和发展经济作物于一体；在经营效益上，集生态、社会和经济效益于一体；在土地利用上，兼顾荒坡、退耕地和耕地同步开发利用；在物种选择上，兼顾树种的适宜性、多样性和多用途。不仅有效治理和保护了生态环境，增加了生物多样性，美化了生活环境；还明显增加了农民的经济收入,具有可持续发展和稳定性发展的特点,是干旱、半干旱山区林业发展的有效模式。

3. 模式功能

一是增加了植被覆盖率,减少了水土流失,保护和改善了生态环境;二是增加了林产品,提高了林业经济收入,促进了林业产业的可持续发展;三是林业经营物种多样化,增加了流域生物多样性,维持了生态平衡。这些水土流失治理和生态产业一体化技术的试验与示范,不仅很好地保护了整个流域的生态环境,丰富了当地的植物物种;而且有力地推动了流域林业产业的可持续发展,促进了流域林业经济的繁荣。

4. 适宜推广范围

该模式主要针对干旱、半干旱山区生态环境脆弱、农业和林业发展受到限制、土地利用主要依靠退耕还林(草)来发展林草产业的干旱山区开发的林果产业发展模式,适宜在北方黄土丘陵区发展推广。

三、农户清洁能源-循环经济发展体系

(一)清洁能源开发利用模式

1. 组成及结构

农户清洁能源开发利用模式主要组成为"五个一",即一家一户拥有一个太阳能灶、一眼沼气池、一个养殖圈、一套沼气灶、一处无公害菜园或果园,是一种以太阳能利用为基础、以沼气能开发为重点的农户清洁能源开发利用模式。在此基础上形成了畜禽-沼气池-菜(果)和畜禽-沼气池-有机农业的循环发展模式。

2. 模式特点

该模式通过兴建沼气池与配套改圈、改厕、改厨工程相结合,通过"一池三改"把农村的三废(秸秆、粪便、垃圾)通过生产沼气,变成了三料(燃料、饲料、肥料),通过使用太阳灶使丰富的自然能源得到有效利用,具有清洁、生态、环保的特点。不仅有效治理了农村环境污染问题,而且还有效降低了能耗,减轻了农民负担。此外,该模式的发展既符合国家能源产业发展的产业政策和发展战略目标,具有可再生性和循环性的优点,得到了国家能源产业政策的扶持;也符合农村能源开发

的实际状况，具有成本低、资源利用率高的优点，得到了农民的积极响应，清洁能源开发推广容易、见效快。

3. 模式功能

该模式的开发主要解决农村生活用能结构不合理、资源利用率低和生态环境污染、破坏严重的能源及环境问题。通过调整农村能源利用结构，推广使用可再生的太阳能和开发优质生物质沼气能，逐渐取代传统的炊事烧火用薪柴和作物秸秆、取暖用煤和烧炕用草皮的不合理能源利用结构和利用方式，从而解决因能源利用不合理而造成的饲料和燃料不足、煤烟排放污染较重、取薪材和铲草皮破坏植被以及使用秸秆、薪柴、煤炭的资源利用率低下、资源浪费严重等一系列能源和环境问题，实现农村用能结构与其经济水平、自然资源相适应，促进农业良性循环和保持农村生态平衡。显著地改善了农村居家环境和卫生状况，提高了农民生活环境，结束了过去农村“柴草乱垛、垃圾乱倒、污水乱流、粪土乱堆、畜禽乱跑、蚊蝇乱飞、烟熏火燎”的生活环境，实现了家居温暖清洁化，庭院经济高效化，农业生产无害化，人居环境舒适化。

4. 适宜推广范围

该模式在气候区域适宜性上，除高纬度或高海拔的高寒地区外，均能发展户用沼气利用模式；在具体的家庭发展适宜性上，凡具有一定的养殖基础并具有“一池三改”配套建设经济能力的农户，均可发展户用清洁沼气能源。

(二)土地劳资优化配置模式

1. 组成及结构

土地资源优化配置+资金优化配置+劳动力优化配置，即以农户重要的基础资源土地优化配置为重点、以资金和劳动力资源优化配置为补充，形成家庭人、财、物合理分配和流动、资源使用效益最大化的农户资源优化模式。其中，农户土地资源优化模式为：53%退耕地面积，27%马铃薯面积，17%玉米面积，3%其他作物；资金优化配置模式为：33%生产投资，27%生活支出，20%教育支出，7%医疗支出，13%其他支出；劳动力优化配置模式为：一个外出务工人员+一个留守务农人员+自由支配劳动力。

2. 模式特点

该模式将家庭重要生产资源(土地、资金)和劳动力资源进行优化配置，具有资源使用效率高、产出效益高的特点。该模式的创新应用,极大地提高了农户土地资源的利用率和产出率,有效提高了资金的使用回报率和劳动生产力,降低了生产成本,提高了经济效益,实现了土地资源的可持续利用和资金的循环利用。

3. 模式功能

该模式的主要功能是:在不破坏目前生态环境保护和治理的成果、不影响农户当前生活水平的情况下,通过农户重要生产资源和劳动力资源的优化配置,提高农户资源的利用率,达到农户资源使用经济效益最大化的目标。

4. 适宜推广范围

该模式主要适宜于耕地多、但因土地产出率低而耕地大量退耕少量耕种、没有多少土地进行种植业/养殖业经营、从而造成农户经济收入低、劳动力剩余的山旱地农户,和耕地少、发展种植业和养殖业受到限制、劳动力相对富裕的山区和平川区农户。

5. 发展成果

通过2007—2010年的农户资源优化配置调整,目前已建立了土地资源约半数耕地退耕种草来发展生态养殖业,其余耕地主要栽培经济作物玉米和马铃薯来发展特色种植业的资源优化配置利用模式,并在定西市安定区建立了老庄坪和张家湾土地资源优化配置利用示范区两处,形成了全流域农户资金主要投入种植和养殖生产;其次是提高农户生活水平的消费支出的合理分配和流动;实现高投入、高回报的资金优化配置利用模式,和全流域凡是具备两个或两个以上劳动力的家庭保证平均一个劳动力常年在外劳务输出,一个劳动力在农忙时节务农、农闲时节在外务工,其余劳动力进行特色种植(马铃薯、玉米)及养殖业经营的劳动力优化配置模式,使农户有限的资源实现了优化配置,提高了农户整体经济收益。

(三)水肥高效循环利用模式

1. 组成及结构

主要由以覆膜抗旱栽培发展农业/集雨节灌发展庭院经济为主的雨水高效利用技术+以人畜禽粪便生产沼气为主的有机肥高效利用技术组成。其中,覆膜抗旱栽培技术主要应用于玉米和马铃薯种植;肥料高效利用技术包括畜禽粪便和秸秆的发酵技术及沼渣、沼液还田和发展庭院经济技术。

2. 模式特点

覆膜抗旱栽培技术集覆盖抑蒸、垄沟集雨、垄沟种植技术为一体,实现了保墒蓄墒、就地入渗和雨水富集的效果。其特点:一是显著减少了土壤水分的蒸发。尤其是秋覆膜和顶凌覆膜避免了秋、冬、早春休闲期土壤水分的无效蒸发,减轻了风蚀和水蚀,保墒增墒效果显著。二是显著的雨水集流作用。田间相间的大小垄面是良好的集流面,将微小降雨集流入渗于玉米、马铃薯根部,大大提高了天然降水的利用率。三是增加了积温。集雨节灌技术通过庭院内外建集水窖,并将房前屋后的地面进行硬化防渗处理,充分将房前屋后和附近道路的雨水蓄积起来,发展庭院果蔬经济,不仅有效提高了雨水的利用率,而且增加了农户的经济收入。将以沼气为纽带的有机肥循环高效利用的基本模式,通过利用粪便、秸秆和生活污水生产沼气产生的沼渣、沼液是一种优质高效的有机肥料,富含氮、磷、钾和有机质等,能改善微生态环境,促进土壤结构改良,有效提高了肥料的利用率,促进了农业增产,推进了农业生产从主要依靠化肥向增施有机肥转变,和农民生活用能从主要依靠秸秆、薪柴向高品位的沼气能源转变。从根本上改变了传统的粪便利用方式和过量施用农药及化肥的农业增长方式,有效地节约水、肥、药等重要农业生产资源,减少环境污染,是发展循环经济、显著节约资源的生产模式和消费模式,是建立节约型社会的有效途径。

3. 模式功能

该模式主要解决干旱、半干旱地区水肥利用率低、因水资源缺乏及肥料短缺而造成的农业产量低下、农民粮食不足和农民生活贫困的难题。通过全面推广农作物覆膜抗旱栽培技术和庭院果蔬经济集雨节灌技术,提高水资源利用率和土地产出率,提升农业综合生产能力,促进北方旱作地区农业稳定发展和农民持续增收。开展沼液、沼渣综合利用,改善村舍环境卫生,提高肥效和土壤肥力,发展生态农业,实现畜禽粪便的资源化利用和环境治理双重目标。

4. 适宜推广范围

在气候区域适宜性上,除高纬度或高海拔的高寒地区外,均能发展户用沼气利用模式和雨水高效利用模式,在海拔2 300 m以下、耕地坡度15°以下、年降雨量250~500 mm的半干旱和半湿润偏旱区适宜推广。

附录一　科教电影《黄土丘陵沟壑区生态综合整治技术》解说词

中华民族的摇篮——黄河，在黄土高原穿越流淌，黄土高原孕育着世世代代的中华儿女，创造发展了中国农耕文化，是中华民族文明的重要发祥地。

黄土高原在中国版图上的地理坐标为东经100°52′~114°33′、北纬33°41′~41°16′，西起日月山、东至太行山、南靠秦岭、北抵阴山，横跨青海、甘肃、宁夏、内蒙古、陕西、山西、河南七省(自治区)的50个地(州、市、盟)、341个县(市、区、旗)。

黄土高原地质结构复杂，地貌特征奇特，是由连续分布、层系完整的黄土堆积在基岩上形成的。中国的黄土高原黄土分布最集中、黄土堆积厚度最大，一般可达100~200 m，最厚可达250~300 m，堪称世界黄土之冠。黄土层厚度呈西北向东南逐渐递减趋势。

黄土高原的海拔，六盘山以西地区2 000~3 000 m，六盘山以东、吕梁山以西的陇东、陕北、晋西地区1 000~2 000 m，吕梁山以东、太行山以西的晋中、晋东北地区500~1 000 m。黄土高原因本身地势高拔，又有太行山和秦岭山脉横卧于东、南两侧，阻断了来自海洋上的云雨，年降雨量较少，也不均衡，且蒸发量很大，水资源严重短缺，形成典型的温带大陆性季风气候。

早期的黄土高原，植被茂密、生态平衡。由于战争祸患，地质、气象条件的变化及人们为了生存，无序的盲目垦荒、过度放牧、乱砍滥挖，破坏了黄土高原的植被和生态环境，造成了严重的水土流失，形成了恶性循环，黄土高原水土流失面积达45.5×10^4 km²，是中国乃至世界上水土流失最严重的地区。平均每年黄河流域被冲刷流入黄河主河道的泥沙就达16×10^8 t。

按照因地制宜、突出重点的原则，将黄土高原分为黄土高原沟壑区、黄土丘陵沟壑区、土石山区、河谷平原区、沙地和沙漠区以及农灌区六个综合治理区。其中，黄土丘陵沟壑区是黄土高原地区最典型的地貌单元之一，面积14×10^4 km²，以峁状、梁状丘陵为主，沟壑纵横，地形破碎，主要以沟蚀和面蚀为主，沟蚀主要发生在坡面切沟和幼年冲沟，面蚀主要发生在坡耕地上。

黄土沟壑区遇有降雨，极易造成水土流失，引发山洪、山体滑坡、泥石流等地质次生灾害。

黄土沟壑区土质疏松，地形破碎，坡沟连片，土壤贫瘠，农业生产条件基础薄弱。

如何改变黄土沟壑区贫瘠脆弱的生态环境？实现人与自然和谐相处，是我们必须重视和迫切需要解决的国计民生课题。

甘肃省科技工作者会同国家科研机构，在前人研究的基础上，经过多年的实践积累，在国家"十一五"科技计划课题"黄土丘陵沟壑区生态综合整治技术开发"的支持下，研发出了"水土流失治理与生态产业一体化模式体系"的科技成果，并获得了国家知识产权局发明专利。

水土流失治理与生态产业一体化模式的三大体系包括流域水土流失综合治理体系、流域农林产业发展体系和农户清洁能源-循环经济体系。

下面，就以黄土丘陵沟壑区的典型地区——甘肃省定西市，作为生态综合整治的范例予以推广。

一、流域水土流失综合治理体系

就是从流域整体出发，以治理水土流失和改善环境为目标，坚持山、水、田、林、路全面规划，山、川、沟集中连片综合治理，生物措施、工程措施、耕作措施有机结合，开展综合治理。包括以下五种模式。

（一）农田安全与地埂保育模式

为保护农田和改善农田局部环境条件，防止水土流失，需加强农田地埂保育工作。农田地埂保育有两种方式：一种是在坡面栽植林木，以人工林与农田呈块状镶嵌或带状镶嵌等方式，对农田、地埂进行保护，栽植青杨、油松、山杏、侧柏和柠条等乔灌木树种；另一种是在农田地埂栽植灌木，主要选择甘蒙柽柳、杞柳和柠条等灌木树种。

(二)退耕地人工林草植被可持续经营模式

退耕还林是中国在新世纪生态建设方面实施的一项伟大工程。将黄土丘陵沟壑区>25°的陡坡耕地全面退耕还林还草,发展林果业和养殖业,以调整土地利用方式和农业产业结构,控制水土流失,增加农民收入。

具体方法是:在陡坡耕地沿水平线修水平阶或水平沟,视原耕地的宽度,每块耕地修建1~3条水平阶,阶间距5~10 m,阶宽1~1.5 m,阶内每隔3~5 m做成高20 cm的横档,阻止雨水横向流动;阶内栽植树木,株距1.5~2 m,水平阶间种植紫花苜蓿、红豆草等。

退耕地人工林草植被可持续经营模式就是在退耕地中进行林草配置。在光热及水肥条件相对较好的部位适宜发展经济林,在光热及水肥条件相对较差的部位发展生态林。主要树种及配置为山毛桃/山杏-甘蒙柽柳/柠条-紫花苜蓿、侧柏-山杏-紫花苜蓿、文冠果/仁用杏-紫花苜蓿、侧柏-甘蒙柽柳/柠条-紫花苜蓿等。

(三)侵蚀沟道生物+工程治理模式

侵蚀沟道的工程措施就是从沟头、沟坡、支沟及主沟道修建各种工程,层层拦蓄截流,进行综合治理。主要包括沟头防护工程、谷坊工程和淤地坝工程等几种类型。生物措施就是在上述工程措施中结合植树种草进行的生物护坡固埂措施。

沟头防护工程就是为防止坡面暴雨径流,由沟头进入沟道或使之有控制地进入沟道,防止沟头前移,保护坡面不被沟壑切割破坏,应在沟头以上部位修建围埂或蓄水池。

谷坊工程就是在支沟沟底每隔一段距离修建谷坊,以巩固并抬高沟床,制止沟底下切,稳定沟坡,防止沟岸扩张。根据建筑材料的情况,可选择土谷坊、石谷坊或植物谷坊。根据沟壑的比降,可系统地布设谷坊群,谷坊一般高2~5 m。

淤地坝是指在水土流失地区各级沟道中,以拦泥淤地为目的而修建的建筑物(拦泥坝)。"沟里筑道墙、拦泥又收粮",这是黄土高原地区群众对淤地坝作用的高度概括。

淤地坝有小型、中型和大型之分，其坝高分别为5~15 m、15~25 m和25 m以上,其单坝集水面积分别为1 km^{2}以下、1~3 km^{2}和3~5 km^2。

这种工程应以小流域为单元,从支沟到主沟,从上游到下游,根据不同沟段的地形和比降,全面系统地布设大、中、小型淤地坝。通过层层拦蓄淤泥,抬高沟道侵蚀基准面、防止水土流失,发挥拦泥、滞洪、防淤、增地增收的重要作用,改善当地的生产生活条件。该工程是小流域综合治理的一项重要措施。

较宽阔具备蓄水条件的沟底,可修筑微型水库。如有外源引水条件,修筑坚固型的小流域水库。

在"谷坊"和"淤地坝"的土埂外沿和沟道扦插甘蒙柽柳或直播柠条;在沟坡宜修建水平台、鱼鳞坑等水保工程,栽植适生乔灌木,层层拦截径流,固土护坡,发挥生物防护功能。

(四) 荒坡水土保持乔灌草配置模式

根据荒坡地形,采用鱼鳞坑、水平台、水平沟或水平梯田等整地方式,选择刺槐、山杏、侧柏、柠条等适宜树种进行造林,构成荒坡水土保持乔灌草配置模式。

鱼鳞坑是坡地植树造林常用的一种方法。在梁(峁)坡、沟坡地段坡度超过30°、地形破碎的地方采用鱼鳞坑整地。具体方法是:坑穴挖成半月形,坑穴间呈"品"字形排列,坑长0.8~1.5 m、坑宽0.6~1.0 m、坑深30~50 cm、坑距2.0~3.0 m。在坑下沿用土围成高20~25 cm的半环状土埂，树苗栽植在坑内距下沿0.2~0.3 m的位置,坑的两端开挖宽、深各0.2~0.3 m的倒"八"字形的截水沟。

水平沟整地是沿水平线挖沟的一种整地方法，水平沟间距3~5 m。水平沟的断面以挖成梯形为好,上口宽0.6~1.0 m,沟底宽0.3 m,沟深0.4~0.6 m,沟长4~6 m。两水平沟顶端间距1.0~2.0 m,沟间距2.0~3.0 m。为了增强保持水土效果,当水平沟过长时,沟内可留几道横埂。但在同一水平沟内要基本水平,水平沟整地由于沟深、容积大,能够拦蓄更多的地表径流。

水平台整地适宜在30°以下的坡面进行。沿水平线将坡面修筑成台阶状台面,台面向内倾斜,形成坡度3°~5°,台面宽因坡度而异,一般在0.8~1.0 m;台面长度视地形而定,外沿可培埂或不培埂。

反坡梯田整地适宜在坡度较缓、土层较厚、坡面平整的地方修建。修筑方法基本与水平台相似,唯台面向内倾斜成一定坡度,因荒山自然坡度的不同,反坡坡度为5°~15°,田面宽1~3 m。

利用上述整地工程,将有限的降雨最大限度地拦蓄截流,满足植物生长所需。

在荒坡进行乔灌木树种配置时,采用混交方式,也就是利用不同树种进行株间、行间及带状混合种植,如侧柏–柠条、山杏–柠条、油松–沙棘、侧柏–山杏等配置。

(五) 梁峁顶植被生态功能修复模式

梁峁顶、梁峁坡海拔高,地形相对平缓,风大,土壤水分状况相对较差,不宜种植乔木树种,适宜栽植沙棘、柠条、山毛桃等灌木树种。采用水平台或水平沟方式,定植灌木于水平沟外沿,行距5 m,株距2 m,以发挥生态防护作用。

以上五种模式通过空间结构优化配置,形成了“流域水土流失综合治理体系”,属于生态治理功能区。为流域农林产业发展体系提供生态安全保障,为农户清洁能源–循环经济发展体系提供环境安全保障。

二、流域农林产业发展体系

(一)林果产业发展模式

在黄土丘陵沟壑区的生态建设中,科学选择和合理布局耐旱、成活率高的梨、苹果、杏、枣、花椒等经济林树种和山杏、山毛桃、文冠果等生态经济兼用树种。经济林树种种植在向阳、避风的优良台地、四旁或庭院等立地条件较好的地方,生态经济兼用树种种植在退耕还林地中。随着种植面积的不断扩大和栽培技术的提升,培育出黄土丘陵沟壑区流域新兴的林果产业,提高经济效益,逐步形成生态经济一体化的林果产业综合发展模式。

(二) 草畜产业发展模式

依托退耕还林工程种植的紫花苜蓿和利用农作物秸杆发展畜牧业,提高农民收入。紫花苜蓿是适宜黄土区种植的一种豆科牧草,抗旱耐寒,适应性强,营养价值高,嗜口性好。

畜牧业的发展可采用分散养殖和规模养殖为主的舍饲养殖方式。分散养殖就是农户一家一户的养殖,规模养殖可以发挥规模效益。舍饲养殖要求建造暖棚化标准圈舍,以人工牧草和玉米秸秆等作为主要饲草,采用青贮和氨化等综合措施提高牧草和作物秸秆的利用效率。舍饲养殖从根本上杜绝了放牧对生态环境的破坏。

在过去,农作物小麦、玉米秸秆只是单一当作燃料,没有产生效益,且污染了环境。随着科技进步,收获后的小麦、玉米秸秆粉碎后,可当作便于储存的黄贮饲料进行养殖,提高了农作物的综合效益。对规模发展舍饲养殖牛、羊等,提供了成本低、品质优的饲料保障。

(三) 高效农业发展模式

高效农业是以市场为导向,运用现代科学技术,充分合理利用资源环境,实现各种生产要素的最优组合,最终实现社会、生态、经济综合效益最佳的农业生产经营模式。发展高效农业是现代农业的必然趋势。应因地制宜,科学规划,规模发展。

对坡度<15°的坡耕地,依据自然地形,修建梯田。有条件的地方还可用石垒地埂,以保证地埂的坚固性和持久性。修建梯田时,应注重修田间道路,形成有田必有路、田路相配套的格局。梯田的修建,使原来跑水、跑土、跑肥的“三跑田”变成了保水、保土、保肥的“三保田”,利于农业机械化规模耕作,提高了生产效率和农业产值。

要增施有机肥。新修梯田因土壤瘠薄,第一年宜种植紫花苜蓿作为绿肥,应多施有机肥,提高土壤肥力。种植农作物,需选择对土壤要求不高、耐旱性强、产量高的农作物。

要加强集水节水工作,解决农田抗旱的措施。在梯田完全集蓄天然降水的前提下,利用集流井充分拦蓄周边道路及空地的降水。应采用覆膜节水措施,如采用全膜双垄沟播技术,可有效保障农作物生长对水分的基本需求。

深秋季节,在平整过的梯田地撒施底肥,深翻晾晒后,用农机起双垄沟覆膜。第二年春天播种玉米和马铃薯。

"全膜双垄沟播技术"的应用，解决了黄土丘陵沟壑区农作物干旱缺水的问题,也是黄土丘陵沟壑区农作物种植栽培及丰产的重要技术途径。

要充分利用现代科技手段,生产高附加值的产品。如搭建温室大棚生产反季节蔬菜、花卉等多种农副产品,进一步做大做强马铃薯、果菜、中药材、现代制种、酿造原料等特色优势产业,从良种繁育、无公害栽培、深加工技术开发等方面支持农业产业的发展,拓展农户致富渠道,增加农民收入。

以上三种模式通过产业优化整合,形成流域农林产业发展体系,发挥产业发展的功能,促使农民增收,为流域水土流失综合治理体系提供治理资金保障,为农户清洁能源-循环经济发展体系提供社会发展保障。

三、农户清洁能源-循环经济发展体系

(一) 土地劳资优化配置模式

这种模式包括土地资源优化配置、资金优化配置和劳动力优化配置三个方面的内容。土地是农村的根本资源,应按照市场需求和产业发展要求,有针对性的对土地种植结构进行合理布局,科学划分农业、林业生产及生态治理区域,合理利用和开发土地,产生最大效益。研究表明,定西市的龙滩小流域种植总面积比较科学的分配比例是:退耕还林面积53%、马铃薯面积27%、玉米面积17%、其他作物面积3%。这种分配比例是黄土丘陵沟壑区生产实践积累的结果,有利于资源的良性循环。

劳动力资源包括劳动力的数量和质量,劳动力资源配置要做到科学合理。在保证土地生产的基础上,农闲时节,每户至少有一个劳动力外出务工,增加经济收入。劳务输出是农民增收的一个重要渠道,应从科技培训、转移就业培训和创业培训三个层次全力推进农村人力资源开发。

在农民自有资金和国家扶持资金的使用上,应紧紧围绕群众的生产、生活、教育、医疗等方面进行优化配置。形成家庭人、财、物合理分配和流动,做到资源使用效益最大化。研究表明,定西市的龙滩小流域目前适合推广又被农民接受的资金优化配置比例是:生产投资33%、生活支出27%、教育支出20%、医疗支出7%、其他支出13%。这种配置比例,让土地种植和农民生活都能受益,不会顾此失彼。

科学的土地劳资优化配置模式，具有资源使用效率高、产出效益高的特点，能够提高土地资源的可持续利用和资金的高效循环利用。

(二) 清洁能源开发利用模式

这种模式就是充分利用当地的光热资源优势，大力发展农户清洁能源——太阳能，以满足农民群众生活和生产所需。利用太阳能热水器、太阳灶，满足群众对热水的需求；利用人畜粪便及农作物秸杆生产沼气，改变过去燃煤、烧柴火的燃料结构。这种能源取之不尽、用之不竭，充分体现出自然资源和绿色能源的科学利用。太阳能和沼气的利用，不仅改变了黄土沟壑区农民群众多年来靠树枝、秸秆烧水做饭的习惯，减轻了劳动量，而且干净卫生，提升了农民的生活质量。

(三) 水肥高效循环利用模式

在农户庭院的房前院内建造水泥集流面和集雨窖，拦蓄天然降水。您可不要小瞧这种集雨水窖的作用，把这些极其有限的雨水有效地储存起来，成了农民的"生命之水"。这种集水窖，不仅满足了广大农户人、畜的生活用水，而且满足了发展农户庭院经济的用水需求，从此结束了过去农户缺水的困惑。

要求农户实现"五个一"。即每户拥有一个太阳能灶、一眼沼气池、一个养殖圈、一套沼气灶、一处无公害菜园或果园，以太阳能利用为基础、以沼气能开发为重点，形成畜禽-沼气-菜(果)、畜禽-沼气-有机农业的循环发展模式。具有清洁、生态、环保的特点，能有效治理农村环境污染，降低能耗，提高资源利用率。

这是农户的沼气池，利用卫生厕所和舍饲养殖生产沼气，为农户生活提供了清洁能源，其沼渣、沼液还田，又是很好的有机肥料。既增加了农田土壤肥力，又减少了农户庭院的污染，改善了农民生存环境，提高了生活质量，形成了清洁能源的循环链。

这三种模式通过资源优化配置，形成农户清洁能源-循环经济发展体系，属于居民生活功能区，为流域水土流失综合治理体系提供人力资源保障，为流域农林产业发展体系提供资源利用途径。

通过介绍上述三大治理体系，我们可以更好地理解"黄土丘陵沟壑区生态综合整治技术"的核心，就是把环境保护当作经济发展的前提和机遇，将该区域的水土流失治理和产业开发与经济循环有机结合，使社会效益、生态效益和经济效益协调发展，经济、社会和环境保护良性互动，达到保水保肥、改善环境、实现资源循环利用的目标，是一套可持续发展的模式体系，具有很强的可操作性，便于普及推广。

黄土丘陵沟壑区生态综合整治技术的实施和推广，可以很好地实现"生产发展、生活宽裕、乡风文明、村容整洁、管理民主"的新农村建设目标和要求。新农村的建设，充分体现了以人为本的理念，为农民提供了一个生活舒适、清洁卫生的家园。

如今的黄土丘陵沟壑区，春天是林木竞相吐翠，夏天是满山郁郁葱葱，秋天是硕果累累，冬天是银装素裹。实现了"勤有所报、劳有所得、耕有所获、人有所居"的幸福生活画卷，从此奏响了人类与大自然和谐相处的新乐章。

附录二　从赤地到绿野:黄土高原上的生态新路
——随“十一五科技支撑计划课题”专家考察团甘肃定西侧记

科技日报社记者　高博

2010年8月31日

一片干旱而赤贫的高原,十年间摆脱了生态噩运。甘肃定西的黄土塬上,曾经星星点点的绿色,如今连缀成片,给农民带来了致富机会。科技的力量,帮助定西人退耕还林,远离了“与天苦斗、越斗越苦”的时代。

2010年8月26日,科技日报记者随一个“十一五”科技支撑计划课题专家考察团,来到甘肃定西的龙滩流域。高原地貌,降雨极少的定西,曾是中国最为干旱的农业区。著名的“母亲水窖”公益行动,就是为了缓解这里的干渴。

而当记者来到龙滩附近的山上,放眼望去,却已看不出多少干旱的迹象。沿着狭窄的土路爬到海拔2 000多米的山顶,一路上绿意不绝。眺望龙滩流域方圆几十里,清澈的蓝天下,高峻的黄土塬,基本被绿色的外衣覆盖。山坡上见不到“赤地”,土豆田和玉米田里作物长势良好。山里能看到兔子和飞翔的野鸡,还能看到苍鹰在盘旋。这一切,并不符合“荒芜憔悴”的旱塬既有形象。

下到龙滩沟底,才能察觉这里是严重的干旱区。尽管前一天下了雨,但沟里并没有明显的水流。龙滩流域的农户仍然是“靠天吃饭”——但这个词如今有了不同的含义。

走进村里的一户院子,引人注目的是一架太阳灶,明晃晃地正在烧水。村里人有时还会用沼气来做饭。两件宝贝省下了不少秸秆和林草。49岁的主人杨举告诉我们,现在的秸秆不再烧火,而是用氨化池处理为饲料。"去年养羊赚了5 000元。"杨举说,圈养的山羊,除了秸秆外,主要吃山上种植的优质紫花苜蓿。除了羊,村里人还养猪和牛,跟平原地区似乎差别不大。

而院子里用水泥盖遮掩的窖里,藏了不少水。水既有从井里抽上来的,也有从山上流下,被专门修建的收集装置引到窖里的。尽管水质稍差,但可以饮用。杨举所在的村子用水已不再是问题。

水土流失得到抑制,是水资源改善的主要原因。走在山上的水土保持试验区里,到处可以看到规律排列的树木和草种。作为国家"十一五"科技支撑项目的承担单位,甘肃省林业科学研究院与中国科学院等单位联合,设计了大范围的试验观测项目。研究人员将植被进行搭配种植,观测它们在雨后截留水土的能力。

"我们在山坡上设立了大大小小的径流试验区,进行了长期的观测。"中国科学院生态环境研究中心的卫伟博士介绍说,这些长方形一一隔开的区域,可以用来测试单位面积栽种不同植被的情况下,分别有多少水土流失。试验最终得出了科学结论——当地防止水土流失,最好的方式之一是侧柏、柠条和紫花苜蓿间种在一起,山毛桃、山杏等乔木也可以跟紫花苜蓿搭配起来。

近几年,退耕还林实施后,这些能防止水土流失的新作物,迅速取代了原来的庄稼地。龙滩流域的山头由此全部绿化,宝贵的雨水被锁在了山里。另一方面,封山禁牧后,山羊由放养改为圈养,给了高原植被休养生息的机会。

定西农民之所以能够心甘情愿地放弃大量耕地,还因为他们找到了新的致富方式——种土豆。定西的土质和气候,都适合优质土豆生长。近几年科研人员推广土豆种植技术,让定西成为了中国最大的土豆种植基地。

"在过去,这里的农民种得最多的是小麦和扁豆。"甘肃省林业科学研究院副研究员季元祖说,"其实这些夏季作物并不适合定西的降水条件。种秋季作物更合适,但农民并没有这个习惯。"10月初收获的土豆,实际上是最好的经济作物。

在科技人员的帮助下,农民们很快学会了如何覆膜种土豆和玉米。覆膜可以防止水分蒸发。秋季土豆种完后,残留水分还够再种来年春季的土豆。新的农业形态,让农民不仅解决了温饱,还有了可观的现金收入。

天更蓝,山更青,人更舒心。"十五"和"十一五"期间的国家科技支撑计划,帮